建设工程预算与工程量清单编制实例

市政工程预算与工程量清单编制实例

主编 杜贵成

参编 白雅君 侯燕妮 李 瑾

机械工业出版社

本书以《建设工程工程量清单计价规范》（GB 50500—2013）、《市政工程工程量计算规范》（GB 50857—2013）、《市政工程消耗量》（ZYA 1—31—2021）等现行规范和标准为依据编写。内容包括：市政工程预算基本知识、市政工程清单计价体系、土石方工程、道路工程、桥涵工程、隧道工程、管网工程、水处理工程、生活垃圾处理工程、路灯工程、钢筋工程、拆除工程、措施项目工程和市政工程工程量清单计价编制实例。

本书可供市政工程造价编制与管理人员使用，也可供高等院校相关专业师生学习参考。

图书在版编目（CIP）数据

市政工程预算与工程量清单编制实例/杜贵成主编. —北京：机械工业出版社，2023.10

（建设工程预算与工程量清单编制实例）

ISBN 978-7-111-74323-1

Ⅰ.①市… Ⅱ.①杜… Ⅲ.①市政工程-建筑预算定额②市政工程-工程造价 Ⅳ.①TU723.3

中国国家版本馆 CIP 数据核字（2023）第 225851 号

机械工业出版社（北京市百万庄大街 22 号 邮政编码 100037）
策划编辑：闫云霞　　　　　　责任编辑：闫云霞　刘　晨
责任校对：杨　霞　陈　越　　封面设计：张　静
责任印制：单爱军
北京虎彩文化传播有限公司印刷
2024 年 1 月第 1 版第 1 次印刷
184mm×260mm · 17 印张 · 417 千字
标准书号：ISBN 978-7-111-74323-1
定价：69.00 元

电话服务　　　　　　　　网络服务
客服电话：010-88361066　　机 工 官 网：www.cmpbook.com
　　　　　010-88379833　　机 工 官 博：weibo.com/cmp1952
　　　　　010-68326294　　金 书 网：www.golden-book.com
封底无防伪标均为盗版　机工教育服务网：www.cmpedu.com

前　言

随着我国社会经济的繁荣发展，市政工程作为基础性设施，已经得到了人们的广泛关注。市政工程具有复杂性和系统性的特点，尤其是市政工程的预算直接关系到建设单位的经济利益，在一定程度上决定了市政工程施工的质量和效率。预算工作作为市政工程的核心工作内容，需要引起各个建设单位的重视，且市政工程预算审核中还存在着各种各样的问题，这就需要找到有效的解决方案，来提高市政工程预算工作的准确性和合理性。希望通过本书能够帮助读者更好地掌握市政工程预算和清单编制的相关知识，提高专业技能。

本书主要内容包括：市政工程预算基本知识，市政工程清单计价体系、土石方工程、道路工程、桥涵工程、隧道工程、管网工程、水处理工程、生活垃圾处理工程、路灯工程、钢筋工程、拆除工程、措施项目工程和市政工程工程量清单计价编制实例。本书内容由浅入深，从理论到实例，主要涉及市政工程的造价部分，在内容安排上既有工程量清单的基本知识、工程定额基本知识，又结合了工程实践，配有大量实例，达到理论知识与实际技能相结合，更方便读者对知识的掌握，方便查阅，可操作性强。

本书可供市政工程造价编制与管理人员使用，也可供高等院校相关专业师生学习参考。

由于编者的经验和学识有限，尽管尽心尽力编写此书，书中疏漏或不妥之处仍在所难免，恳请有关专家和读者提出宝贵意见。

编　者

2023 年 4 月

目　录

第1章　市政工程预算基本知识

1.1　市政工程预算概述

1.1.1　市政工程预算的类别

市政工程预算是确定和控制市政工程造价的文件，编制合理的工程预算对正确确定工程造价、有效控制工程投资、提高工程投资效益等均具有重要的意义。

市政工程预算一般通过货币指标或实物指标反映工程投资的效果，用货币指标反映投资效果一般叫造价预算，用实物指标反映投资效果一般叫实物预算。实物预算主要反映人工、材料和机械台班的消耗量。在实际工程当中，以造价预算居多。

市政工程预算是伴随基本建设而产生的，基本建设的不同阶段，预算的编制依据和作用也不同。根据基本建设的不同阶段，通常将工程预算分为投资估算、设计概算、修正设计概算、施工图预算、施工预算、工程结算与竣工结算、竣工决算等种类。

1. 投资估算

在基本建设项目建议书阶段，建设单位须向上级主管部门提交项目建议书，而项目建议书中包括一个非常关键的内容即项目投资估算，它是决定项目是否能够立项的重要因素之一。

投资估算是建设单位依据工程建设规模、结构形式等工程特点及投资估算指标（有时也采用概算指标），由建设单位的技术人员编制的建设项目工程造价文件，其主要作用是便于项目主管部门控制工程投资。

2. 设计概算

项目立项之后，基本建设就进入勘察设计阶段。在此阶段，设计单位要依据勘察单位提供的勘察资料及建设单位提交的设计任务书进行初步设计。初步设计是对建设项目进行的方案性、原则性设计，设计的内容不是很详细具体。建设项目的初步设计完成之后，由设计人员依据初步设计的图纸、概算定额和建设工程费用定额编制的建设项目工程造价文件即为设计概算。设计概算金额原则上不能超过投资估算的金额，如果超过投资估算金额就必须要有充分的理由，并请原来的立项审批部门重新审批。

设计概算的作用主要包括两个方面：

（1）一是便于设计部门对初步设计方案进行比较，以确定最优的设计方案。

（2）二是便于建设项目管理部门对初步设计进行技术经济论证，依此决定建设项目是否能够继续进行，如初步设计论证结论认为在技术或经济方面存在一些问题，此项目就不能继续实施，只有初步设计论证结论为项目可行，才是真正意义上的立项。

可见，设计概算在整个基本建设阶段有着非常重要的作用，是国家制定和控制基本建设投资的主要依据。

3. 修正设计概算

初步设计通过论证之后，就应当进行技术设计。技术设计是初步设计的具体化，是将初步设计的原则性方案付诸技术的角度实施。可见，技术设计要比初步设计详得多。技术设计完成之后，由设计人员依据技术设计的图纸、概算定额及建设工程费用定额编制的建设项目工程造价文件即为修正设计概算。修正设计概算金额不能超过设计概算的金额，如果超过设计概算金额就必须要有充分的理由，并请原来的立项审批部门重新审批。

因为技术设计比初步设计详细具体，修正设计概算比设计概算就更加贴近工程实际，对工程的指导意义就更为明确。

修正设计概算的作用主要是便于设计部门对技术设计方案进行比较，以便找到最好的设计方案。

4. 施工图预算

技术设计完成之后，为了达到使工人能够按图施工的要求，就需要进行施工图设计。施工图设计是技术设计的详细化和具体化，其设计的深度和广度是满足工人按图施工的要求。施工图是工程师的语言，所以施工图设计要详细和具体到每一个细节。

一般设计单位、施工单位均要编制施工图预算。

施工图设计完成之后，由设计单位依据施工图设计的图纸、预算定额和建设工程费用定额编制的建设项目工程造价文件即为施工图预算。施工图预算金额不能超过修正设计概算的金额，如果超过修正设计概算金额就必须要有充分的理由，并请原来的立项审批部门重新审批。

设计单位编制的施工图预算是设计阶段控制工程造价的重要环节，是控制施工图设计不突破修正设计概算的重要措施。对于实行施工招标的工程项目，如果其不属于《建设工程工程量清单计价规范》（GB 50500—2013）规定必须采用工程量清单计价的执行范围，可以用其作为建设单位编制标底的依据。对于不宜实行招标而采用施工图预算加调整价结算的工程，可以用其作为确定合同价款的基础或作为审查施工企业提出的施工图预算的依据。

施工单位依据设计单位提供的施工图图纸，参照预算定额、施工定额、建设工程费用定额及施工方案编制的建设项目工程造价文件也称为施工图预算。对于实行施工招标的工程项目，它是确定投标报价的基础；对于不宜实行招标而采用施工图预算加调整价结算的工程，它是确定合同价款的基础；此外，它也是施工单位组织材料、机具、设备及劳动力供应计划的依据；是施工单位进行经济核算的依据；是施工单位拟定降低成本措施的依据；是建设单位拨付工程款办理工程结算的依据。

5. 施工预算

施工单位和建设单位签订工程承包合同后、工程开工前，施工单位依据设计单位提供的施工图图纸、施工定额、施工方案及建设工程费用定额编制的建设项目工程造价文件称为施工预算。

施工预算是施工单位内部编制的预算，其预算金额低于施工图预算金额，确定的是工程的计划成本。施工预算的金额越高，工程的计划成本就越高、其计划利润便越低。

施工预算是施工单位确定计划利润、编制施工作业计划、签发施工任务单的依据，也是施工单位实行按劳分配、考核工人劳动成果、进行经济活动分析的基础。

6. 工程结算与竣工结算

工程建设周期均较长，耗用的资金数量较大，为了使施工企业在施工中耗用的资金及时得到补偿，就需要对工程价款进行中间结算，跨年度的工程要进行年终结算，全部工程竣工验收之后应当进行竣工结算，这些均属于工程结算。

工程结算是指施工单位按照承包合同和已完工程量向建设单位（业主）办理工程价款清算的经济文件。施工单位在工程开工之后、在施工过程中，为了及时得到资金补偿，必须依据与建设单位签订的施工合同，对已完工程向建设单位索要工程费用，此种情况下编制的工程结算为中间结算。当工程跨年度施工时，需要对本年度已完成工程量向建设单位清算工程费用时编制的工程结算为年终结算。当工程施工完毕经过竣工验收合格之后，对建设单位尚未付清的工程款进行结算为竣工结算。

工程结算是工程项目承包中的一项非常重要的工作。

对于不实行清单计价的工程项目，工程结算依据已完工程量、预算定额及建设工程费用定额进行编制；对于实行清单计价的工程项目，工程结算依据已完工程量及投标文件中标明的综合单价以及建设工程费用定额进行编制。

7. 竣工决算

建设单位或施工单位均可以编制竣工决算，但其编制的目的截然不同。

建设单位编制的竣工决算是指在工程竣工验收交付使用阶段，建设单位从建设项目开始筹建到竣工验收、交付使用的全过程中实际支付的全部建设费用。其目的是确定建设项目的最终价格，以作为建设单位财务部门汇总固定资产的依据。

施工单位编制的竣工决算是指在工程竣工验收交付使用阶段，施工单位从开始准备投标到竣工验收、交付使用的全过程中实际支付的全部费用。其目的是确定建设项目的实际成本，以作为确定盈亏的依据，进而找出经验和教训，以不断提高企业的经营管理水平。

1.1.2　市政工程预算费用的构成

市政工程预算的计价方式不同，其费用构成也不同。目前我国市政工程预算包括工料单价法和综合单价法两种计价方式。对于不采用工程量清单计价的工程项目，通常采用工料单价法计价；对于采用工程量清单计价的工程项目，通常采用综合单价法计价。

1. 工料单价法计价时的费用构成

工料单价法计价是指依据市政工程概算定额、预算定额或是施工定额编制预算的过程，其工程造价由直接费、间接费、利润及税金四部分费用组成，如图1-1所示。

（1）直接费　直接费又称为工程的直接成本，是指构成工程实体的费用，由定额直接费和其他直接费组成。

1）定额直接费。定额直接费是指在施工过程中耗费的直接构成工程实体的各项费用，包括人工费、材料费、施工机械使用费。

① 人工费：直接从事市政工程施工的生产工人开支的各项费用，其中包括基本工资、工资性补贴、生产工人辅助工资、职工福利费、生产工人劳动保护费等费用。

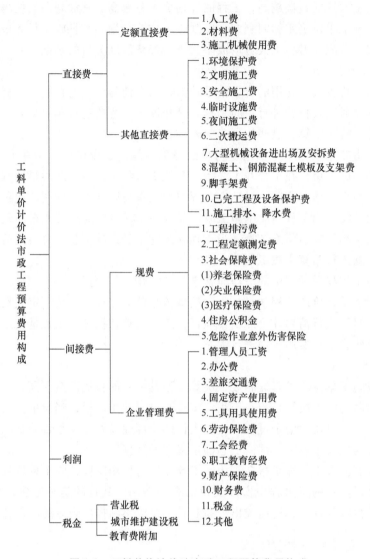

图 1-1　工料单价计价法市政工程预算费用构成

　　a. 基本工资是指发放给工人满足基本生活需要的薪金，是劳动者所得工资额的基本组成部分，由用人单位按照规定工资标准支付。

　　b. 工资性补贴是指按照规定标准发放的物价补贴，煤、燃气补贴，交通补贴，住房补贴，流动施工津贴等。

　　c. 生产工人辅助工资是指工人年有效施工天数以外非作业天数的工资，其中包括职工学习、培训期间的工资，女工哺乳期间工资，病假在六个月以内的工资及产、婚、丧假期的工资。

　　d. 职工福利费是按照规定标准计提的专门用于职工医疗、补助以及其他福利事业的经费。

　　e. 生产工人劳动保护费是按照规定标准发放的劳动保护用品的购置费和修理费，服装补贴、防暑降温费及在有碍身体健康环境中施工的保健费等费用内容。

　　② 材料费：在施工过程中耗用的直接构成工程实体的原材料、辅助材料、构配件、零

件、半成品费用，其中包括材料原价（或供应价格）、运杂费、运输损耗费、采购及保管费、检验试验费等。

③ 施工机械使用费：简称机械费，是指施工机械作业所发生的机械使用费及机械安拆费和场外运输费，包括折旧费、经常修理费、大修理费、安拆费及场外运输费、机上人工费、燃料动力费、养路费及车船使用税等。

2）其他直接费。其他直接费是指为完成工程项目施工，发生于该工程施工准备及施工过程中的技术、生活、安全、环境保护等方面的非工程实体项目的费用。通常包括环境保护费、文明施工措施费、安全施工措施费、临时设施费、夜间施工增加费、冬雨期施工增加费、二次搬运费、大型机械设备进出场及安拆费、混凝土及钢筋混凝土模板及支架费、脚手架费、施工排水降水费及已完工程及设备保护费等费用。

① 环境保护费：施工单位为使施工现场达到环保部门要求所需要支出的各项费用。

② 文明施工费：施工单位为使施工现场满足文明施工要求所需要支出的各项费用。

③ 安全施工费：施工单位为使施工现场满足安全施工要求所需要支出的各项费用。

④ 临时设施费：施工企业为进行工程施工所必须搭设的生活和生产用的临时建筑物、构筑物及其他临时设施费用。临时设施包括临时宿舍、文化福利及公用事业房屋与构筑物、仓库、办公室、加工厂及规定范围内道路、水、电、管线等临时设施和小型临时设施。临时设施费用包括临时设施的搭设、维修、拆除费或摊销费。

⑤ 夜间施工费：因夜间施工所发生的夜班补助费、夜间施工降效、夜间施工照明设备摊销及照明用电等费用。

⑥ 二次搬运费：由于施工场地狭小等特殊情况而发生的二次搬运费用。

⑦ 大型机械设备进出场及安拆费：机械整体或分体自停放场地运至施工现场或由一个施工地点运至另一个施工地点，所发生的机械进出场运输及转移费用及机械在施工现场进行安装、拆卸所需要的人工费、材料费、机械费、试运转费及安装所需的辅助设施的费用。

⑧ 混凝土、钢筋混凝土模板及支架费：混凝土施工过程中所需要的各种钢模板、木模板、支架等的支、拆、运输费用及模板、支架的摊销（或租赁）费用。

⑨ 脚手架费：施工所需要的各种脚手架搭、拆、运输费用及脚手架的摊销（或租赁）费用。

⑩ 已完工程及设备保护费：在竣工验收前，对已完工程及设备进行保护所需的费用。

⑪ 施工排水、降水费：为了确保工程在正常条件下施工，采取各种排水、降水措施所发生的各种费用。

（2）间接费　间接费又称工程间接成本，是指间接用在工程上的费用，由规费、企业管理费组成。

1）规费。规费是指按照政府和有关权力部门规定必须缴纳的费用。包括工程排污费、工程定额测定费、社会保障费、住房公积金、危险作业意外伤害保险。

① 工程排污费：施工现场按照规定缴纳的工程排污费用。

② 工程定额测定费：按照规定支付工程造价（或定额）管理部门的定额测定费用。

③ 社会保障费：企业按照国家规定标准为职工缴纳的基本养老保险费、基本失业保险费、基本医疗保险费。

④ 住房公积金：企业按照规定标准为职工缴纳的住房公积金。

⑤ 危险作业意外伤害保险：按照建筑法规定，企业为从事危险作业的建筑安装施工人员支付的意外伤害保险费。

2）企业管理费。企业管理费是指施工企业组织施工生产和经营管理所需要的各种费用，包括管理人员的工资、办公费、差旅交通费、固定资产使用费、工具用具使用费、劳动保险费、工会经费、职工教育经费、财产保险费、财务费、税金及其他费用。

① 管理人员工资：管理人员的基本工资、工资性补贴、职工福利费及劳动保护费等。

② 办公费：企业办公用的文具、纸张、账表、印刷、邮电、书报、会议、水电、烧水及集体取暖（包括现场临时宿舍取暖）用煤等费用。

③ 差旅交通费：职工因公出差、调动工作的差旅费、住勤补助费，市内交通费及误餐补助费，职工探亲路费，劳动力招募费，职工离退休、退职一次性路费，工伤人员就医路费，工地转移费及管理部门使用的交通工具的油料、燃料、养路费和牌照费。

④ 固定资产使用费：管理和试验部门及附属生产单位使用的属于固定资产的房屋、设备仪器等的折旧、大修、维修或者租赁费。

⑤ 工具用具使用费：管理和试验部门使用的不属于固定资产的生产工具、器具、家具、交通工具和检验、试验、测绘、消防用具等的购置、维修及摊销费。

⑥ 劳动保险费：由企业支付离退休职工的异地安家补助费、职工退职金、六个月以上的病假人员工资、职工死亡丧葬补助费、抚恤费、按照规定支付给离休干部的各项经费。

⑦ 工会经费：企业按照职工工资总额计提的工会经费。

⑧ 职工教育经费：企业为职工学习先进技术和提高文化水平，按照职工工资总额计提的费用。

⑨ 财产保险费：施工管理用财产、车辆保险。

⑩ 财务费：企业为筹集资金而发生的各种费用。

⑪ 税金：企业按照规定缴纳的房产税、车船使用税、土地使用税、印花税等。

⑫ 其他费用：包括技术转让费、技术开发费、业务招待费、广告费、绿化费、公证费、法律顾问费、审计费、咨询费等。

（3）利润　利润是指施工企业完成所承包工程应当获得的盈利。

（4）税金　税金是指国家税法规定的应计入市政工程造价内的营业税、城市维护建设税及教育费附加等。

1）营业税是对在我国境内提供应税劳务、转让无形资产或销售不动产的单位及个人，就其所取得的营业额征收的一种税。

2）城市维护建设税是国家为了加强城市的维护建设，稳定和扩大城市维护建设资金的来源，对缴纳增值税、消费税、营业税的单位及个人征收的一种税，其作用是确保城市建设的费用。

3）教育费附加是对缴纳增值税、消费税、营业税的单位和个人征收的一种附加费，其作用是发展地方性教育事业，扩大地方教育经费的资金来源。

2. 综合单价法计价时的费用构成

综合单价法计价是指依据《建设工程工程量清单计价规范》（GB 50500—2013）编制预算的过程，其工程预算费用由分部分项工程费、措施项目费、其他项目费、规费及税金五部分组成，如图1-2所示。

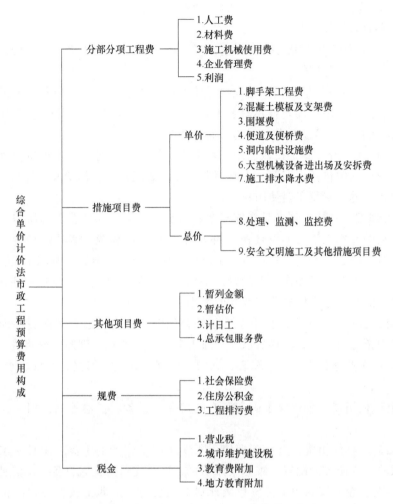

图 1-2 综合单价计价法市政工程预算费用构成

（1）分部分项工程费 分部分项工程费是指在施工过程中耗费的构成工程实体性项目的各项费用，由人工费、材料费、施工机械使用费、企业管理费及利润构成。

1）人工费。人工费是指直接从事建筑安装工程施工的生产工人开支的各项费用，其中包括基本工资、工资性津（补）贴、生产工人辅助工资、职工福利费、劳动保护费和奖金。

① 基本工资：发放给生产工人满足基本生活的薪金，其中包括基础工资、岗位（职级）工资、绩效工资等。

② 工资性津（补）贴：企业发放的各种性质的津贴、补贴。其中包括物价补贴、交通补贴、住房补贴、施工补贴、误餐补贴、带薪休假、节假日（夜间）加班费等。

③ 生产工人辅助工资：生产工人年有效施工天数以外非作业天数的工资，其中包括职工学习、培训期间的工资，探亲、休假期间的工资，由于气候影响的停工工资，女工哺乳期间的工资，病假期间的工资，病假在六个月以内的工资及产、婚、丧假期的工资。

④ 职工福利费：按照规定标准计提的职工福利费以及发放的各种带福利性质的物品，计划生育、独生子女补贴费等。

⑤ 劳动保护费：按照规定标准发放的劳动保护用品、工作服装制作、防暑降温费、高危毒险施工作业防护补贴费等。

⑥ 奖金：在生产过程中所发放的奖金，包括各类性质的生产奖、超产奖、质量奖、安全奖、完成任务奖、承包奖等。

2）材料费。材料费是指在施工过程中耗费的构成工程实体的原材料、辅助材料、构配件、零件、半成品的费用及周转使用材料的摊销（或租赁）费用。其中包括材料原价（或供应价格）、运杂费、运输损耗费、采购及保管费。

3）施工机械使用费。施工机械使用费是指施工机械作业所发生的机械使用费及机械安拆费和场外运费。其中包括折旧费、大修理费、经常修理费、安拆费及场外运费、机上人工费、燃料动力费、养路费及车船使用税。

4）企业管理费。企业管理费是指施工企业组织施工生产和经营管理所需的费用。其中包括：管理人员的基本工资、工资性津（补）贴、职工福利费、劳动保护费、奖金；差旅交通费；办公费；固定资产使用费；生产工具用具使用费；工会经费及职工教育经费；财务费；财产保险费；税金；意外伤害保险费；工程定位、复测、点交、场地清理费；非建设方所为4小时以内的临时停水停电费用及其他费用。

① 差旅交通费：企业职工因公出差、住勤补助费、市内交通费和误餐补助费，职工探亲路费、劳动力招募费、工地转移费以及交通工具油料、燃料、牌照、养路费等。

② 办公费：企业办公用文具、账表、纸张、印刷、邮电、书报、会议、水、电、燃煤、燃气等费用。

③ 固定资产使用费：企业属于固定资产的房屋、设备、仪器等的折旧、大修、维修或是租赁费。

④ 生产工具用具使用费：企业管理使用不属于固定资产的工具、用具、家具、交通工具、检验、试验、消防等的购置、维修及摊销费，以及支付给工人自备工具的补贴费。

⑤ 工会经费：企业按照职工工资总额计提的工会经费。职工教育经费：企业为职工学习培训按照职工工资总额计提的费用。

⑥ 财务费：企业为筹集资金而发生的各种费用。

⑦ 财产保险费：企业管理用财产、车辆的保险费用。

⑧ 税金：企业按照规定缴纳的房产税、车船使用税、土地使用税、印花税等。

⑨ 其他费用：包括技术转让费、技术开发费、业务招待费、绿化费、广告费、公证费、法律顾问费、审计费、咨询费、联防费等。

5）利润。利润是指施工企业完成所承包工程应当获得的盈利。

（2）措施项目费　措施项目费是指为完成工程项目施工所必须发生的施工准备及在施工过程中技术、生活、安全、环境保护等方面的非工程实体项目费用，分为单价措施项目费及总价措施项目费。

1）单价措施项目费。单价措施项目是指根据合同工程图纸和《市政工程工程量计算规范》（GB 50857—2013）中规定的工程量计算规则可以进行计量，按照其相应综合单价进行价款计算的措施项目。其中主要包括：脚手架工程费、混凝土模板及支架费、围堰费、便道及便桥费、洞内临时设施费、大型机械设备进出场及安拆费、施工排水降水费。

① 脚手架工程费：脚手架搭设、加固、拆除、周转材料摊销等费用。其中包括墙面脚

手架、柱面脚手架、仓面脚手架、沉井脚手架、井字架费用。

② 混凝土模板及支架费：混凝土施工过程中所需要的各种模板、支架等的制作、安装、拆除、维护、运输、周转材料摊销等费用。其中包括垫层模板、基础模板、承台模板、墩（台）帽模板、墩（台）身模板、支撑梁及横梁模板、墩（台）盖梁模板、拱桥拱座模板、拱桥拱肋模板、拱上构件模板、箱梁模板、梁模板、柱模板、板模板、板梁模板、板拱模板、挡墙模板、压顶模板、防撞护栏模板、楼梯模板、小型构件模板、箱涵滑（底）板模板、箱涵侧墙模板、箱涵顶板模板、拱部衬砌模板、边墙衬砌模板、竖井衬砌模板、沉井顶板模板、沉井井壁（隔墙）模板、沉井底板模板、管（渠）道平基模板、管（渠）道管座模板、井顶（盖）板模板、池底模板、池壁（隔墙）模板、池盖模板、其他现浇构件模板、设备螺栓套、水上桩基础支架平台、桥涵支架费用。

③ 围堰费：围护水工建筑物的施工场地，使其免受水流或是波浪影响的临时挡水建筑物的修建、维护和拆除的费用，其中包括围堰和筑岛两项费用。

④ 便道和便桥费：为方便施工和现场交通的需要，对于便道、便桥的搭设、维护和拆除等的费用。

⑤ 洞内临时设施费：洞内施工的通风、供水、供气、供电、照明、通信设施及洞内外轨道铺设的费用。

⑥ 大型机械设备进出场及安拆费：机械整体或分体自停放场地运至施工现场，或由一个施工地点运往另一个施工地点所发生的机械进出场运输转移、机械安装、拆卸等费用。

⑦ 施工排水降水费：为了确保工程在正常条件下施工，采取各种排水、降水措施所发生的各种费用。其中包括成井费、排水费、降水费。

2）总价措施项目费。总价措施项目是指《市政工程工程量计算规范》（GB 50857—2013）中无相应的工程量计算规则，以总价作为计算基础乘以费率进行价款计算的措施项目。其中主要包括处理、监测、监控费和安全文明施工及其他措施项目费。

① 处理、监测、监控费：对地下管线交叉处理和对市政基础设施进行施工监测、监控的费用。其中包括地下管线交叉处理费和施工监测、监控费。

② 安全文明施工及其他措施项目费：包括安全文明施工费，夜间施工费，二次搬运费，冬雨期施工费，行车、行人干扰费，地上、地下设施、建筑物的临时保护设施费，已完工程及设备的保护费。

a. 安全文明施工措施费是指为了满足施工现场安全、文明施工以及职工健康生活所需要的各项费用。其中包括环境保护费、文明施工费、安全施工费、临时设施费。

（a）环境保护费是指施工现场为了达到环保部门要求所需要的各项费用。包括施工企业按照国家及地方有关规定保护施工现场周围环境，防止和减轻工程施工对周围环境的污染和危害，建筑垃圾外弃，以及竣工后修整和恢复在工程施工当中受到破坏的环境等所需的费用。

（b）文明施工措施包括施工现场围挡（围墙）及大门，出入口清洗设施，施工标牌、标志，施工场地硬化处理，排水设施，温暖季节施工的绿化布置，防粉尘、防噪声、防干扰措施，保安费，保健急救措施及卫生保洁。

（c）安全施工措施包括建立安全生产的各类制度，安全检查，安全教育，安全生产培训，安全标牌、标志，"三宝""四口""五临边"防护的费用，建筑四周垂直封闭，消防设施，防止临近建筑危险沉降，基坑施工人员上下专用通道、基坑支护变形监测、垂直作业上下隔离防护，施工用电防护，在建建筑四周垂直封闭网，起重吊装专设人员上下爬梯及作业平台临边支护，其他安全施工所需的防护措施。

（d）临时设施费是指施工企业为进行建筑工程施工所必须搭设的生活和生产用的临时建筑物、构筑物和其他临时设施等费用。临时设施费的内容包括临时设施的搭设、维修、拆除、摊销等费用。临时设施包括临时宿舍、文化福利及公用事业房屋与构筑物、仓库、办公室、加工厂及规定范围内（建筑物沿边起向外 50m 内，多幢建筑两幢间隔 50m 内）围墙、道路、水电、管线等临时设施及小型临时设施。建设单位同意在施工就近地点临时修建混凝土构件预制场所发生的费用，应当向建设单位结算。

安全文明施工措施费由基本费、现场考评费和奖励费三部分费用组成。

（a）基本费是施工企业在施工过程当中必须发生的安全文明措施的基本保障费。

（b）现场考评费是施工企业执行有关安全文明施工规定，经考评组织现场核查打分及动态评价获取的安全文明措施增加费。

（c）奖励费是指施工企业根据与建设方的约定，加大投入，加强管理，创建省、市级文明工地的奖励费用。

b. 夜间施工费是指规范、规程要求正常作业而发生的夜班补助、夜间施工降效、照明设施摊销及照明用电等费用。

c. 二次搬运费是指由于施工场地狭小等特殊情况而发生的二次搬运费用。

d. 冬雨期施工增加费是指在冬雨期施工期间所增加的费用，其中包括冬期作业、临时取暖、建筑物门窗洞口封闭及防雨措施、排水、工效降低等费用。

e. 行人、行车干扰费是指由于行车、行人的干扰导致施工增加的费用，其中包括因干扰造成的人工和机械降效以及为了保证行车、行人的安全，现场增设维护交通与疏导人员而增加的费用。

f. 地上、地下设施、建筑物的临时保护设施费是指在施工的过程中，对已建成的地上、地下设施及建筑物进行的遮盖、封闭、隔离等必要保护措施所发生的人工及材料费用。

g. 已完工程及设备保护费是指对已完工程和设备采取的覆盖、包裹、封闭、隔离等必要保护措施所发生的人工及材料费用。

（3）其他项目费　其他项目费包括暂列金额、暂估价、计日工、总承包服务费四部分费用。

1）暂列金额。招标人在工程量清单中暂定并包括在合同价款中的一笔款项。用于施工合同签订时尚未确定或不可预见的所需材料、设备、服务的采购，在施工过程中可能发生的工程变更、合同约定调整因素出现时的工程价款调整以及发生的索赔、现场签证确认等的费用。

2）暂估价。招标人在工程量清单中提供的用于支付必然发生但暂时无法确定价格的材料的单价以及专业工程的金额。

3）计日工。在施工的过程中，完成发包人提出的施工图以外的零星项目或工作所发生的费用，按照合同中约定的综合单价计价。

4）总承包服务费。总承包服务费是总承包人为配合协调发包人进行的工程分包自行采购的设备、材料等进行管理、服务以及施工现场管理、竣工资料汇总整理等服务所需要的费用。

（4）规费 规费是指政府及有关权力部门规定必须缴纳的费用。通常包括社会保险费、住房公积金和工程排污费。

1）社会保险费。社会保险费是指企业按照规定标准为职工缴纳的基本养老保险费、基本失业保险费、基本医疗保险费、基本工伤保险费和基本生育保险费。

2）住房公积金。住房公积金是指企业按照规定标准为职工缴纳的住房公积金。

3）工程排污费。工程排污费指施工现场按照各市规定缴纳的工程排污费。通常包括污水排污费、废气排污费、固体废物及危险废物排污费、噪声超标排污费。这些费用应当按照有关收费部门征收的实际金额计算。施工单位违反环境保护的有关规定进行施工，而受到有关行政主管部门的罚款，不属于工程排污费，应当由施工单位自己承担。

（5）税金 税金是指国家税法规定的应计入市政工程造价内的营业税、城市维护建设税、教育费附加以及地方教育附加。

1.1.3 市政工程预算费用的计算

1. 工料单价法计价时工程费用计算

根据工料单价法计价时工程预算费用的构成，可以得知：

$$工程造价 = 直接费 + 间接费 + 利润 + 税金 \tag{1-1}$$

（1）直接费的计算 根据直接费的费用构成，可以得知：

$$直接费 = 定额直接费 + 其他直接费 \tag{1-2}$$

定额直接费是根据定额直接算出的费用，其中包括人工费、材料费和机械费。在进行设计概算或修正设计概算时采用概算定额，在进行施工图预算时采用预算定额，在进行施工预算时采用施工定额。在计算时依据定额项目表中的基价和工程量进行，即

$$定额直接费 = \sum (各项目基价 \times 该项目的工程量) \tag{1-3}$$

在计算定额直接费时，每个项目的基价要依据工程所在地现行的定额查取，它包括人工费、材料费和机械费。如果实际发生的情况与定额中的规定不一致需换算，依据换算后的综合基价计算定额直接费。每个项目的工程量要依据定额计量单位进行换算，即要将实际物理计量单位的工程量转化为定额计量单位的工程量。

其他直接费以定额直接费为计算基础进行计算，因为其他直接费所含项目较多，一一计算较繁杂，多数省市都根据当地的实际情况，测算一个其他直接费费率，以定额直接费为计算基础综合进行计算，即

$$其他直接费 = 定额直接费 \times 其他直接费费率 \tag{1-4}$$

（2）间接费的计算 间接费是由规费和企业管理费组成的，其所含项目也很多，为简化计算，多数省市都根据当地的实际情况，测算一个间接费费率，以直接费为计算基础综合进行计算，即

$$间接费 = 直接费 \times 间接费费率 \tag{1-5}$$

（3）利润 利润是施工单位完成所承包工程的施工任务后，按照规定应获得的盈利。计划经济条件下，施工单位的资质不同，完成同样的施工任务所获得的利润也应当不同。为了让施工单位获得合理的利润，各地造价管理部门都根据当地的实际情况，规定了不同资质等级施工单位的利润率，以直接费和间接费的和作为计算基础进行计算，即

$$利润 = (直接费 + 间接费) \times 利润率 \qquad (1\text{-}6)$$

（4）税金 税金包括营业税、城市维护建设税和教育费附加。为了简化计算，各地均综合取定了一个税率，以直接费、间接费、利润之和作为计算基础进行计算，即

$$税金 = (直接费 + 间接费 + 利润) \times 税率 \qquad (1\text{-}7)$$

2. 综合单价法计价时工程费用计算

根据《建设工程工程量清单计价规范》（GB 50500—2013）的规定，综合单价法计价时工程预算费用的构成如下：

$$工程造价 = 分部分项工程费 + 措施项目费 + 其他项目费 + 规费 + 税金 \qquad (1\text{-}8)$$

（1）分部分项工程费的计算 分部分项工程费包括人工费、材料费、机械费、企业管理费和利润。在计算时，要根据《市政工程工程量计算规范》（GB 50857—2013）的要求，先确定工程项目包括的分部分项工程及其工程量，然后再按照《建设工程工程量清单计价规范》（GB 50500—2013）的规定，对每一个分部分项工程分别进行综合单价的分析计算，依据每一个分部分项工程的工程量及其综合单价，试计算相应分部分项工程费用和总费用。即

$$分部分项工程费 = \sum(分部分项工程量 \times 综合单价) \qquad (1\text{-}9)$$

（2）措施项目费的计算 措施项目费包括单价措施项目费及总价措施项目费。

对于单价措施项目费，要根据《市政工程工程量计算规范》（GB 50857—2013）和《建设工程工程量清单计价规范》（GB 50500—2013）的规定，对每一个单价措施项目先确定其工程量，再进行综合单价的分析计算，最后根据确定的综合单价和工程量进行计算相应费用和总费用。即

$$单价措施项目费 = \sum(措施项目工程量 \times 该措施项目的综合单价) \qquad (1\text{-}10)$$

对于总价措施项目费，通常以分部分项工程费作为计算基础，根据当地权威部门规定的费率进行计算。即

$$总价措施项目费 = \sum(分部分项工程费 \times 措施项目费费率) \qquad (1\text{-}11)$$

不同的措施项目其措施费率也不同，在计算时应当依据当地颁布实施的《建设工程费用定额》进行确定。

进行单价措施项目的综合单价组价计算时要考虑周全，不能漏掉某些费用。如采用轻型井点降水时，要将井点安装、井点使用、井点拆除三部分费用考虑进去，否则就会导致预算费用比实际费用少，给施工单位带来损失。

（3）其他项目费的计算 其他项目费包括暂列金额、暂估价、计日工和总承包服务费四部分费用。

1）暂列金额。暂列金额是招标人在工程量清单中暂定并包括在合同价款中的一笔款项。用于施工合同签订时尚未确定或不可预见的所需材料、设备、服务的采购，在施工中可能发生的工程变更、合同约定调整因素出现时的工程价款调整以及发生的索赔、现场签证确认等的费用。此项费用虽然计入工程造价内，但不归投标人所有，竣工结算时建设单位与施工单位据实结算，如果实际发生的费用未超出暂列金额，剩余部分仍归建设单位所有，反之建设单位就要补足亏损。

所以，暂列金额通常根据工程的复杂程度、设计深度、工程环境等条件估算确定，其估算值一般不超过分部分项工程费的10%。

2）暂估价。暂估价是指发包人在工程量清单中给定的用于支付必然发生但暂时无法确定价格的材料、设备以及专业工程的金额，包括材料暂估单价和专业工程暂估价。

a. 暂估单价的材料指招标人自行采购的材料，即甲供材料。该材料的材质、规格、价格等在计价过程中容易出现较大的偏差，在招标阶段无法准确定价，为了避免出现不必要的争议及纠纷，建设单位将其先以暂估价的形式确定下来，在实际履行合同过程中要及时根据合同中所约定的程序和方式再确定其实际价格。投标人在投标报价时，应当将暂估的材料单价计入综合单价中，以便计取相关费用。

对于暂估材料，通常在签订施工合同时应明确实际施工时由建设单位认质认价（即甲控），并按照实际发生调整。

b. 暂估价的专业工程通常是指需要或拟分包的专业工程，它在施工图上没有详细设计而工程总承包验收时又肯定包括的部分。此专业工程的暂估价应当按照工程造价的计算方法确定。

3）计日工费用。在施工的过程中，承包人完成发包人提出的施工图以外的零星项目或工作，所需要的用工称为计日工，俗称"点工"。

计日工的费用应当按照计日工的用工量与合同中约定的综合单价的乘积进行计算。计日工的用工量应当从工人到达施工现场，并开始从事指定的工作算起，到返回原出发地点为止，扣去用餐及休息的时间。只有直接从事指定的工作，且能够胜任该工作的工人才能够计工，随同工人一起做工的班长应当计算在内，但不包括领工（工长）和其他质检管理人员。

在编制招标控制价时，计日工的综合单价由招标人按照有关计价规定确定；在投标时，计日工的综合单价由投标人自主报价。此综合单价应当包括计日工的基本单价及承包人附加费。

计日工的基本单价包括承包人劳务的全部直接费用，例如：工资、加班费、津贴、福利费及劳动保护费等。

承包人的附加费包括管理费、利润、质检费、保险费、税费和易耗品的使用、水电及照明费、工作台、脚手架、临时设施费、手动机具与工具的使用及维修费，及由其伴随而来的其他各项费用。

在计日工的工作过程中，如伴随使用了材料与机械，则应当计取相应的材料费和机械费。

计日工材料费为材料用量与其单价的乘积。

材料的单价应当包括基本单价及承包人的管理费、税费、利润等所有附加费。材料基本单价按照供货价加运杂费（到达承包人现场仓库）、保险费、仓库管理费及运输损耗等计算。

计日工施工机械费为机械台班用量与其台班单价的乘积。

该台班单价应当包括施工机械的折旧、利息、维修、保养、零配件、油燃料、保险及其他消耗品的费用以及全部有关使用这些机械的管理费、税费、利润和司机与助手的劳务费等费用。

4）总承包服务费。总承包服务费是在工程建设施工阶段实行施工总承包时，当招标人在法律、法规允许的范围内对工程进行分包及自行采购供应部分设备、材料时，要求总承包人提供相关的服务（如分包人使用总承包人脚手架）和施工现场管理及竣工资料汇总整理等所需的费用。

在编制招标控制价（标底）时，总承包服务费应当根据招标文件列出的服务内容和要求按照下列规定进行计算：

① 招标人仅要求对分包的专业工程进行总承包管理和协调时，按照分包的专业工程估算造价的 1.5% 计算。

② 招标人要求对分包的专业工程进行总承包管理和协调，并同时要求提供配合服务时，根据招标文件列出的配合服务内容和提出的要求，按照分包的专业工程估算造价的 3%～5% 计算。

③ 招标人自行供应材料的，按照招标人供应材料价值的 1% 计算。

在编制投标报价时，总承包服务费应依据招标人在招标文件中列出的分包专业工程内容和供应材料设备情况，按照招标人提出的协调、配合与服务要求和施工现场管理需要由投标人自主确定。

编制竣工结算时，总承包服务费应当依据合同约定的金额计算，发、承包双方依据合同约定对总承包服务费进行了调整的，应当按照调整后的金额计算。

当分包工程不与总承包工程同时施工时，总承包单位不提供相应服务，不得收取总承包服务费；虽在同一现场同时施工，总承包单位未向分包单位提供服务的或由总承包单位分包给其他施工单位的，不应当收取总承包服务费。

在实际工程中，如各省市根据当地的实际情况有具体的规定，则以当地规定为准，有时还应当依据当地规定通过与建设单位协商确定。

（4）规费的计算　规费是政府和有关权力部门规定必须缴纳的费用，一般包括社会保障费、住房公积金及工程排污费三部分费用。其各项费用的计算方法按照当地的规定进行。如某省有如下规定。

工程排污费按照工程所在地的《排污费征收标准及计算方法》进行计算。

$$社会保障费=（分部分项工程费+措施项目费+其他项目费）×社会保障费费率 \quad (1-12)$$

$$住房公积金=（分部分项工程费+措施项目费+其他项目费）×住房公积金率 \quad (1-13)$$

（5）税金的计算　税金一般按照不含税的工程造价与当地规定的税率的乘积进行计算，即

$$税金=（分部分项工程费+措施项目费+其他项目费+规费）×税率 \quad (1-14)$$

1.2 市政工程预算方法

1.2.1 实物法

实物法是将市政工程中的每一单位工程划分为若干个分部分项工程，以每一个分部分项工程作为研究对象，确定其所需要的人工、材料及机械台班的消耗量，再根据现行的人工、材料及机械台班单价计算定额直接费，进而依据费用定额确定工程造价的方法。

实物法适用于不采用工程量清单计价的工程建设项目，其基本步骤如下。

（1）划分工程项目　计算每一个工程项目的工程量。根据不同阶段的设计图和定额，将每一单位工程划分为若干个分部分项工程，根据定额中相应的工程量计算规则，试计算每

一个分部分项工程的工程量。

（2）查套定额　计算每一分部分项工程的人工、材料及机械台班的消耗量。依据所采用的定额及计算的工程量，试计算每一分部分项工程的人工、材料、机械台班的消耗量。方法是先查套定额，确定完成定额规定单位的工程量所需要的人工、材料、机械台班的消耗量，然后将实际计量单位的工程量转化为定额计量单位的工程量，两者相乘进而得到每一分部分项工程实际的人工、材料、机械台班的消耗量。

（3）汇总得出单位工程所需人工、材料、机械台班的消耗量　将每一分部分项工程所需要的人工、材料、机械台班进行分类汇总，得出人工和每种规格型号的材料、机械台班的消耗量。

（4）根据现行的单价计算定额直接费　依据当地现行的人工单价、材料预算价格及机械台班单价，试计算定额直接费，即

$$定额直接费 = 总用工量×人工单价 + \sum（每种材料总消耗量×该材料预算价格）+$$
$$\sum（每种机械台班总消耗量×该种机械台班单价） \tag{1-15}$$

（5）计算其他直接费　依据工程所在地的规定，试计算其他直接费。

（6）汇总得出直接费

（7）计算间接费、利润及税金　依据工程所在地的规定，试计算间接费、利润及税金。

（8）汇总得出工程造价

可见，实物法编制预算所采用的工、料、机单价均为当地的实际价格，无需进行单价的换算，容易适应市场经济的变化，但其工、料、机的消耗统计比较繁琐，不便于进行分项经济分析与核算工作。

1.2.2　单价法

单价法是将市政工程中的每一单位工程划分为若干个分部分项工程，以每一个分部分项工程为研究对象，利用单位估价表或计价表确定其所需费用，再依据费用定额确定工程造价的方法。

单价法包括工料单价法和综合单价法两种方法。

1. 工料单价法

工料单价法适用于不采用工程量清单计价的工程建设项目，采用单位估价表进行定额直接费的计算，其基本步骤如下。

（1）划分工程项目　计算每一个工程项目的工程量。依据不同阶段的设计图及定额，将每一单位工程划分为若干个分部分项工程，依据定额中相应的工程量计算规则，试计算每一个分部分项工程的工程量。

（2）查套定额　计算每一分部分项工程的定额直接费。先查套定额，并将实际计量单位的工程量转化为定额计量单位的工程量，将定额中的综合基价与转化后的工程量相乘，得出每一分部分项工程的定额直接费。即

$$分部分项工程定额直接费 = \sum\left(\frac{分部分项工程量}{定额计量单位}×基价\right) \tag{1-16}$$

在查套定额的过程当中，如果实际发生的情况与定额中规定的情况不一致，就需要对定额进行换算，利用换算后的基价再进行计算。

（3）汇总得出单位工程的定额直接费

$$单位工程定额直接费 = \sum 分部分项工程直接费 \qquad （1-17）$$

（4）计算其他直接费　依据工程所在地的规定，试计算其他的直接费。

（5）汇总得出直接费

（6）计算间接费、利润及税金　依据工程所在地的规定，试计算间接费、利润及税金。

（7）汇总得出工程造价

可见，工料单价法计算简单、工作量小、编制速度快，便于造价部门集中统一管理。但在市场经济价格波动的情况下，需对定额进行换算或进行调差计算。

2. 综合单价法

《建设工程工程量清单计价规范》（GB 50500—2013）规定：使用国有资金投资的建设工程发承包，必须采用工程量清单计价；非国有资金投资的建设工程，宜采用工程量清单计价。

采用工程量清单计价时，应当用综合单价法进行工程造价的计算，该综合单价是完成一个规定计量单位的分部分项工程量清单项目或单价措施清单项目所需要的人工费、材料费、施工机械使用费和企业管理费与利润，以及一定范围内的风险费用。通常采用计价表进行分部分项工程费和单价措施项目费的计算，其基本步骤如下。

（1）划分工程项目　根据不同阶段的设计图及《市政工程工程量计算规范》（GB 50857—2013），将每一单位工程划分为若干个分部分项工程，依据计价表中相应的工程量计算规则，试计算每一个分部分项工程的工程量。

（2）综合单价的分析计算　根据《市政工程工程量计算规范》（GB 50857—2013），对分部分项工程量清单中的每一个分部分项工程所包含的工作内容的规定和工程的实际情况，及工程的风险情况，按照《建设工程工程量清单计价规范》（GB 50500—2013）中规定的方法和内容进行综合单价的分析计算。分部分项工程量清单和单价措施项目清单中的每一个项目，均应对应有一个确定的综合单价。

（3）计算分部分项工程费用

（4）计算措施项目费用

（5）计算其他项目费用

（6）计算规费与税金

（7）汇总得出工程造价

用综合单价法编制工程预算，因为综合单价中已经包括了企业管理费和利润，使工程造价的计算简单，且易于进行工程的结算。所以在市场经济条件下对采用招标投标的工程项目，用综合单价法进行工程造价的计算，有利于建设管理部门对工程投资进行管理与控制。

1.3　市政工程预算的编制

1.3.1　编制依据

1. 设计概算的编制依据

设计概算编制的依据主要包括：

（1）工程项目的初步设计文件。

（2）工程项目的初步施工组织设计。

（3）工程所在地的《市政工程概算定额》。

（4）工程所在地的《建设工程费用定额》。

（5）工程所在地的《工程造价信息》。

（6）工程所在地的其他有关文件、规定。

2. 修正设计概算的编制依据

修正设计概算的编制依据主要包括：

（1）工程项目的技术设计文件。

（2）工程项目修正后的初步施工组织设计。

（3）工程所在地的《市政工程概算定额》。

（4）工程所在地的《建设工程费用定额》。

（5）工程所在地的《工程造价信息》。

（6）工程所在地的其他有关文件、规定。

3. 施工图预算的编制依据

施工图预算的编制依据主要包括：

（1）工程项目的施工图设计文件。

（2）工程项目的指导性施工组织设计。

（3）工程所在地的《市政工程预算定额》。

（4）工程所在地的《建设工程费用定额》。

（5）工程所在地的《工程造价信息》。

（6）工程所在地的其他有关文件、规定。

4. 施工预算的编制依据

施工预算的编制依据主要包括：

（1）工程项目的施工图设计文件。

（2）工程项目的实施性施工组织设计。

（3）合同文件，主要是签订的合同价与工期。

（4）本单位的《市政工程施工定额》。

（5）工程所在地的《市政工程预算定额》。

（6）工程所在地的《建设工程费用定额》。

（7）工程所在地的《工程造价信息》。

（8）工程所在地的其他有关文件、规定。

5. 工程结算的编制依据

工程结算的编制依据主要包括：

（1）合同文件，主要是合同中约定的结算方式。

（2）已完工程量。

（3）中标报价或合同中约定的分部分项工程的综合单价。

（4）工程所在地的《建设工程费用定额》。

（5）工程所在地的《工程造价信息》。

（6）工程所在地的其他有关文件、规定。

在以上预算的编制过程中，如采用工程量清单计价，还必须依据现行《建设工程工程量清单计价规范》（GB 50500—2013）和《市政工程工程量计算规范》（GB 50857—2013）。

1.3.2 编制程序

无论进行哪种工程造价的计算，其编制程序基本相同，通常包括以下几部分。

（1）熟悉定额及其他有关文件和资料预算人员 在编制预算之前，首先要收集与工程项目相适应的定额及与造价计算有关的文件、资料；然后研究这些资料并对重点内容进行熟记或备忘，以便在造价计算时利用这些资料。特别是对定额中需要进行换算的地方要引起注意，以免出现差错。另外，要认真仔细地研究工程量计算规则，搞清其真正含义，做到工程量计算准确无误，以确保造价计算的质量。

（2）熟读施工图、工程量清单及有关标准图集 读懂施工图是正确计算工程量的基础，在读图时要认真仔细，从设计说明、平面图、立面图、剖面图、横断面图、详图等图件一一读起，由粗到细、由大到小、由全面到局部进行识读。通过识读要搞清楚结构构造、尺寸及施工工艺做法，达到可以正确计算工程量的要求。工程量清单是投标阶段投标人编制经济标的依据，投标人必须熟知。

（3）熟悉施工组织设计或施工方案 施工组织设计是指导工程施工的技术文件，通过熟读施工组织设计，要明确施工现场的条件以及施工工艺、施工方法，为进行工程项目的划分奠定基础。

（4）划分工程项目 依据定额的规定和工程的施工方案，将单位工程划分为若干个分部分项工程，按照施工的先后顺序将其填入工程量计算表中。如果采用工程量清单计价，就要按照《市政工程工程量计算规范》（GB 50857—2013）的规定划分分部分项工程。

（5）计算分部分项工程量 对于分部分项工程量清单，其工程量按照《市政工程工程量计算规范》（GB 50857—2013）规定的工程量计算规则进行计算；其余则依照单位估价表或计价表规定的工程量计算规则进行计算。工程量的计算要填入工程量计算表，并列出计算式。

（6）计算直接费或分部分项工程费 对于不采用清单计价的工程项目，套估价表计算定额直接费，然后再计算其他直接费，进而计算直接费。对于采用清单计价的工程项目，套计价表进行综合单价的分析计算，然后依据综合单价计算分部分项工程费。

（7）计算间接费或措施项目费 对于不采用清单计价的工程项目，按照工程所在地建设工程费用定额的规定，试计算间接费。对于采用清单计价的工程项目，总价措施项目费按工程所在地建设工程费用定额的规定计算，单价措施项目费按照综合单价进行计算。

（8）计算其他项目费用 对于采用清单计价的工程项目，按照工程所在地建设工程费用定额、招标文件的规定、合同约定等条件，依据《建设工程工程量清单计价规范》（GB 50500—2013）计算。

（9）计算利润或规费 对于不采用清单计价的工程项目，按照工程所在地建设工程费用定额的规定，试计算利润；或根据施工单位的具体情况计算利润。对于采用清单计价的工程项目，按照工程所在地建设工程费用定额的规定计算规费。

（10）计算税金 不管是否采用工程量清单计价，均按照工程所在地建设工程费用定额或当地有关文件的规定，试计算税金。

（11）汇总计算工程造价

（12）复核工程 造价编制完成后，由本单位有关人员进行检查核对，以避免漏项、重复或出现其他错误。

（13）编写编制说明 编制说明是对预算表格中表达不清但又必须说明的问题进行的文字介绍，以便于审核人员对预算进行审计。

编制说明通常位于封面的下一页，其主要内容是工程概况、编制依据以及对定额的换算、借用或补充的说明。

（14）填写封面、扉页、装订、签章 对于不采用工程量清单计价的预算书，通常按照封面、编制说明、预算表、造价计算表、工料分析表、工程量计算表等内容按顺序编排装订成册。对于采用工程量清单计价的预算书，通常按照封面、扉页、编制说明、建设项目造价汇总表、单项工程造价汇总表、单位工程造价汇总表、分部分项工程量清单计价表、工程量清单综合单价分析表、措施项目清单计价表、其他项目清单计价汇总表、暂列金额明细表、材料暂估单价及调整表、计日工计价表、总承包服务费计价表、规费税金计算表、发包人提供材料和工程设备一览表、承包人提供材料和工程设备一览表的顺序编排装订成册。

装订成册之后，编制人员应当签字并盖有资格证号的章，由有关负责人审阅后签字或盖章，最后加盖单位公章。

第2章 市政工程清单计价体系

2.1 市政工程工程量清单的编制

2.1.1 一般规定

（1）招标工程量清单应由具有编制能力的招标人或受其委托，具有相应资质的工程造价咨询人编制。

（2）招标工程量清单必须作为招标文件的组成部分，其准确性和完整性由招标人负责。

（3）招标工程量清单是工程量清单计价的基础，应作为编制招标控制价、投标报价、计算工程量、工程索赔等的依据之一。

（4）招标工程量清单应以单位（项）工程为单位编制，应由分部分项工程量清单、措施项目清单、其他项目清单、规费和税金项目清单组成。

（5）编制工程量清单应依据：

1）《市政工程工程量计算规范》（GB 50857—2013）和现行国家标准《建设工程工程量清单计价规范》（GB 50500—2013）。

2）国家或省级、行业建设主管部门颁发的计价依据和办法。

3）建设工程设计文件。

4）与建设工程项目有关的标准、规范、技术资料。

5）拟定的招标文件。

6）施工现场情况、工程特点及常规施工方案。

7）其他相关资料。

（6）其他项目、规费和税金项目清单应按照现行国家标准《建设工程工程量清单计价规范》（GB 50500—2013）的相关规定编制。

（7）编制工程量清单出现《市政工程工程量计算规范》（GB 50857—2013）附录中未包括的项目，编制人应做补充，并报省级或行业工程造价管理机构备案，省级或行业工程造价管理机构应汇总报住房和城乡建设部标准定额研究所。

补充项目的编码由《市政工程工程量计算规范》（GB 50857—2013）的代码 04 与 B 和三位阿拉伯数字组成，并应从 04B001 起顺序编制，同一招标工程的项目不得重码。

补充的工程量清单需附有补充项目的名称、项目特征、计量单位、工程量计算规则、工作内容。不能计量的措施项目，需附有补充项目的名称、工作内容及包含范围。

2.1.2   分部分项工程

（1）工程量清单必须根据《市政工程工程量计算规范》（GB 50857—2013）附录规定的项目编码、项目名称、项目特征、计量单位和工程量计算规则进行编制。

（2）工程量清单的项目编码，应采用前十二位阿拉伯数字表示，一至九位应按《市政工程工程量计算规范》（GB 50857—2013）附录的规定设置，十至十二位应根据拟建工程的工程量清单项目名称设置，同一招标工程的项目编码不得有重码。

各位数字的含义是：一、二位为专业工程代码（01—房屋建筑与装饰工程；02—仿古建筑工程；03—通用安装工程；04—市政工程；05—园林绿化工程；06—矿山工程；07—构筑物工程；08—城市轨道交通工程；09—爆破工程。以后进入国家标准的专业工程代码以此类推）；三、四位为工程分类顺序码；五、六位为分部工程顺序码；七、八、九位为分项工程项目名称顺序码；十至十二位为清单项目名称顺序码。

当同一标段（或合同段）的一份工程量清单中含有多个单位工程且工程量清单是以单位工程为编制对象时，在编制工程量清单时应特别注意对项目编码十至十二位的设置不得有重码的规定。例如，一个标段（或合同段）的工程量清单中含有 3 个单位工程，每一单位工程中都有项目特征相同的挖一般土方项目，在工程量清单中又需反映 3 个不同单位工程的挖一般土方工程量时，则第一个单位工程挖一般土方的项目编码应为 040101001001，第二个单位工程挖一般土方的项目编码应为 040101001002，第三个单位工程挖一般土方的项目编码应为 040101001003，并分别列出各单位工程挖一般土方的工程量。

（3）工程量清单的项目名称应按《市政工程工程量计算规范》（GB 50857—2013）附录的项目名称结合拟建工程的实际确定。

（4）分部分项工程量清单项目特征应按《市政工程工程量计算规范》（GB 50857—2013）附录中规定的项目特征，结合拟建工程项目的实际予以描述。

工程量清单的项目特征是确定一个清单项目综合单价不可缺少的重要依据，在编制工程量清单时，必须对项目特征进行准确和全面的描述。但有些项目特征用文字往往又难以准确和全面地描述清楚。因此，为达到规范、简洁、准确、全面描述项目特征的要求，在描述工程量清单项目特征时应按以下原则进行：

1）项目特征描述的内容应按附录中的规定，结合拟建工程的实际，能满足确定综合单价的需要。

2）若采用标准图集或施工图能够全部或部分满足项目特征描述的要求，项目特征描述可直接采用详见××图集或××图号的方式。对不能满足项目特征描述要求的部分，仍应用文字描述。

（5）工程量清单中所列工程量应按《市政工程工程量计算规范》（GB 50857—2013）附录中规定的工程量计算规则计算。

（6）分部分项工程量清单的计量单位应按《市政工程工程量计算规范》（GB 50857—2013）附录中规定的计量单位确定。

（7）现浇混凝土工程项目"工作内容"中包括模板工程的内容，同时又在"措施项目"中单列了现浇混凝土模板工程项目。对此，由招标人根据工程实际情况选用，若招标人在措施项目清单中未编列现浇混凝土模板项目清单，即表示现浇混凝土模板项目不单列，现浇混凝土工程项目的综合单价中应包括模板工程费用。

（8）对预制混凝土构件按现场制作编制项目，"工作内容"中包括模板工程，不再另列。若采用成品预制混凝土构件时，构件成品价（包括模板、钢筋、混凝土等所有费用）应计入综合单价中。

（9）金属结构构件按成品编制项目，构件成品价应计入综合单价中，若采用现场制作，包括制作的所有费用。

2.1.3 措施项目

（1）措施项目清单必须根据相关工程现行国家计量规范的规定编制，应根据拟建工程的实际情况列项。

（2）措施项目中列出了项目编码、项目名称、项目特征、计量单位、工程量计算规则的项目。编制工程量清单时，应按照"分部分项工程"的规定执行。

（3）措施项目中仅列出项目编码、项目名称，未列出项目特征、计量单位和工程量计算规则的项目，编制工程量清单时，应按"措施项目"规定的项目编码、项目名称确定。

2.1.4 其他项目

（1）其他项目清单应按照下列内容列项。

1）暂列金额。招标人暂定并包括在合同价款中的一笔款项。不管采用何种合同形式，其理想的标准是，一份合同的价格就是其最终的竣工结算价格，或者至少二者应尽可能接近。我国规定对政府投资工程实行概算管理，经项目审批部门批复的设计概算是工程投资控制的刚性指标，即使商业性开发项目也有成本的预先控制问题，否则，无法相对准确地预测投资的收益和科学合理地进行投资控制。但工程建设自身的特性决定了工程的设计需要根据工程进展不断地进行优化和调整，业主需求可能会随工程建设进展而出现变化，工程建设过程还会存在一些不能预见、不能确定的因素。消化这些因素必然会影响合同价格的调整，暂列金额正是因应这类不可避免的价格调整而设立的，以便达到合理确定和有效控制工程造价的目标。

有一种错误的观念认为，暂列金额列入合同价格就属于承包人（中标人）所有了。事实上，即便是总价包干合同，也不是列入合同价格的任何金额都属于中标人的，是否属于中标人应得金额取决于具体的合同约定，暂列金额从定义开始就明确，只有按照合同约定程序实际发生后，才能成为中标人的应得金额，纳入合同结算价款中。扣除实际发生金额后的暂列金额余额仍属于招标人所有。设立暂列金额并不能保证合同结算价格不会再出现超过已签约合同价的情况，是否超出已签约合同价完全取决于对暂列金额预测的准确性，以及工程建设过程是否出现了其他事先未预测到的事件。

2）暂估价。暂估价是指招标阶段直至签订合同协议时，招标人在招标文件中提供的用于支付必然要发生但暂时不能确定价格的材料以及专业工程的金额。其包括材料暂估价、工程设备暂估单价、专业工程暂估价。

为方便合同管理和计价，需要纳入工程量清单项目综合单价中的暂估价最好只是材料费，以方便投标人组价。对专业工程暂估价一般应是综合暂估价，包括除规费、税金以外的管理费、利润等。

3）计日工。计日工是为了解决现场发生的零星工作的计价而设立的。国际上常见的标准合同条款中，大多数都设立了计日工计价机制。计日工对完成零星工作所消耗的人工工时、材料数量、施工机械台班进行计量，并按照计日工表中填报的适用项目的单价进行计价支付。计日工适用的所谓零星工作一般是指合同约定之外或者因变更而产生的、工程量清单中没有相应项目的额外工作，尤其是那些时间不允许事先商定价格的额外工作。

4）总承包服务费。总承包服务费是为了解决招标人在法律、法规允许的条件下进行专业工程发包以及自行供应材料、工程设备，并需要总承包人对发包的专业工程提供协调和配合服务，对甲供材料、工程设备提供收、发和保管服务以及进行施工现场管理时发生并向总承包人支付的费用。招标人应预计该项费用，并按投标人的投标报价向投标人支付该项费用。

（2）暂列金额应根据工程特点按有关计价规定估算。为保证工程施工建设的顺利实施，应针对施工过程中可能出现的各种不确定因素对工程造价的影响，在招标控制价中估算一笔暂列金额。暂列金额可根据工程的复杂程度、设计深度、工程环境条件（包括地质、水文、气候条件等）进行估算，一般可按分部分项工程费和措施项目费的 10% ~ 15% 为参考。

（3）暂估价中的材料、工程设备暂估价应根据工程造价信息或参照市场价格估算，列出明细表；专业工程暂估价应分不同专业，按有关计价规定估算，列出明细表。

（4）计日工应列出项目名称、计量单位和暂估数量。

（5）综合承包服务费应列出服务项目及其内容等。

（6）出现第（1）条未列的项目，应根据工程实际情况补充。

2.1.5　规费项目

（1）规费项目清单应按照下列内容列项。

1）社会保障费：包括养老保险费、失业保险费、医疗保险费、工伤保险费、生育保险费。

2）住房公积金。

3）工程排污费。

（2）出现第（1）条未列的项目，应根据省级政府或省级有关部门的规定列项。

2.1.6　税金项目

（1）税金项目清单应包括下列内容：

1）营业税。

2）城市维护建设税。

3）教育费附加。

4）地方教育附加。

（2）出现第（1）条未列的项目，应根据税务部门的规定列项。

2.2　市政工程工程量清单计价的编制

2.2.1　一般规定

1. 计价方式

（1）使用国有资金投资的建设工程发承包，必须采用工程量清单计价。

（2）非国有资金投资的建设工程，宜采用工程量清单计价。

（3）工程量清单应当采用综合单价计价。

（4）不采用工程量清单计价的建设工程，应当执行《建设工程工程量清单计价规范》（GB 50500—2013）除了工程量清单等专门性规定外的其他规定。

（5）措施项目中的安全文明施工费必须按照国家或省级、行业建设主管部门的规定计算。不得作为竞争性费用。

（6）规费和税金必须按照国家或是省级、行业建设主管部门的规定计算。不得作为竞争性费用。

2. 发包人提供材料和工程设备

（1）发包人提供的材料和工程设备（以下简称甲供材料）应当在招标文件中按照《建设工程工程量清单计价规范》（GB 50500—2013）附录 L.1 的规定填写"发包人提供材料和工程设备一览表"，写明甲供材料的名称、数量、规格、单价、交货方式、交货地点等。承包人投标时，甲供材料单价应当计入相应项目的综合单价中，签约后，发包人应当按照合同约定扣除甲供材料款，不予支付。

（2）承包人应当根据合同工程进度计划的安排，向发包人提交甲供材料交货的日期计划。发包人按照计划提供。

（3）发包人提供的甲供材料如规格、数量或质量不符合合同要求，或因发包人原因发生交货日期的延误、交货地点及交货方式的变更等情况，发包人应当承担由此增加的费用和（或）工期延误，并应当向承包人支付合理利润。

（4）发承包双方对甲供材料的数量发生争议无法达成一致的，应当按照相关工程的计价定额同类项目规定的材料消耗量计算。

（5）如果发包人要求承包人采购已在招标文件中确定为甲供材料，材料价格应当由发承包双方根据市场调查确定，并应当另行签订补充协议。

3. 承包人提供材料和工程设备

（1）除了合同约定的发包人提供的甲供材料外，合同工程所需要的材料和工程设备应当由承包人提供，承包人提供的材料和工程设备均应当由承包人负责采购、运输以及保管。

（2）承包人应当按照合同约定将采购材料和工程设备的供货人以及品种、规格、数量和供货时间等提交发包人确认，并负责提供材料和工程设备的质量证明文件，满足合同约定的质量标准。

（3）对承包人提供的材料和工程设备经检测不符合合同约定的质量标准，发包人应立即要求承包人更换，由此增加的费用和（或）工期延误应由承包人承担。对发包人要求检测承包人已具有合格证明的材料、工程设备，但经检测证明该项材料、工程设备符合合同约定的质量标准，发包人应承担由此增加的费用和（或）工期延误，并向承包人支付合理利润。

4. 计价风险

（1）建设工程发承包必须在招标文件、合同中明确计价中的风险内容及其范围。不得采用无限风险、所有风险或类似语句规定计价中的风险内容及范围。

（2）由于下列因素出现，影响合同价款调整的，应由发包人承担：

1）国家法律、法规、规章和政策发生变化。

2）省级或行业建设主管部门发布的人工费调整，但承包人对人工费或人工单价的报价高于发布的除外。

3）由政府定价或政府指导价管理的原材料等价格进行了调整。

（3）由于市场物价波动影响合同价款的，应由发承包双方合理分摊，按《建设工程工程量清单计价规范》（GB 50500—2013）中附录 L.2 或 L.3 填写"承包人提供主要材料和工程设备一览表"作为合同附件；当合同中没有约定，发承包双方发生争议时，应按"物价变化"的规定调整合同价款。

（4）由于承包人使用机械设备、施工技术以及组织管理水平等自身原因造成施工费用增加的，应由承包人全部承担。

（5）当不可抗力发生，影响合同价款时，应按"合同价款调整"中"不可抗力"的规定执行。

2.2.2 招标控制价

1. 一般规定

（1）国有资金投资的建设工程招标。招标人必须编制招标控制价。

我国对国有资金投资项目的投资控制实行的是投资概算审批制度，国有资金投资的工程原则上不能超过批准的投资概算。

国有资金投资的工程实行工程量清单招标，为了客观、合理地评审投标报价和避免哄抬标价，避免造成国有资产流失，招标人必须编制招标控制价，规定最高投标限价。

（2）招标控制价应由具有编制能力的招标人或受其委托具有相应资质的工程造价咨询人编制和复核。

（3）工程造价咨询人接受招标人委托编制招标控制价，不得再就同一工程接受投标人委托编制投标报价。

（4）招标控制价应按规定编制，不应上调或下浮。

（5）当招标控制价超过批准的概算时，招标人应将其报原概算审批部门审核。

（6）招标人应在发布招标文件时公布招标控制价，同时应将招标控制价及有关资料报送工程所在地或有该工程管辖权的行业管理部门工程造价管理机构备查。

招标控制价的作用决定了招标控制价不同于标底，无须保密。为体现招标的公平、公正性，防止招标人有意抬高或压低工程造价，招标人应在招标文件中如实公布招标控制价，同时，招标人应将招标控制价报工程所在地或有该工程管辖权的行业管理部门的工程造价管理机构备查。

2. 编制与复核

（1）招标控制价应根据下列依据编制与复核：

1）《建设工程工程量清单计价规范》（GB 50500—2013）。

2）国家或省级、行业建设主管部门颁发的计价定额和计价办法。

3）建设工程设计文件及相关资料。

4）拟定的招标文件及招标工程量清单。

5）与建设项目相关的标准、规范、技术资料。

6）施工现场情况、工程特点及常规施工方案。

7）工程造价管理机构发布的工程造价信息，当工程造价信息没有发布时，参照市场价。

8）其他的相关资料。

（2）综合单价中应包括招标文件中划分的应由投标人承担的风险范围及其费用。招标文件中没有明确的，如是工程造价咨询人编制，应提请招标人明确；如是招标人编制，应予明确。

（3）分部分项工程和措施项目中的单价项目，应根据拟定的招标文件和招标工程量清单项目中的特征描述及有关要求确定综合单价计算。

（4）措施项目中的总价项目应根据拟定的招标文件和常规施工方案按"2.2.1 一般规定"中"计价方式"（4）和（5）的规定计价。

（5）其他项目应按下列规定计价：

1）暂列金额应按招标工程量清单中列出的金额填写。

2）暂估价中的材料、工程设备单价应按招标工程量清单中列出的单价计入综合单价。

3）暂估价中的专业工程金额应按招标工程量清单中列出的金额填写。

4）计日工应按招标工程量清单中列出的项目根据工程特点和有关计价依据确定综合单价计算。

5）总承包服务费应根据招标工程量清单列出的内容和要求估算。

（6）规费和税金应按本节"2.2.1 一般规定"中"计价方式"的（6）的规定计算。

3. 投诉与处理

（1）投标人经复核认为招标人公布的招标控制价未按照《建设工程工程量清单计价规范》（GB 50500—2013）的规定进行编制的，应在招标控制价公布后 5d 内向招标投标监督机构和工程造价管理机构投诉。

（2）投诉人投诉时，应当提交由单位盖章和法定代表人或其委托人签名或盖章的书面投诉书，投诉书应包括下列内容：

1）投诉人与被投诉人的名称、地址及有效联系方式。

2）投诉的招标工程名称、具体事项及理由。

3）投诉依据及相关证明材料。

4）相关的请求及主张。

（3）投诉人不得进行虚假、恶意投诉，阻碍投标活动的正常进行。

（4）工程造价管理机构在接到投诉书后应在 2 个工作日内进行审查，对有下列情况之一的，不予受理：

1）投诉人不是所投诉招标工程招标文件的收受人。

2）投诉书提交的时间不符合上述（1）规定的；投诉书不符合上述（2）规定的。

3）投诉事项已进入行政复议或行政诉讼程序的。

（5）工程造价管理机构应在不迟于结束审查的次日将是否受理投诉的决定书面通知投诉人、被投诉人以及负责该工程招标投标监督的招标投标管理机构。

（6）工程造价管理机构受理投诉后，应立即对招标控制价进行复查，组织投诉人、被投诉人或其委托的招标控制价编制人等单位人员对投诉问题逐一核对。有关当事人应当予以配合，并应保证所提供资料的真实性。

（7）工程造价管理机构应当在受理投诉的 10d 内完成复查，特殊情况下可适当延长，并作出书面结论通知投诉人、被投诉人及负责该工程招标投标监督的招标投标管理机构。

（8）当招标控制价复查结论与原公布的招标控制价误差大于 ±3% 时，应当责成招标人改正。

（9）招标人根据招标控制价复查结论需要重新公布招标控制价的，其最终公布的时间至招标文件要求提交投标文件截止时间不足 15d 的，应相应延长投标文件的截止时间。

2.2.3　投标报价

1. 一般规定

（1）投标价应由投标人或受其委托具有相应资质的工程造价咨询人编制。

（2）投标人应依据下述"编制与复核"的规定自主确定投标报价。

（3）投标报价不得低于工程成本。

（4）投标人必须按招标工程量清单填报价格。项目编码、项目名称、项目特征、计量单位、工程量必须与招标工程量清单一致。

（5）投标人的投标报价高于招标控制价的应予废标。

2. 编制与复核

（1）投标报价应根据下列依据编制和复核：

1）《建设工程工程量清单计价规范》（GB 50500—2013）。

2）国家或省级、行业建设主管部门颁发的计价办法。

3）企业定额，国家或省级、行业建设主管部门颁发的计价定额和计价办法。

4）招标文件、招标工程量清单及其补充通知、答疑纪要。

5）建设工程设计文件及相关资料。

6）施工现场情况、工程特点及投标时拟定的施工组织设计或施工方案。

7）建设项目相关的标准、规范等技术资料。

8）市场价格信息或工程造价管理机构发布的工程造价信息。

9）其他的相关资料。

（2）综合单价中应包括招标文件中划分的应由投标人承担的风险范围及其费用，招标文件中没有明确的，应提请招标人明确。

（3）分部分项工程和措施项目中的单价项目，应根据招标文件和招标工程量清单项目中的特征描述确定综合单价计算。

（4）措施项目中的总价项目金额应根据招标文件和投标时拟定的施工组织设计或施工方案按本节"2.2.1　一般规定"中"计价方式"（4）的规定自主确定。其中安全文明施工费应按照本节"2.2.1　一般规定"中"计价方式"（5）的规定确定。

（5）其他项目费应按下列规定报价：

1）暂列金额应按招标工程量清单中列出的金额填写。

2）材料、工程设备暂估价应按招标工程量清单中列出的单价计入综合单价。

3）专业工程暂估价应按招标工程量清单中列出的金额填写。

4）计日工应按招标工程量清单中列出的项目和数量，自主确定综合单价并计算计日工金额。

5）总承包服务费应根据招标工程量清单中列出的内容和提出的要求自主确定。

（6）规费和税金应按本节"2.2.1 一般规定"中"计价方式"（6）的规定确定。

（7）招标工程量清单与计价表中列明的所有需要填写单价和合价的项目，投标人均应填写且只允许有一个报价。未填写单价和合价的项目，可视为此项费用已包含在已标价工程量清单中其他项目的单价和合价之中。当竣工结算时，此项目不得重新组价予以调整。

（8）投标总价应当与分部分项工程费、措施项目费、其他项目费和规费、税金的合计金额一致。

2.2.4 合同价款约定

1. 一般规定

（1）实行招标的工程合同价款应在中标通知书发出之日起30d内，由发承包双方依据招标文件和中标人的投标文件在书面合同中约定。

合同约定不得违背招标、投标文件中关于工期、造价、质量等方面的实质性内容。招标文件与中标人投标文件不一致的地方，应以投标文件为准。

（2）不实行招标的工程合同价款，应在发承包双方认可的工程价款基础上，由发承包双方在合同中约定。

（3）实行工程量清单计价的工程，应采用单价合同；建设规模较小、技术难度较低、工期较短且施工图设计已审查批准的建设工程可采用总价合同；紧急抢险、救灾以及施工技术特别复杂的建设工程可采用成本加酬金合同。

2. 约定内容

（1）发承包双方应在合同条款中对下列事项进行约定：

1）预付工程款的数额、支付时间及抵扣方式。

2）安全文明施工措施的支付计划、使用要求等。

3）工程计量与支付工程进度款的方式、数额及时间。

4）工程价款的调整因素、方法、程序、支付及时间。

5）施工索赔与现场签证的程序、金额确认与支付时间。

6）承担计价风险的内容、范围以及超出约定内容、范围的调整办法。

7）工程竣工价款结算编制与核对、支付及时间。

8）工程质量保证金的数额、预留方式及时间。

9）违约责任以及发生合同价款争议的解决方法及时间。

10）与履行合同、支付价款有关的其他事项等。

（2）合同中没有按照上述（1）的要求约定或约定不明的，若发承包双方在合同履行中发生争议由双方协商确定；当协商不能达成一致时，应按《建设工程工程量清单计价规范》（GB 50500—2013）的规定执行。

2.2.5 工程计量

1. 工程计量的依据

工程量计算除依据《房屋建筑与装饰工程工程量计算规范》（GB 50854—2013）各项规定外，尚应依据以下文件：

（1）经审定通过的施工设计图及其说明。

（2）经审定通过的施工组织设计或施工方案。

（3）经审定通过的其他有关技术经济文件。

2. 工程计量的执行

（1）一般规定

1）工程量必须按照相关工程现行国家计量规范规定的工程量计算规则计算。

2）工程计量可选择按月或按工程形象进度分段计量，具体计量周期应在合同中约定。

3）因承包人原因造成的超出合同工程范围施工或返工的工程量，发包人不予计量。

4）成本加酬金合同应按下述"单价合同的计量"的规定计量。

（2）单价合同的计量

1）工程量必须以承包人完成合同工程应予计量的工程量确定。

2）施工中进行工程计量，当发现招标工程量清单中出现缺项、工程量偏差或因工程变更引起工程量增减时，应按承包人在履行合同义务中完成的工程量计算。

3）承包人应当按照合同约定的计量周期和时间向发包人提交当期已完工程量报告。发包人应在收到报告后7d内核实，并将核实计量结果通知承包人。发包人未在约定时间内进行核实的，承包人提交的计量报告中所列的工程量应视为承包人实际完成的工程量。

4）发包人认为需要进行现场计量核实时，应在计量前24h通知承包人，承包人应为计量提供便利条件并派人参加。当双方均同意核实结果时，双方应在上述记录上签字确认。承包人收到通知后不派人参加计量，视为认可发包人的计量核实结果。发包人不按照约定时间通知承包人，致使承包人未能派人参加计量，计量核实结果无效。

5）当承包人认为发包人核实后的计量结果有误时，应在收到计量结果通知后的7d内向发包人提出书面意见，并应附上其认为正确的计量结果和详细的计算资料。发包人收到书面意见后，应在7d内对承包人的计量结果进行复核后通知承包人。承包人对复核计量结果仍有异议的，按照合同约定的争议解决办法处理。

6）承包人完成已标价工程量清单中每个项目的工程量并经发包人核实无误后，发承包双方应对每个项目的历次计量报表进行汇总，以核实最终结算工程量，并应在汇总表上签字确认。

（3）总价合同的计量

1）采用工程量清单方式招标形成的总价合同，其工程量应按照上述"单价合同的计量"的规定计算。

2）采用经审定批准的施工图及其预算方式发包形成的总价合同，除按照工程变更规定的工程量增减外，总价合同各项目的工程量应为承包人用于结算的最终工程量。

3）总价合同约定的项目计量应以合同工程经审定批准的施工图为依据，发承包双方应在合同中约定工程计量的形象目标或时间节点进行计量。

4）承包人应在合同约定的每个计量周期内对已完成的工程进行计量，并向发包人提交达到工程形象目标完成的工程量和有关计量资料的报告。

5）发包人应在收到报告后7d内对承包人提交的上述资料进行复核，以确定实际完成的工程量和工程形象目标。对其有异议的，应通知承包人进行共同复核。

3. 计量单位与有效数字

（1）有两个或两个以上计量单位的，应结合拟建工程项目的实际情况，确定其中一个为计量单位。同一工程项目的计量单位应一致。

（2）工程计量时每一项目汇总的有效位数应遵守下列规定：

1）以"t"为单位，应保留小数点后三位数字，第四位小数四舍五入。

2）以"m""m²""m³""kg"为单位，应保留小数点后两位数字，第三位小数四舍五入。

3）以"个""件""根""组""系统"为单位，应取整数。

4. 计量项目要求

（1）工程量清单项目仅列出了主要工作内容，除另有规定和说明外，应视为已经包括完成该项目所列或未列的全部工作内容。

（2）市政工程涉及房屋建筑和装饰装修工程的项目，按照现行国家标准《房屋建筑与装饰工程工程量计算规范》（GB 50854—2013）的相应项目执行；涉及电气、给水排水、消防等安装工程的项目，按照现行国家标准《通用安装工程工程量计算规范》（GB 50856—2013）的相应项目执行；涉及园林绿化工程的项目，按照现行国家标准《园林绿化工程工程量计算规范》（GB 50858—2013）的相应项目执行；采用爆破法施工的石方工程按照现行国家标准《爆破工程工程量计算规范》（GB 50862—2013）的相应项目执行。具体划分界限确定如下：

1）市政管网工程与现行国家标准《通用安装工程工程量计算规范》（GB 50856—2013）中工业管道工程的界定：给水管道以厂区入口水表井为界；排水管道以厂区围墙外第一个污水井为界；热力和燃气管道以厂区入口第一个计量表（阀门）为界。

2）市政管网工程与现行国家标准《通用安装工程工程量计算规范》（GB 50856—2013）中给水排水、采暖、燃气工程的界定：室外给水排水、采暖、燃气管道以与市政管道碰头井为界；厂区、住宅小区的庭院喷灌及喷泉水设备安装按现行国家标准《通用安装工程工程量计算规范》（GB 50856—2013）中的相应项目执行；市政庭院喷灌及喷泉水设备安装按《市政工程工程量计算规范》（GB 50857—2013）的相应项目执行。

3）市政水处理工程、生活垃圾处理工程与现行国家标准《通用安装工程工程量计算规范》（GB 50856—2013）中设备安装工程的界定：《市政工程工程量计算规范》（GB 50857—2013）只列了水处理工程和生活垃圾处理工程专用设备的项目，各类仪表、泵、阀门等标准、定型设备应按现行国家标准《通用安装工程工程量计算规范》（GB 50856—2013）中相应项目执行。

4）市政路灯工程与现行国家标准《通用安装工程工程量计算规范》（GB 50856—2013）中电气设备安装工程的界定：市政道路路灯安装工程、市政庭院艺术喷泉等电气安装工程的项目，按《市政工程工程量计算规范》（GB 50857—2013）路灯工程的相应项目执行；厂区、住宅小区的道路路灯安装工程、庭院艺术喷泉等电气设备安装工程按现行国家标准《通用安装工程工程量计算规范》（GB 50856—2013）附录 D "电气设备安装工程"的相应项目执行。

（3）由水源地取水点至厂区或市、镇第一个储水点之间距离 10km 以上的输水管道，按"管网工程"相应项目执行。

2.2.6　合同价款调整

1. 一般规定

（1）下列事项（但不限于）发生，发承包双方应当按照合同约定调整合同价款：

1）法律法规变化。

2）工程变更。

3）项目特征不符。

4）工程量清单缺项。

5）工程量偏差。

6）计日工。

7）物价变化。

8）暂估价。

9）不可抗力。

10）提前竣工（赶工补偿）。

11）误期赔偿。

12）索赔。

13）现场签证。

14）暂列金额。

15）发承包双方约定的其他调整事项。

（2）出现合同价款调增事项（不含工程量偏差、计日工、现场签证、索赔）后的 14d 内，承包人应向发包人提交合同价款调增报告并附上相关资料；承包人在 14d 内未提交合同价款调增报告的，应视为承包人对该事项不存在调整价款请求。

（3）出现合同价款调减事项（不含工程量偏差、索赔）后的 14d 内，发包人应向承包人提交合同价款调减报告并附相关资料；发包人在 14d 内未提交合同价款调减报告的，应视为发包人对该事项不存在调整价款请求。

（4）发（承）包人应在收到承（发）包人合同价款调增（减）报告及相关资料之日起 14d 内对其核实，予以确认的应书面通知承（发）包人。当有疑问时，应向承（发）包人提出协商意见。发（承）包人在收到合同价款调增（减）报告之日起 14d 内未确认也未提出协商意见的，应视为承（发）包人提交的合同价款调增（减）报告已被发（承）包人认可。发（承）包人提出协商意见的，承（发）包人应在收到协商意见后的 14d 内对其核实，予以确认的应书面通知发（承）包人。承（发）包人在收到发（承）包人的协商意见后 14d 内既不确认也未提出不同意见的，应视为发（承）包人提出的意见已被承（发）包人认可。

（5）发包人与承包人对合同价款调整的不同意见不能达成一致的，只要对发承包双方履约不产生实质影响，双方应继续履行合同义务，直到其按照合同约定的争议解决方式得到处理。

（6）经发承包双方确认调整的合同价款，作为追加（减）合同价款，应与工程进度款或结算款同期支付。

2. 法律法规变化

（1）招标工程以投标截止日前 28d、非招标工程以合同签订前 28d 为基准日，其后因国家的法律、法规、规章和政策发生变化引起工程造价增减变化的，发承包双方应按照省级或行业建设主管部门或其授权的工程造价管理机构据此发布的规定调整合同价款。

（2）因承包人原因导致工期延误的，按（1）规定的调整时间，在合同工程原定竣工时间之后，合同价款调增的不予调整，合同价款调减的予以调整。

3. 工程变更

（1）因工程变更引起已标价工程量清单项目或其工程数量发生变化时，应按照下列规定调整：

1）已标价工程量清单中有适用于变更工程项目的，应采用该项目的单价；但当工程变更导致该清单项目的工程数量发生变化，且工程量偏差超过 15% 时，该项目单价应按照下述"6. 工程量偏差"的规定调整。

2）已标价工程量清单中没有适用但有类似于变更工程项目的，可在合理范围内参照类似项目的单价。

3）已标价工程量清单中没有适用也没有类似于变更工程项目的，应由承包人根据变更工程资料、计量规则和计价办法、工程造价管理机构发布的信息价格和承包人报价浮动率提出变更工程项目的单价，并应报发包人确认后调整。承包人报价浮动率可按以下公式计算。

招标工程：

$$承包人报价浮动率 \ L = (1 - 中标价/招标控制价) \times 100\% \qquad (2\text{-}1)$$

非招标工程：

$$承包人报价浮动率 \ L = (1 - 报价/施工图预算) \times 100\% \qquad (2\text{-}2)$$

4）已标价工程量清单中没有适用也没有类似于变更工程项目，且工程造价管理机构发布的信息价格缺价的，应由承包人根据变更工程资料、计量规则、计价办法和通过市场调查等取得有合法依据的市场价格提出变更工程项目的单价，并应报发包人确认后调整。

（2）工程变更引起施工方案改变并使措施项目发生变化时，承包人提出调整措施项目费的，应事先将拟实施的方案提交发包人确认，并应详细说明与原方案措施项目相比的变化情况。拟实施的方案经发承包双方确认后执行，并应按照下列规定调整措施项目费：

1）安全文明施工费应按照实际发生变化的措施项目依据本节"2.2.1 一般规定"中"计价方式"中（5）的规定计算。

2）采用单价计算的措施项目费，应按照实际发生变化的措施项目，按（1）的规定确定单价。

3）按总价（或系数）计算的措施项目费，按照实际发生变化的措施项目调整，但应考虑承包人报价浮动因素，即调整金额按照实际调整金额乘以（1）规定的承包人报价浮动率计算。

如果承包人未事先将拟实施的方案提交给发包人确认，则应视为工程变更不引起措施项目费的调整或承包人放弃调整措施项目费的权利。

（3）当发包人提出的工程变更因非承包人原因删减了合同中的某项原定工作或工程，致使承包人发生的费用或（和）得到的收益不能被包括在其他已支付或应支付的项目中，也未被包含在任何替代的工作或工程中时，承包人有权提出并应得到合理的费用及利润补偿。

4. 项目特征描述不符

（1）发包人在招标工程量清单中对项目特征的描述应被认为是准确的和全面的，并且与实际施工要求相符合。承包人应按照发包人提供的招标工程量清单，根据项目特征描述的内容及有关要求实施合同工程，直到项目被改变为止。

（2）承包人应按照发包人提供的设计图实施合同工程，若在合同履行期间出现设计图（含设计变更）与招标工程量清单任一项目的特征描述不符，且该变化引起该项目工程造价增减变化的，应按照实际施工的项目特征，按上述"3. 工程变更"的相关条款的规定重新确定相应工程量清单项目的综合单价，并调整合同价款。

5. 工程量清单缺项

（1）合同履行期间，由于招标工程量清单中缺项，新增分部分项工程清单项目的，应按照上述"3. 工程变更"中（1）的规定确定单价，并调整合同价款。

（2）新增分部分项工程清单项目后，引起措施项目发生变化的，应按照上述"3. 工程变更"中（2）的规定，在承包人提交的实施方案被发包人批准后调整合同价款。

（3）由于招标工程量清单中措施项目缺项，承包人应将新增措施项目实施方案提交发包人批准后，按照上述"3. 工程变更"中（1）、（2）的规定调整合同价款。

6. 工程量偏差

（1）合同履行期间，当应予计算的实际工程量与招标工程量清单出现偏差，且符合（2）（3）规定时，发承包双方应调整合同价款。

（2）对于任一招标工程量清单项目，当因"工程量偏差"规定的工程量偏差和"工程变更"规定的工程变更等原因导致工程量偏差超过15%时，可进行调整。当工程量增加15%以上时，增加部分的工程量的综合单价应予调低；当工程量减少15%以上时，减少后剩余部分的工程量的综合单价应予调高。

上述调整参考以下公式：

1）当 $Q_1 > 1.15Q_0$ 时

$$S = 1.15Q_0 \times P_0 + (Q_1 - 1.15Q_0) \times P_1 \tag{2-3}$$

2）当 $Q_1 < 0.85Q_0$ 时

$$S = Q_1 \times P_1 \tag{2-4}$$

式中　S——调整后的某一分部分项工程费结算价；

Q_1——最终完成的工程量；

Q_0——招标工程量清单中列出的工程量；

P_1——按照最终完成工程量重新调整后的综合单价；

P_0——承包人在工程量清单中填报的综合单价。

采用上述两式的关键是确定新的综合单价，即 P_1。确定的方法：一是发承包双方协商确定，二是与招标控制价相联系，当工程量偏差项目出现承包人在工程量清单中填报的综合单价与发包人招标控制价相应清单项目的综合单价偏差超过15%时，工程量偏差项目综合单价的调整可参考以下公式：

3）当 $P_0 < P_2 \times (1-L) \times (1-15\%)$ 时，该类项目的综合单价

$$P_1 \text{ 按照 } P_2 \times (1-L) \times (1-15\%) \text{ 调整} \tag{2-5}$$

4）当 $P_0 > P_2 \times (1+15\%)$ 时，该类项目的综合单价

$$P_1 \text{ 按照 } P_2 \times (1+15\%) \text{ 调整} \tag{2-6}$$

式中　P_0——承包人在工程量清单中填报的综合单价；

　　　P_2——发包人招标控制价相应项目的综合单价；

　　　L——承包人报价浮动率。

（3）当工程量出现（2）的变化，且该变化引起相关措施项目相应发生变化时，按系数或单一总价方式计价的，工程量增加的措施项目费调增，工程量减少的措施项目费调减。

7. 计日工

（1）发包人通知承包人以计日工方式实施的零星工作，承包人应予执行。

（2）采用计日工计价的任何一项变更工作，在该项变更的实施过程中，承包人应按合同约定提交下列报表和有关凭证送发包人复核：

1）工作名称、内容和数量。

2）投入该工作所有人员的姓名、工种、级别和耗用工时。

3）投入该工作的材料名称、类别和数量。

4）投入该工作的施工设备型号、台数和耗用台时。

5）发包人要求提交的其他资料和凭证。

（3）任一计日工项目持续进行时，承包人应在该项工作实施结束后的 24h 内向发包人提交有计日工记录汇总的现场签证报告一式三份。发包人在收到承包人提交现场签证报告后的 2d 内予以确认并将其中一份返还给承包人，作为计日工计价和支付的依据。发包人逾期未确认也未提出修改意见的，应视为承包人提交的现场签证报告已被发包人认可。

（4）任一计日工项目实施结束后，承包人应按照确认的计日工现场签证报告核实该类项目的工程数量，并应根据核实的工程数量和承包人已标价工程量清单中的计日工单价计算，提出应付价款；已标价工程量清单中没有该类计日工单价的，由发承包双方按上述"3. 工程变更"的规定商定计日工单价计算。

（5）每个支付期末，承包人应按照"进度款"的规定向发包人提交本期间所有计日工记录的签证汇总表，并应说明本期间自己认为有权得到的计日工金额，调整合同价款，列入进度款支付。

8. 物价变化

（1）合同履行期间，因人工、材料、工程设备、机械台班价格波动影响合同价款时，应根据合同约定，按物价变化合同价款调整方法调整合同价款。物价变化合同价款调整方法主要有以下两种。

1）价格指数调整价格差额。

① 价格调整公式。因人工、材料和工程设备、施工机械台班等价格波动影响合同价格时，根据招标人提供的"承包人提供主要材料和工程设备一览表（适用于价格指数差额调整法）"，并由投标人在投标函附录中的价格指数和权重表约定的数据，应按式（2-7）计算差额并调整合同价款：

$$\Delta P = P_0 \left[A + \left(B_1 \times \frac{F_{t1}}{F_{01}} + B_2 \times \frac{F_{t2}}{F_{02}} + B_3 \times \frac{F_{t3}}{F_{03}} + \cdots + B_n \times \frac{F_{tn}}{F_{0n}} \right) - 1 \right] \tag{2-7}$$

式中　　　　　　ΔP——需调整的价格差额；

P_0——约定的付款证书中承包人应得到的已完成工程量的金额。此项金额应不包括价格调整、不计质量保证金的扣留和支付、预付款的支付和扣回。约定的变更及其他金额已按现行价格计价的，也不计在内；

A——定值权重（即不调部分的权重）；

B_1，B_2，B_3，$\cdots$，B_n——各可调因子的变值权重（即可调部分的权重），为各可调因子在投标函投标总报价中所占的比例；

F_{t1}，F_{t2}，F_{t3}，$\cdots$，F_{tn}——各可调因子的现行价格指数，指约定的付款证书相关周期最后一天的前42d的各可调因子的价格指数；

F_{01}，F_{02}，F_{03}，$\cdots$，F_{0n}——各可调因子的基本价格指数，指基准日期的各可调因子的价格指数。

以上价格调整公式中的各可调因子、定值和变值权重，以及基本价格指数及其来源在投标函附录价格指数和权重表中约定。价格指数应首先采用工程造价管理机构提供的价格指数，缺乏上述价格指数时，可采用工程造价管理机构提供的价格代替。

② 暂时确定调整差额。在计算调整差额时得不到现行价格指数的，可暂用上一次价格指数计算，并在以后的付款中再按实际价格指数进行调整。

③ 权重的调整。约定的变更导致原定合同中的权重不合理时，由承包人和发包人协商后进行调整。

④ 承包人工期延误后的价格调整。由于承包人原因未在约定的工期内竣工的，对原约定竣工日期后继续施工的工程，在使用第①条的价格调整公式时，应采用原约定竣工日期与实际竣工日期的两个价格指数中较低的一个作为现行价格指数。

⑤ 若可调因子包括了人工在内，则不适用本节"2.2.1　一般规定"4. 中（2）的2）规定。

2）造价信息调整价格差额。

① 施工期内，因人工、材料和工程设备、施工机械台班价格波动影响合同价格时，人工、机械使用费按照国家或省、自治区、直辖市建设行政管理部门、行业建设管理部门或其授权的工程造价管理机构发布的人工成本信息、机械台班单价或机械使用费系数进行调整；需要进行价格调整的材料，其单价和采购数应由发包人复核，发包人确认需调整的材料单价及数量，作为调整合同价款差额的依据。

② 人工单价发生变化且符合本节"2.2.1　一般规定"4. 中（2）的2）规定的条件时，发承包双方应按省级或行业建设主管部门或其授权的工程造价管理机构发布的人工成本文件调整合同价款。

③ 材料、工程设备价格变化按照发包人提供的"承包人提供主要材料和工程设备一览表（适用于造价信息差额调整法）"，由发承包双方约定的风险范围按下列规定调整合同价款：

a. 承包人投标报价中材料单价低于基准单价：施工期间材料单价涨幅以基准单价为基

础超过合同约定的风险幅度值，或材料单价跌幅以投标报价为基础超过合同约定的风险幅度值时，其超过部分按实调整。

b. 承包人投标报价中材料单价高于基准单价：施工期间材料单价跌幅以基准单价为基础超过合同约定的风险幅度值，或材料单价涨幅以投标报价为基础超过合同约定的风险幅度值时，其超过部分按实调整。

c. 承包人投标报价中材料单价等于基准单价：施工期间材料单价涨、跌幅以基准单价为基础超过合同约定的风险幅度值时，其超过部分按实调整。

d. 承包人应在采购材料前将采购数量和新的材料单价报送发包人核对，确认用于本合同工程时，发包人应确认采购材料的数量和单价。发包人在收到承包人报送的确认资料后 3 个工作日不予答复的视为已经认可，作为调整合同价款的依据。如果承包人未报经发包人核对即自行采购材料，再报发包人确认调整合同价款的，如发包人不同意，则不作调整。

④ 施工机械台班单价或施工机械使用费发生变化超过省级或行业建设主管部门或其授权的工程造价管理机构规定的范围时，按其规定调整合同价款。

（2）承包人采购材料和工程设备的，应在合同中约定主要材料、工程设备价格变化的范围或幅度；当没有约定且材料、工程设备单价变化超过 5% 时，超过部分的价格应按照以上两种物价变化合同价款调整方法计算调整材料、工程设备费。

（3）发生合同工程工期延误的，应按照下列规定确定合同履行期的价格调整：

1）因非承包人原因导致工期延误的，计划进度日期后续工程的价格，应采用计划进度日期与实际进度日期两者的较高者。

2）因承包人原因导致工期延误的，计划进度日期后续工程的价格，应采用计划进度日期与实际进度日期两者的较低者。

（4）发包人供应材料和工程设备的，不适用（1）、（2）规定，应由发包人按照实际变化调整，列入合同工程的工程造价内。

9. 暂估价

（1）发包人在招标工程量清单中给定暂估价的材料、工程设备属于依法必须招标的，应由发承包双方以招标的方式选择供应商，确定价格，并应以此为依据取代暂估价，调整合同价款。

（2）发包人在招标工程量清单中给定暂估价的材料、工程设备不属于依法必须招标的，应由承包人按照合同约定采购，经发包人确认单价后取代暂估价，调整合同价款。

（3）发包人在工程量清单中给定暂估价的专业工程不属于依法必须招标的，应按照上述"3. 工程变更"的相应条款的规定确定专业工程价款，并应以此为依据取代专业工程暂估价，调整合同价款。

（4）发包人在招标工程量清单中给定暂估价的专业工程，依法必须招标的，应当由发承包双方依法组织招标，选择专业分包人，并接受有管辖权的建设工程招标投标管理机构的监督，还应符合下列要求：

1）除合同另有约定外，承包人不参加投标的专业工程发包招标，应由承包人作为招标人，但拟定的招标文件、评标工作、评标结果应报送发包人批准。与组织招标工作有关的费用应当被认为已经包括在承包人的签约合同价（投标总报价）中。

2）承包人参加投标的专业工程发包招标，应由发包人作为招标人，与组织招标工作有关的费用由发包人承担。同等条件下，应优先选择承包人中标。

3）应以专业工程发包中标价为依据取代专业工程暂估价，调整合同价款。

10. 不可抗力

（1）因不可抗力事件导致的人员伤亡、财产损失及其费用增加，发承包双方应按下列原则分别承担并调整合同价款和工期：

1）合同工程本身的损害、因工程损害导致第三方人员伤亡和财产损失以及运至施工场地用于施工的材料和待安装的设备的损害，应由发包人承担。

2）发包人、承包人人员伤亡应由其所在单位负责，并应承担相应费用。

3）承包人的施工机械设备损坏及停工损失，应由承包人承担。

4）停工期间，承包人应发包人要求留在施工场地的必要的管理人员及保卫人员的费用应由发包人承担。

5）工程所需清理、修复费用，应由发包人承担。

（2）不可抗力解除后复工的，若不能按期竣工，应合理延长工期。发包人要求赶工的，赶工费用由发包人承担。

（3）因不可抗力解除合同的，应按本节"2.2.9 合同解除的价款结算与支付"（2）的规定办理。

11. 提前竣工（赶工补偿）

（1）招标人应依据相关工程的工期定额合理计算工期，压缩的工期天数不得超过定额工期的20%，超过者，应在招标文件中明示增加赶工费用。

（2）发包人要求合同工程提前竣工的，应征得承包人同意后与承包人商定采取加快工程进度的措施，并应修订合同工程进度计划。发包人应承担承包人由此增加的提前竣工（赶工补偿）费用。

（3）发承包双方应在合同中约定提前竣工每日历天应补偿额度，此项费用应作为增加合同价款列入竣工结算文件中，应与结算款一并支付。

12. 误期赔偿

（1）承包人未按照合同约定施工，导致实际进度迟于计划进度的，承包人应加快进度，实现合同工期。

合同工程发生误期，承包人应赔偿发包人由此造成的损失，并应按照合同约定向发包人支付误期赔偿费。即使承包人支付误期赔偿费，也不能免除承包人按照合同约定应承担的任何责任和应履行的任何义务。

（2）发承包双方应在合同中约定误期赔偿费，并应明确每日历天应赔额度。误期赔偿费应列入竣工结算文件中，并应在结算款中扣除。

（3）在工程竣工之前，合同工程内的某单项（位）工程已通过了竣工验收，且该单项（位）工程接收证书中表明的竣工日期并未延误，而是合同工程的其他部分产生了工期延误时，误期赔偿费应按照已颁发工程接收证书的单项（位）工程造价占合同价款的比例幅度予以扣减。

13. 索赔

（1）当合同一方向另一方提出索赔时，应有正当的索赔理由和有效证据，并应符合合同的相关约定。

（2）根据合同约定，承包人认为非承包人原因发生的事件造成了承包人的损失，应按下列程序向发包人提出索赔：

1）承包人应在知道或应当知道索赔事件发生后 28d 内，向发包人提交索赔意向通知书，说明发生索赔事件的事由。承包人逾期未发出索赔意向通知书的，丧失索赔的权利。

2）承包人应在发出索赔意向通知书后 28d 内，向发包人正式提交索赔通知书。索赔通知书应详细说明索赔理由和要求，并应附必要的记录和证明材料。

3）索赔事件具有连续影响的，承包人应继续提交延续索赔通知，说明连续影响的实际情况和记录。

4）在索赔事件影响结束后的 28d 内，承包人应向发包人提交最终索赔通知书，说明最终索赔要求，并应附必要的记录和证明材料。

（3）承包人索赔应按下列程序处理：

1）发包人收到承包人的索赔通知书后，应及时查验承包人的记录和证明材料。

2）发包人应在收到索赔通知书或有关索赔的进一步证明材料后的 28d 内，将索赔处理结果答复承包人，如果发包人逾期未作出答复，视为承包人索赔要求已被发包人认可。

3）承包人接受索赔处理结果的，索赔款项应作为增加合同价款，在当期进度款中进行支付；承包人不接受索赔处理结果的，应按合同约定的争议解决方式办理。

（4）承包人要求赔偿时，可以选择下列一项或几项方式获得赔偿：

1）延长工期。

2）要求发包人支付实际发生的额外费用。

3）要求发包人支付合理的预期利润。

4）要求发包人按合同的约定支付违约金。

（5）当承包人的费用索赔与工期索赔要求相关联时，发包人在作出费用索赔的批准决定时，应结合工程延期，综合作出费用赔偿和工程延期的决定。

（6）发承包双方在按合同约定办理了竣工结算后，应被认为承包人已无权再提出竣工结算前所发生的任何索赔。承包人在提交的最终结清申请中，只限于提出竣工结算后的索赔，提出索赔的期限应自发承包双方最终结清时终止。

（7）根据合同约定，发包人认为由于承包人的原因造成发包人的损失，宜按承包人索赔的程序进行索赔。

（8）发包人要求赔偿时，可以选择下列一项或几项方式获得赔偿：

1）延长质量缺陷修复期限。

2）要求承包人支付实际发生的额外费用。

3）要求承包人按合同的约定支付违约金。

（9）承包人应付给发包人的索赔金额可从拟支付给承包人的合同价款中扣除，或由承包人以其他方式支付给发包人。

14. 现场签证

（1）承包人应发包人要求完成合同以外的零星项目、非承包人责任事件等工作的，发包人应及时以书面形式向承包人发出指令，并应提供所需的相关资料；承包人在收到指令后，应及时向发包人提出现场签证要求。

（2）承包人应在收到发包人指令后的 7d 内向发包人提交现场签证报告，发包人应在收到现场签证报告后的48h内对报告内容进行核实，予以确认或提出修改意见。发包人在收到承包人现场签证报告后的48h内未确认也未提出修改意见的，应视为承包人提交的现场签证报告已被发包人认可。

（3）现场签证的工作如已有相应的计日工单价，现场签证中应列明完成该类项目所需的人工、材料、工程设备和施工机械台班的数量。

如现场签证的工作没有相应的计日工单价，应在现场签证报告中列明完成该签证工作所需的人工、材料设备和施工机械台班的数量及单价。

（4）合同工程发生现场签证事项，未经发包人签证确认，承包人便擅自施工的，除非征得发包人书面同意，否则发生的费用应由承包人承担。

（5）现场签证工作完成后的7d内，承包人应按照现场签证内容计算价款，报送发包人确认后，作为增加合同价款，与进度款同期支付。

（6）在施工过程中，当发现合同工程内容因场地条件、地质水文、发包人要求等不一致时，承包人应提供所需的相关资料，并提交发包人签证认可，作为合同价款调整的依据。

15. 暂列金额

（1）已签约合同价中的暂列金额应由发包人掌握使用。

（2）发包人按照"1. 一般规定"～"14. 现场签证"的规定支付后，暂列金额余额应归发包人所有。

2.2.7　合同价款期中支付

1. 预付款

（1）承包人应将预付款专用于合同工程。

（2）包工包料工程的预付款的支付比例不得低于签约合同价（扣除暂列金额）的10%，不宜高于签约合同价（扣除暂列金额）的30%。

（3）承包人应在签订合同或向发包人提供与预付款等额的预付款保函后向发包人提交预付款支付申请。

（4）发包人应在收到支付申请的7d内进行核实，向承包人发出预付款支付证书，并在签发支付证书后的7d内向承包人支付预付款。

（5）发包人没有按合同约定按时支付预付款的，承包人可催告发包人支付；发包人在预付款期满后的7d内仍未支付的，承包人可在付款期满后的第8d起暂停施工。发包人应承担由此增加的费用和延误的工期，并应向承包人支付合理利润。

（6）预付款应从每一个支付期应支付给承包人的工程进度款中扣回，直到扣回的金额达到合同约定的预付款金额为止。

（7）承包人的预付款保函的担保金额根据预付款扣回的数额相应递减，但在预付款全部扣回之前一直保持有效。发包人应在预付款扣完后的14d内将预付款保函退还给承包人。

2. 安全文明施工费

（1）安全文明施工费包括的内容和使用范围，应符合国家有关文件和计量规范的规定。

（2）发包人应在工程开工后的28d内预付不低于当年施工进度计划的安全文明施工费总额的60%，其余部分应按照提前安排的原则进行分解，并应与进度款同期支付。

（3）发包人没有按时支付安全文明施工费的，承包人可催告发包人支付；发包人在付款期满后的 7d 内仍未支付的，若发生安全事故，发包人应承担相应责任。

（4）承包人对安全文明施工费应专款专用，在财务账目中应单独列项备查，不得挪作他用，否则发包人有权要求其限期改正；逾期未改正的，造成的损失和延误的工期应由承包人承担。

3. 进度款

（1）发承包双方应按照合同约定的时间、程序和方法，根据工程计量结果，办理期中价款结算，支付进度款。

（2）进度款支付周期应与合同约定的工程计量周期一致。

（3）已标价工程量清单中的单价项目，承包人应按工程计量确认的工程量与综合单价计算；综合单价发生调整的，以发承包双方确认调整的综合单价计算进度款。

（4）已标价工程量清单中的总价项目和按照本节"2.2.5 工程计量"2. 中（3）的2）规定形成的总价合同，承包人应按合同中约定的进度款支付分解，分别列入进度款支付申请中的安全文明施工费和本周期应支付的总价项目的金额中。

（5）发包人提供的甲供材料金额，应按照发包人签约提供的单价和数量从进度款支付中扣除，列入本周期应扣减的金额中。

（6）承包人现场签证和得到发包人确认的索赔金额应列入本周期应增加金额中。

（7）进度款的支付比例按照合同约定，按期中结算价款总额计，不低于 60%，不高于 90%。

（8）承包人应在每个计量周期到期后的 7d 内向发包人提交已完工程进度款支付申请一式四份，详细说明此周期认为有权得到的款额，包括分包人已完工程的价款。支付申请应包括下列内容：

1）累计已完成的合同价款。

2）累计已实际支付的合同价款。

3）本周期合计完成的合同价款。

① 本周期已完成单价项目的金额。

② 本周期应支付的总价项目的金额。

③ 本周期已完成的计日工价款。

④ 本周期应支付的安全文明施工费。

⑤ 本周期应增加的金额。

4）本周期合计应扣减的金额。

① 本周期应扣回的预付款。

② 本周期应扣减的金额。

5）本周期实际应支付的合同价款。

（9）发包人应在收到承包人进度款支付申请后的 14d 内，根据计量结果和合同约定对申请内容予以核实，确认后向承包人出具进度款支付证书。若发承包双方对部分清单项目的计量结果出现争议，发包人应对无争议部分的工程计量结果向承包人出具进度款支付证书。

（10）发包人应在签发进度款支付证书后的 14d 内，按照支付证书列明的金额向承包人支付进度款。

（11）若发包人逾期未签发进度款支付证书，则视为承包人提交的进度款支付申请已被发包人认可，承包人可向发包人发出催告付款的通知。发包人应在收到通知后的 14d 内，按照承包人支付申请的金额向承包人支付进度款。

（12）发包人未按照（9）～（11）的规定支付进度款的，承包人可催告发包人支付，并有权获得延迟支付的利息；发包人在付款期满后的 7d 内仍未支付的，承包人可在付款期满后的第 8d 起暂停施工。发包人应承担由此增加的费用和延误的工期，向承包人支付合理利润，并应承担违约责任。

（13）发现已签发的任何支付证书有错、漏或重复的数额，发包人有权予以修正，承包人也有权提出修正申请。经发承包双方复核同意修正的，应在本次到期的进度款中支付或扣除。

2.2.8　竣工结算与支付

1. 一般规定

（1）工程完工后，发承包双方必须在合同约定时间内办理工程竣工结算。

（2）工程竣工结算应由承包人或受其委托具有相应资质的工程造价咨询人编制，并应由发包人或受其委托具有相应资质的工程造价咨询人核对。

（3）当发承包双方或一方对工程造价咨询人出具的竣工结算文件有异议时，可向工程造价管理机构投诉，申请对其进行执业质量鉴定。

（4）工程造价管理机构对投诉的竣工结算文件进行质量鉴定，宜按本节"2.2.11　工程造价鉴定"的相关规定进行。

（5）竣工结算办理完毕，发包人应将竣工结算文件报送工程所在地或有该工程管辖权的行业管理部门的工程造价管理机构备案，竣工结算文件应作为工程竣工验收备案、交付使用的必备文件。

2. 编制与复核

（1）工程竣工结算应根据下列依据编制和复核：

1）《建设工程工程量清单计价规范》（GB 50500—2013）。

2）工程合同。

3）发承包双方实施过程中已确认的工程量及其结算的合同价款。

4）发承包双方实施过程中已确认调整后追加（减）的合同价款。

5）建设工程设计文件及相关资料。

6）投标文件。

7）其他依据。

（2）分部分项工程和措施项目中的单价项目应依据发承包双方确认的工程量与已标价工程量清单的综合单价计算；发生调整的，应以发承包双方确认调整的综合单价计算。

（3）措施项目中的总价项目应依据已标价工程量清单的项目和金额计算；发生调整的，应以发承包双方确认调整的金额计算，其中安全文明施工费应按本节"2.2.1　一般规定"1. 中（5）的规定计算。

（4）其他项目应按下列规定计价：

1）计日工应按发包人实际签证确认的事项计算。

2）暂估价应按"2.2.6　合同价款调整"中 9. 的规定计算。

3）总承包服务费应依据已标价工程量清单金额计算；发生调整的，应以发承包双方确认调整的金额计算。

4）索赔费用应依据发承包双方确认的索赔事项和金额计算。

5）现场签证费用应依据发承包双方签证资料确认的金额计算。

6）暂列金额应减去合同价款调整（包括索赔、现场签证）金额计算，如有余额归发包人。

（5）规费和税金应按本节"2.2.1 一般规定"1. 中（6）的规定计算。规费中的工程排污费应按工程所在地环境保护部门规定的标准缴纳后按实列入。

（6）发承包双方在合同工程实施过程中已经确认的工程计量结果和合同价款，在竣工结算办理中应直接进入结算。

3. 竣工结算

（1）合同工程完工后，承包人应在经发承包双方确认的合同工程期中价款结算的基础上汇总编制完成竣工结算文件，应在提交竣工验收申请的同时向发包人提交竣工结算文件。

承包人未在合同约定的时间内提交竣工结算文件，经发包人催告后14d内仍未提交或没有明确答复的，发包人有权根据已有资料编制竣工结算文件，作为办理竣工结算和支付结算款的依据，承包人应予以认可。

（2）发包人应在收到承包人提交的竣工结算文件后的28d内核对。发包人经核实，认为承包人还应进一步补充资料和修改结算文件，应在上述时限内向承包人提出核实意见，承包人在收到核实意见后的28d内应按照发包人提出的合理要求补充资料，修改竣工结算文件，并应再次提交给发包人复核后批准。

（3）发包人应在收到承包人再次提交的竣工结算文件后的28d内予以复核，将复核结果通知承包人，并应遵守下列规定：

1）发包人、承包人对复核结果无异议的，应在7d内在竣工结算文件上签字确认，竣工结算办理完毕。

2）发包人或承包人对复核结果认为有误的，无异议部分按照1）规定办理不完全竣工结算；有异议部分由发承包双方协商解决；协商不成的，应按照合同约定的争议解决方式处理。

（4）发包人在收到承包人竣工结算文件后的28d内，不核对竣工结算或未提出核对意见的，应视为承包人提交的竣工结算文件已被发包人认可，竣工结算办理完毕。

（5）承包人在收到发包人提出的核实意见后的28d内，不确认也未提出异议的，应视为发包人提出的核实意见已被承包人认可，竣工结算办理完毕。

（6）发包人委托工程造价咨询人核对竣工结算的，工程造价咨询人应在28d内核对完毕，核对结论与承包人竣工结算文件不一致的，应提交给承包人复核；承包人应在14d内将同意核对结论或不同意见的说明提交工程造价咨询人。工程造价咨询人收到承包人提出的异议后，应再次复核，复核无异议的，应按（3）条1）的规定办理，复核后仍有异议的，按（3）条2）的规定办理。

承包人逾期未提出书面异议的，应视为工程造价咨询人核对的竣工结算文件已经承包人认可。

（7）对发包人或发包人委托的工程造价咨询人指派的专业人员与承包人指派的专业人员经核对后无异议并签名确认的竣工结算文件，除非发承包人能提出具体、详细的不同意见，发承包人都应在竣工结算文件上签名确认，如其中一方拒不签认的，按下列规定办理：

1）若发包人拒不签认的，承包人可不提供竣工验收备案资料，并有权拒绝与发包人或其上级部门委托的工程造价咨询人重新核对竣工结算文件。

2）若承包人拒不签认的，发包人要求办理竣工验收备案的，承包人不得拒绝提供竣工验收资料，否则，由此造成的损失，承包人承担相应责任。

（8）合同工程竣工结算核对完成，发承包双方签字确认后，发包人不得要求承包人与另一个或多个工程造价咨询人重复核对竣工结算。

（9）发包人对工程质量有异议，拒绝办理工程竣工结算的，已竣工验收或已竣工未验收但实际投入使用的工程，其质量争议应按该工程保修合同执行，竣工结算应按合同约定办理；已竣工未验收且未实际投入使用的工程以及停工、停建工程的质量争议，双方应就有争议的部分委托有资质的检测鉴定机构进行检测，并应根据检测结果确定解决方案，或按工程质量监督机构的处理决定执行后办理竣工结算，无争议部分的竣工结算应按合同约定办理。

4. 结算款支付

（1）承包人应根据办理的竣工结算文件向发包人提交竣工结算款支付申请。申请包括下列内容：

1）竣工结算合同价款总额。

2）累计已实际支付的合同价款。

3）应预留的质量保证金。

4）实际应支付的竣工结算款金额。

（2）发包人应在收到承包人提交竣工结算款支付申请后7d内予以核实，向承包人签发竣工结算支付证书。

（3）发包人签发竣工结算支付证书后的14d内，应按照竣工结算支付证书列明的金额向承包人支付结算款。

（4）发包人在收到承包人提交的竣工结算款支付申请后7d内不予核实，不向承包人签发竣工结算支付证书的，视为承包人的竣工结算款支付申请已被发包人认可；发包人应在收到承包人提交的竣工结算款支付申请7d后的14d内，按照承包人提交的竣工结算款支付申请列明的金额向承包人支付结算款。

（5）发包人未按照（3）、（4）规定支付竣工结算款的，承包人可催告发包人支付，并有权获得延迟支付的利息。发包人在竣工结算支付证书签发后或者在收到承包人提交的竣工结算款支付申请7d后的56d内仍未支付的，除法律另有规定外，承包人可与发包人协商将该工程折价，也可直接向人民法院申请将该工程依法拍卖。承包人应就该工程折价或拍卖的价款优先受偿。

5. 质量保证金

（1）发包人应按照合同约定的质量保证金比例从结算款中预留质量保证金。

（2）承包人未按照合同约定履行属于自身责任的工程缺陷修复义务的，发包人有权从质量保证金中扣除用于缺陷修复的各项支出。经查验，工程缺陷属于发包人原因造成的，应由发包人承担查验和缺陷修复的费用。

（3）在合同约定的缺陷责任期终止后，发包人应按照下述"6. 最终结清"的规定，将剩余的质量保证金返还给承包人。

6. 最终结清

（1）缺陷责任期终止后，承包人应按照合同约定向发包人提交最终结清支付申请。发包人对最终结清支付申请有异议的，有权要求承包人进行修正和提供补充资料。承包人修正后，应再次向发包人提交修正后的最终结清支付申请。

（2）发包人应在收到最终结清支付申请后的 14d 内予以核实，并应向承包人签发最终结清支付证书。

（3）发包人应在签发最终结清支付证书后的 14d 内，按照最终结清支付证书列明的金额向承包人支付最终结清款。

（4）发包人未在约定的时间内核实，又未提出具体意见的，应视为承包人提交的最终结清支付申请已被发包人认可。

（5）发包人未按期最终结清支付的，承包人可催告发包人支付，并有权获得延迟支付的利息。

（6）最终结清时，承包人被预留的质量保证金不足以抵减发包人工程缺陷修复费用的，承包人应承担不足部分的补偿责任。

（7）承包人对发包人支付的最终结清款有异议的，应按照合同约定的争议解决方式处理。

2.2.9 合同解除的价款结算与支付

（1）发承包双方协商一致解除合同的，应按照达成的协议办理结算和支付合同价款。

（2）由于不可抗力致使合同无法履行解除合同的，发包人应向承包人支付合同解除之日前已完成工程但尚未支付的合同价款，此外，还应支付下列金额：

1）上述"2.2.6 合同价款调整"中"11. 提前竣工（赶工补偿）"规定的由发包人承担的费用。

2）已实施或部分实施的措施项目应付价款。

3）承包人为合同工程合理订购且已交付的材料和工程设备货款。

4）承包人撤离现场所需的合理费用，包括员工遣送费和临时工程拆除、施工设备运离现场的费用。

5）承包人为完成合同工程而预期开支的任何合理费用，且该项费用未包括在本款其他各项支付之内。

发承包双方办理结算合同价款时，应扣除合同解除之日前发包人应向承包人收回的价款。当发包人应扣除的金额超过了应支付的金额，承包人应在合同解除后的 56d 内将其差额退还给发包人。

（3）因承包人违约解除合同的，发包人应暂停向承包人支付任何价款。发包人应在合同解除后 28d 内核实合同解除时承包人已完成的全部合同价款以及按施工进度计划已运至现场的材料和工程设备货款，按合同约定核算承包人应支付的违约金以及造成损失的索赔金额，并将结果通知承包人。发承包双方应在 28d 内予以确认或提出意见，并应办理结算合同价款。如果发包人应扣除的金额超过了应支付的金额，承包人应在合同解除后的 56d 内将其差额退还给发包人。发承包双方不能就解除合同后的结算达成一致的，按照合同约定的争议解决方式处理。

（4）因发包人违约解除合同的，发包人除应按照（2）的规定向承包人支付各项价款外，还应按合同约定核算发包人应支付的违约金以及给承包人造成损失或损害的索赔金额费用。该笔费用应由承包人提出，发包人核实后应与承包人协商确定后的 7d 内向承包人签发支付证书。协商不能达成一致的，应按照合同约定的争议解决方式处理。

2.2.10　合同价款争议的解决

1. 监理或造价工程师暂定

（1）若发包人和承包人之间就工程质量、进度、价款支付与扣除、工期延期、索赔、价款调整等发生任何法律上、经济上或技术上的争议，首先应根据已签约合同的规定，提交合同约定职责范围内的总监理工程师或造价工程师解决，并应抄送另一方。总监理工程师或造价工程师在收到此提交件后 14d 内应将暂定结果通知发包人和承包人。发承包双方对暂定结果认可的，应以书面形式予以确认，暂定结果成为最终决定。

（2）发承包双方在收到总监理工程师或造价工程师的暂定结果通知之后的 14d 内未对暂定结果予以确认也未提出不同意见的，应视为发承包双方已认可该暂定结果。

（3）发承包双方或一方不同意暂定结果的，应以书面形式向总监理工程师或造价工程师提出，说明自己认为正确的结果，同时抄送另一方，此时该暂定结果成为争议。在暂定结果对发承包双方当事人履约不产生实质影响的前提下，发承包双方应实施该结果，直到按照发承包双方认可的争议解决办法被改变为止。

2. 管理机构的解释或认定

（1）合同价款争议发生后，发承包双方可就工程计价依据的争议以书面形式提请工程造价管理机构对争议以书面文件进行解释或认定。

（2）工程造价管理机构应在收到申请的 10 个工作日内就发承包双方提请的争议问题进行解释或认定。

（3）发承包双方或一方在收到工程造价管理机构书面解释或认定后仍可按照合同约定的争议解决方式提请仲裁或诉讼。除工程造价管理机构的上级管理部门作出了不同的解释或认定，或在仲裁裁决或法院判决中不予采信的外，工程造价管理机构作出的书面解释或认定应为最终结果，并应对发承包双方均有约束力。

3. 协商和解

（1）合同价款争议发生后，发承包双方任何时候都可以进行协商。协商达成一致的，双方应签订书面和解协议，和解协议对发承包双方均有约束力。

（2）如果协商不能达成一致协议，发包人或承包人都可以按合同约定的其他方式解决争议。

4. 调解

（1）发承包双方应在合同中约定或在合同签订后共同约定争议调解人，负责双方在合同履行过程中发生争议的调解。

（2）合同履行期间，发承包双方可协议调换或终止任何调解人，但发包人或承包人都不能单独采取行动。除非双方另有协议，在最终结清支付证书生效后，调解人的任期应即终止。

（3）如果发承包双方发生了争议，任何一方可将该争议以书面形式提交调解人，并将副本抄送另一方，委托调解人调解。

（4）发承包双方应按照调解人提出的要求，给调解人提供所需要的资料、现场进入权及相应设施。调解人应被视为不是在进行仲裁人的工作。

（5）调解人应在收到调解委托后28d内或由调解人建议并经发承包双方认可的其他期限内提出调解书，发承包双方接受调解书的，经双方签字后作为合同的补充文件，对发承包双方均具有约束力，双方都应立即遵照执行。

（6）当发承包双方中任一方对调解人的调解书有异议时，应在收到调解书后28d内向另一方发出异议通知，并应说明争议的事项和理由。但除非并直到调解书在协商和解或仲裁裁决、诉讼判决中作出修改，或合同已经解除，承包人应继续按照合同实施工程。

（7）当调解人已就争议事项向发承包双方提交了调解书，而任一方在收到调解书后28d内均未发出表示异议的通知时，调解书对发承包双方应均具有约束力。

5. 仲裁、诉讼

（1）发承包双方的协商和解或调解均未达成一致意见，其中的一方已就此争议事项根据合同约定的仲裁协议申请仲裁，应同时通知另一方。

（2）仲裁可在竣工之前或之后进行，但发包人、承包人、调解人各自的义务不得因在工程实施期间进行仲裁而有所改变。当仲裁是在仲裁机构要求停止施工的情况下进行时，承包人应对合同工程采取保护措施，由此增加的费用应由败诉方承担。

（3）在"1. 监理或造价工程师暂定"～"4. 调解"的期限之内，暂定或和解协议或调解书已经有约束力的情况下，当发承包中一方未能遵守暂定或和解协议或调解书时，另一方可在不损害其可能具有的任何其他权利的情况下，将未能遵守暂定或不执行和解协议或调解书达成的事项提交仲裁。

（4）发包人、承包人在履行合同时发生争议，双方不愿和解、调解或者和解、调解不成，又没有达成仲裁协议的，可依法向人民法院提起诉讼。

2.2.11　工程造价鉴定

1. 一般鉴定

（1）在工程合同价款纠纷案件处理中，需做工程造价司法鉴定的，应委托具有相应资质的工程造价咨询人进行。

（2）工程造价咨询人接受委托时提供工程造价司法鉴定服务，应按仲裁、诉讼程序和要求进行，并应符合国家关于司法鉴定的规定。

（3）工程造价咨询人进行工程造价司法鉴定时，应指派专业对口、经验丰富的注册造价工程师承担鉴定工作。

（4）工程造价咨询人应在收到工程造价司法鉴定资料后10d内，根据自身专业能力和证据资料判断能否胜任该项委托，如不能，应辞去该项委托。工程造价咨询人不得在鉴定期满后以上述理由不作出鉴定结论，影响案件处理。

（5）接受工程造价司法鉴定委托的工程造价咨询人或造价工程师如是鉴定项目一方当事人的近亲属或代理人、咨询人以及其他关系可能影响鉴定公正的，应当自行回避；未自行回避，鉴定项目委托人以该理由要求其回避的，必须回避。

（6）工程造价咨询人应当依法出庭接受鉴定项目当事人对工程造价司法鉴定意见书的质询。如确因特殊原因无法出庭的，经审理该鉴定项目的仲裁机关或人民法院准许，可以书面形式答复当事人的质询。

2. 取证

（1）工程造价咨询人进行工程造价鉴定工作时，应自行收集以下（但不限于）鉴定资料：

1）适用于鉴定项目的法律、法规、规章、规范性文件以及规范、标准、定额。

2）鉴定项目同时期同类型工程的技术经济指标及其各类要素价格等。

（2）工程造价咨询人收集鉴定项目的鉴定依据时，应向鉴定项目委托人提出具体书面要求，其内容包括：

1）与鉴定项目相关的合同、协议及其附件。

2）相应的施工图等技术经济文件。

3）施工过程中的施工组织、质量、工期和造价等工程资料。

4）存在争议的事实及各方当事人的理由。

5）其他有关资料。

（3）工程造价咨询人在鉴定过程中要求鉴定项目当事人对缺陷资料进行补充的，应征得鉴定项目委托人同意，或者协调鉴定项目各方当事人共同签认。

（4）根据鉴定工作需要现场勘验的，工程造价咨询人应提请鉴定项目委托人组织各方当事人对被鉴定项目所涉及的实物标的进行现场勘验。

（5）勘验现场应制作勘验记录、笔录或勘验图表，记录勘验的时间、地点、勘验人、在场人、勘验经过、结果，由勘验人、在场人签名或者盖章确认。绘制的现场图应注明绘制的时间、测绘人姓名、身份等内容。必要时应采取拍照或摄像取证，留下影像资料。

（6）鉴定项目当事人未对现场勘验图表或勘验笔录等签字确认的，工程造价咨询人应提请鉴定项目委托人决定处理意见，并在鉴定意见书中作出表述。

3. 鉴定

（1）工程造价咨询人在鉴定项目合同有效的情况下应根据合同约定进行鉴定，不得任意改变双方合法的合意。

（2）工程造价咨询人在鉴定项目合同无效或合同条款约定不明确的情况下应根据法律、法规、相关国家标准和《建设工程工程量清单计价规范》（GB 50500—2013）的规定，选择相应专业工程的计价依据和方法进行鉴定。

（3）工程造价咨询人出具正式鉴定意见书之前，可报请鉴定项目委托人向鉴定项目各方当事人发出鉴定意见书征求意见稿，并指明应书面答复的期限及其不答复的相应法律责任。

（4）工程造价咨询人收到鉴定项目各方当事人对鉴定意见书征求意见稿的书面复函后，应对不同意见认真复核，修改完善后再出具正式鉴定意见书。

（5）工程造价咨询人出具的工程造价鉴定书应包括下列内容：

1）鉴定项目委托人名称、委托鉴定的内容。

2）委托鉴定的证据材料。

3）鉴定的依据及使用的专业技术手段。

4）对鉴定过程的说明。

5）明确的鉴定结论。

6）其他需说明的事宜。

7）工程造价咨询人盖章及注册造价工程师签名盖执业专用章。

（6）工程造价咨询人应在委托鉴定项目的鉴定期限内完成鉴定工作，如确因特殊原因不能在原定期限内完成鉴定工作时，应按照相应法规提前向鉴定项目委托人申请延长鉴定期限，并应在此期限内完成鉴定工作。

经鉴定项目委托人同意等待鉴定项目当事人提交、补充证据的，质证所用的时间不应计入鉴定期限。

（7）对于已经出具的正式鉴定意见书中有部分缺陷的鉴定结论，工程造价咨询人应通过补充鉴定作出补充结论。

2.2.12　工程计价资料与档案

1. 计价资料

（1）发承包双方应当在合同中约定各自在合同工程中现场管理人员的职责范围，双方现场管理人员在职责范围内签字确认的书面文件是工程计价的有效凭证，但如有其他有效证据或经实证证明其是虚假的除外。

（2）发承包双方不论在何种场合对与工程计价有关的事项所给予的批准、证明、同意、指令、商定、确定、确认、通知和请求，或表示同意、否定、提出要求和意见等，均应采用书面形式，口头指令不得作为计价凭证。

（3）任何书面文件送达时，应由对方签收，通过邮寄应采用挂号、特快专递传送，或以发承包双方商定的电子传输方式发送，交付、传送或传输至指定的接收人的地址。如接收人通知了另外地址时，随后通信信息应按新地址发送。

（4）发承包双方分别向对方发出的任何书面文件，均应将其抄送现场管理人员，如系复印件应加盖合同工程管理机构印章，证明与原件相同。双方现场管理人员向对方所发任何书面文件，也应将其复印件发送给发承包双方，复印件应加盖合同工程管理机构印章，证明与原件相同。

（5）发承包双方均应当及时签收另一方送达其指定接收地点的来往信函，拒不签收的，送达信函的一方可以采用特快专递或者公证方式送达，所造成的费用增加（包括被迫采用特殊送达方式所发生的费用）和延误的工期由拒绝签收一方承担。

（6）书面文件和通知不得扣压，一方能够提供证据证明另一方拒绝签收或已送达的，应视为对方已签收并应承担相应责任。

2. 计价档案

（1）发承包双方以及工程造价咨询人对具有保存价值的各种载体的计价文件，均应收集齐全，整理立卷后归档。

（2）发承包双方和工程造价咨询人应建立完善的工程计价档案管理制度，并应符合国家和有关部门发布的档案管理相关规定。

（3）工程造价咨询人归档的计价文件，保存期不宜少于五年。

（4）归档的工程计价成果文件应包括纸质原件和电子文件，其他归档文件及依据可为纸质原件、复印件或电子文件。

（5）归档文件应经过分类整理，并应组成符合要求的案卷。

（6）归档可以分阶段进行，也可以在项目竣工结算完成后进行。

（7）向接受单位移交档案时，应编制移交清单，双方应签字、盖章后方可交接。

第3章 土石方工程

3.1 土石方工程清单工程量计算规则

1. 土方工程

土方工程工程量清单项目设置、项目特征描述的内容、计量单位及工程量计算规则应按表 3-1 的规定执行。

表 3-1 土方工程（编码：040101）

项目编码	项目名称	项目特征	计量单位	工程量计算规则	工程内容
040101001	挖一般土方	1. 土壤类别 2. 挖土深度	m³	按设计图示尺寸以体积计算	1. 排地表水 2. 土方开挖 3. 围护（挡土板）及拆除 4. 基底钎探 5. 场内运输
040101002	挖沟槽土方			按设计图示尺寸以基础垫层底面积乘以挖土深度计算	
040101003	挖基坑土方				
040101004	暗挖土方	1. 土壤类别 2. 平洞、斜洞（坡度） 3. 运距		按设计图示断面面积乘以长度以体积计算	1. 排地表水 2. 土方开挖 3. 场内运输
040101005	挖淤泥、流砂	1. 挖掘深度 2. 运距		按设计图示位置、界限以体积计算	1. 开挖 2. 运输

注：1. 沟槽、基坑、一般土方的划分为：底宽≤7m 且底长>3 倍底宽为沟槽，底长≤3 倍底宽且底面积≤150m² 为基坑。超出上述范围则为一般土方。

2. 土壤的分类应按表 3-2 确定。

3. 如土壤类别不能准确划分时，招标人可注明为综合，由投标人根据地勘报告决定报价。

4. 土方体积应按挖掘前的天然密实体积计算。

5. 挖沟槽、基坑土方中的挖土深度，一般指原地面标高至槽、坑底的平均高度。

6. 挖沟槽、基坑、一般土方因工作面和放坡增加的工程量，是否并入各土方工程量中，按各省、自治区、直辖市或行业建设主管部门的规定实施。如并入各土方工程量中，编制工程量清单时，可按表 3-3、表 3-4 规定计算；办理工程结算时，按经发包人认可的施工组织设计规定计算。

7. 挖沟槽、基坑、一般土方和暗挖土方清单项目的工作内容中仅包括了土方场内平衡所需的运输费用，如需土方外运时，按 040103002"余方弃置"项目编码列项。

8. 挖方出现流砂、淤泥时，如设计未明确，在编制工程量清单时，其工程数量可为暂估值。结算时，应根据实际情况由发包人与承包人双方现场签证确认工程量。

9. 挖淤泥、流砂的运距可以不描述，但应注明由投标人根据施工现场实际情况自行考虑决定报价。

表 3-2　土壤分类

土壤分类	土壤名称	开挖方法
一、二类土	粉土、砂土(粉砂、细砂、中砂、粗砂、砾砂)、粉质黏土、弱中盐渍土、软土(淤泥质土、泥炭、泥炭质土)、软塑红黏土、冲填土	用锹,少许用镐、条锄开挖。机械能全部直接铲挖满载者
三类土	黏土、碎石土(圆砾、角砾)、混合土、可塑红黏土、硬塑红黏土、强盐渍土、素填土、压实填土	主要用镐、条锄,少许用锹开挖。机械需部分刨松方能铲挖满载者或可直接铲挖但不能满载者
四类土	碎石土(卵石、碎石、漂石、块石)、坚硬红黏土、超盐渍土、杂填土	全部用镐、条锄挖掘,少许用撬棍挖掘。机械需普遍刨松方能铲挖满载者

注:本表土的名称及其含义按现行国家标准《岩土工程勘察规范》(GB 50021—2001)(2009年局部修订版)定义。

放坡系数见表 3-3。

表 3-3　放坡系数

土类别	放坡起点/m	人工挖土	机械挖土		
			在沟槽、坑内作业	在沟槽侧、坑边上作业	顺沟槽方向坑上作业
一、二类土	1.20	1:0.50	1:0.33	1:0.75	1:0.50
三类土	1.50	1:0.33	1:0.25	1:0.67	1:0.33
四类土	2.00	1:0.25	1:0.10	1:0.33	1:0.25

注:1. 沟槽、基坑中土类别不同时,分别按其放坡起点、放坡系数,依不同土类别厚度加权平均计算。

2. 计算放坡时,在交接处的重复工程量不予扣除,原槽、坑做基础垫层时,放坡自垫层上表面开始计算。

管沟底部每侧工作面宽度见表 3-4。

表 3-4　管沟底部每侧工作面宽度　　　　　　　　　　(单位:mm)

管道结构宽	混凝土管道基础90°	混凝土管道基础>90°	金属管道	构筑物	
				无防潮层	有防潮层
500 以内	400	400	300	400	600
1000 以内	500	500	400		
2500 以内	600	500	400		
2500 以上	700	600	500		

注:管道结构宽:有管座按管道基础外缘,无管座按管道外径计算;构筑物按基础外缘计算。

2. 石方工程

石方工程工程量清单项目设置、项目特征描述的内容、计量单位及工程量计算规则应按表 3-5 的规定执行。

3. 回填方及土石方运输

回填方及土石方运输工程量清单项目设置、项目特征描述的内容、计量单位及工程量计算规则,应按表 3-6 的规定执行。

4. 其他相关问题及说明

1)隧道石方开挖按"隧道工程"中相关项目编码列项。

2)废料及余方弃置清单项目中,如需发生弃置、堆放费用的,投标人应根据当地有关规定计取相应费用,并计入综合单价中。

表 3-5 石方工程（编码：040102）

项目编码	项目名称	项目特征	计量单位	工程量计算规则	工程内容
040102001	挖一般石方	1. 岩石类别 2. 开凿深度	m³	按设计图示尺寸以体积计算	1. 排地表水 2. 石方开凿 3. 修整底、边 4. 场内运输
040102002	挖沟槽石方			按设计图示尺寸以基础垫层底面积乘以挖石深度计算	
040102003	挖基坑石方				

注：1. 沟槽、基坑、一般石方的划分为：底宽≤7m且底长>3倍底宽为沟槽；底长≤3倍底宽且底面积≤150m²为基坑；超出上述范围则为一般石方。

2. 岩石的分类应按表 3-7 确定。

3. 石方体积应按挖掘前的天然密实体积计算。

4. 挖沟槽、基坑、一般石方因工作面和放坡增加的工程量，是否并入各石方工程量中，按各省、自治区、直辖市或行业建设主管部门的规定实施。如并入各石方工程量中，编制工程量清单时，其所需增加的工程数量可为暂估值，且在清单项目中予以注明；办理工程结算时，按经发包人认可的施工组织设计规定计算。

5. 挖沟槽、基坑、一般石方清单项目的工作内容中仅包括了石方场内平衡所需的运输费用，如需石方外运时，按 040103002 "余方弃置" 项目编码列项。

6. 石方爆破按现行国家标准《爆破工程工程量计算规范》（GB 50862—2013）相关项目编码列项。

表 3-6 回填方及土石方运输（编码：040103）

项目编码	项目名称	项目特征	计量单位	工程量计算规则	工程内容
040103001	回填方	1. 密实度要求 2. 填方材料品种 3. 填方粒径要求 4. 填方来源、运距	m³	1. 按挖方清单项目工程量加原地面线至设计要求标高间的体积，减基础、构筑物等埋入体积计算 2. 按设计图示尺寸以体积计算	1. 运输 2. 回填 3. 压实
040103002	余方弃置	1. 废弃料品种 2. 运距	m³	按挖方清单项目工程量减利用回填方体积（正数）计算	余方点装料运输至弃置点

注：1. 填方材料品种为土时，可以不描述。

2. 填方粒径，在无特殊要求情况下，项目特征可以不描述。

3. 对于沟、槽坑等开挖后再进行回填方的清单项目，其工程量计算规则按第 1 条确定；场地填方等按第 2 条确定。其中，对工程量计算规则 1，当原地面线高于设计要求标高时，则其体积为负值。

4. 回填方总工程量中若包括场内平衡和缺方内运两部分时，应分别编码列项。

5. 余方弃置和回填方的运距可以不描述，但应注明由投标人根据施工现场实际情况自行考虑决定报价。

6. 回填方如需缺方内运，且填方材料品种为土方时，是否在综合单价中计入购买土方的费用，由投标人根据工程实际情况自行考虑决定报价。

表 3-7 岩石分类

岩石分类		代表性岩石	开挖方法
极软岩		1. 全风化的各种岩石 2. 各种半成岩	部分用手凿工具、部分用爆破法开挖
软质岩	软岩	1. 强风化的坚硬岩或较硬岩 2. 中等风化——强风化的较软岩 3. 未风化——微风化的页岩、泥岩、泥质砂岩等	用风镐和爆破法开挖
	较软岩	1. 中等风化——强风化的坚硬岩或较硬岩 2. 未风化——微风化的凝灰岩、千枚岩、泥灰岩、砂质泥岩等	用爆破法开挖

（续）

岩石分类		代表性岩石	开挖方法
硬质岩	较硬岩	1. 微风化的坚硬岩 2. 未风化——微风化的大理岩、板岩、石灰岩、白云岩、钙质砂岩等	用爆破法开挖
	坚硬岩	未风化——微风化的花岗岩、闪长岩、辉绿岩、玄武岩、安山岩、片麻岩、石英岩、石英砂岩、硅质砾岩、硅质石灰岩等	

注：本表依据现行国家标准《工程岩体分级标准》（GB/T 50218—2014）和《岩土工程勘察规范》（GB 50021—2001）（2009 年局部修订版）整理。

3.2 土石方工程定额工程量计算规则

1. 土石方工程定额一般规定

（1）《市政工程消耗量》（ZYA 1—31—2021）第一册《土石方工程》，包括土方工程、石方工程、盖挖土石方工程，共三章。

（2）沟槽、基坑、平整场地和一般土石方的划分：底宽 7m 以内且底长大于底宽 3 倍以上按沟槽计算；底长小于底宽 3 倍以内且基坑底面积在 $150m^2$ 以内按基坑计算；厚度在 30cm 以内就地挖填土按平整场地计算；超过上述范围的土石方按一般土方和一般石方计算。

（3）土石方运距应以挖方重心至填方重心或弃方重心最近距离计算，挖方重心、填方重心、弃方重心按施工组织设计确定。如遇下列情况应增加运距。

1）人力及人力车运土、石方上坡坡度在 15% 以上，推土机、铲运机重车上坡坡度大于 5%，斜道运距按斜道长度乘以系数（表 3-8）。

表 3-8 斜道运距系数

项目	推土机、铲运机			人力及人力车
坡度（%）	5~10	15 以内	25 以内	15 以上
系数	1.75	2.00	2.50	5.00

2）采用人力垂直运输土、石方、淤泥、流砂，垂直深度每米折合水平运距 7m 计算。

3）拖式铲运机 $3m^3$ 加 27m 转向距离，其余型号铲运机加 45m 转向距离。

（4）坑、槽底加宽应按设计文件的数据或图纸尺寸计算，设计文件未明确的按施工组织设计的数据或图纸尺寸计算，设计文件未明确也无施工组织设计的可按表 3-4 计算。

管道结构宽度：无管座按管道外径计算，有管座按管道基础外缘计算，构筑物按基础外缘计算，如设挡土板则每侧增加 15cm。

（5）管道接口作业坑和沿线各种井室所需增加开挖的土石方工程量按有关规定如实计算。管沟回填土应扣除管道、基础、垫层和各种构筑物所占的体积。

（6）机械填砂、石碾压或夯实，执行机械填土碾压或夯实相应项目，人工和机械乘以系数 1.20。

（7）外购土、石方回填，执行相应项目，按施工前修筑试验段所确定的施工参数，增加土、石方的材料消耗量。

2. 土方工程

（1）定额说明

1）土方工程包括人工挖一般土方、沟槽土方，基坑土方淤泥流砂，推土机推土，铲运机铲运土方，反铲挖掘机挖土，自卸汽车运土，填土碾压或夯实等项目。

2）土壤分类详见表3-2。

3）干土、湿土、淤泥的划分：首先以地质勘查资料为准，含水率大于或等于25%不超过液限的为湿土；或以地下常水位为准，常水位以上为干土，以下为湿土；含水率超过液限的为淤泥。除大型支撑基坑土方开挖定额项目外，挖湿土时，人工和机械挖土项目乘以系数1.18，干湿土工程量分别计算。采用井点降水的土方应按干土计算。

4）人工挖沟、槽土方，一侧弃土时，乘以系数1.18，但随挖随运不乘系数。

5）人工夯实土堤、机械夯实土堤执行人工填土夯实平地、机械填土夯实平地项目。

6）人工运土方，如采用手扶拖拉机运土按翻斗车定额执行。

7）挖土机在垫板上作业，人工和机械乘以系数1.25，搭拆垫板的费用另行计算。

8）反铲挖掘机挖淤泥、流砂，消耗量不包括挖掘机的场内支垫费用，如发生按实际计算；另如需排水时，排水费用另外计算。

9）推土机推土或铲运机铲土的平均土层厚度小于30cm时推土机台班乘以系数1.25，铲运机台班乘以系数1.17。

10）除大型支撑基坑土方开挖定额项目外，在支撑下挖土，按实挖体积，人工挖土项目乘以系数1.43、机械挖土项目人工和机械乘以系数1.20。先开挖后支撑的不属于支撑下挖土。

11）挖密实的钢碴或碎石、砾石含量在50%以上的密实性土壤，按挖四类土，人工乘以系数2.50、机械乘以系数1.50；挖碎、砾石含量在30%以上的密实性土壤按挖四类土人工、机械乘以系数1.43。

12）三、四类土壤的土方二次翻挖按降低一级类别套用相应定额。淤泥翻挖，执行相应挖淤泥项目。

13）大型支撑基坑土方开挖定额适用于地下连续墙、混凝土板桩、钢板桩等围护的跨度大于8m的深基坑开挖。消耗量中已包括湿土排水，若需采用井点降水，其费用另行计算。

14）大型支撑基坑土方开挖由于场地狭小只能单面施工时，挖土机械按表3-9调整。

表3-9 大型支撑基坑土方开挖机械调整

宽度	两边停机施工/t	单边停机施工/t
基坑宽15m内	15	25
基坑宽15m外	25	40

（2）工程量计算规则

1）土方的挖、推、铲、装、运等体积均以天然密实体积计算，填方按设计的回填体积计算。不同状态的土方体积，按表3-10相关系数换算。

表 3-10 土方体积换算系数

虚方体积	天然密实体积	压实后体积	松填体积
1.00	0.77	0.67	0.83
1.30	1.00	0.87	1.08
1.50	1.15	1.00	1.25
1.20	0.92	0.80	1.00

2）土方工程量按图纸尺寸计算。修建机械上、下坡便道的土方量以及为保证路基边缘的压实度而设计的加宽填筑土方量并入土方工程量内。

3）夯实土堤按设计面积计算。清理土堤基础按设计规定以水平投影面积计算。

4）人工挖土堤台阶工程量，按挖前的堤坡斜面积计算，运土应另行计算。

5）挖土放坡应按设计文件的数据或图纸尺寸计算，设计文件未明确的按施工组织设计的数据或图纸尺寸计算，设计文件未明确也无施工组织设计的可按表 3-3 计算。

计算放坡时，在交接处的重复工程量不予扣除。基础土方放坡，自基础（含垫层）底标高算起；如在同一断面内遇有数类土壤，其放坡系数可按各类土厚度占全部深度的百分比加权计算。

6）除大型支撑基坑土方开挖定额项目外，机械挖土方中如需人工辅助开挖（包括切边、修整底边和修整沟槽底坡度），机械挖土、人工挖土工程量及执行定额项目，按各省、市相关规定执行。

7）平整场地工程量按施工组织设计尺寸以面积计算。

8）大型支撑基坑土方开挖工程量按设计图示尺寸以体积计算。

9）挖淤泥、流砂按设计图示位置、界限以体积计算。

3. 石方工程

（1）定额说明

1）石方工程包括人工凿石、切割机切割石方、液压岩石破碎锤破碎岩石、明挖石碴运输、推土机推石碴、反铲挖掘机挖石碴、自卸汽车运石碴等项目。

2）岩石分类详见表 3-7。

3）液压岩石破碎锤破碎坑、槽岩石按液压岩石破碎锤破碎岩石相应项目乘以系数 1.30。

（2）工程量计算规则

1）石方的凿、挖、推、装、运、破碎等体积均以天然密实体积计算。不同状态的石方体积按表 3-11 相关系数换算。

表 3-11 石方体积换算系数

名称	天然密实体积	虚方体积	松填体积	夯实后体积
石方	1.00	1.54	1.31	
块石	1.00	1.75	1.43	（码方）1.67
砂夹石	1.00	1.07	0.94	

2）石方工程量按图纸尺寸加允许超挖量计算，开挖坡面每侧允许超挖量：极软岩、软岩 20cm，较软岩、硬质岩 15cm。

4. 盖挖土石方工程

（1）定额说明

1）盖挖土石方工程包括盖挖人工挖土、机械挖土、人工开挖石方、液压岩石破碎锤破碎岩石等项目。

2）盖挖土石方工程适用于盖挖法封闭顶盖的下部土石方工程。

3）盖挖土石方工程已综合开挖、洞内水平运输及垂直运输至地面工作内容；洞外运输执行土方工程、石方工程相应项目。

4）土方、岩石分类参照土方工程、石方工程相应分类表。

5）人工挖密实的钢碴或碎石、砾石含量在50%以上的密实性土壤，按挖四类土，人工乘以系数2.50、机械乘以系数1.50；挖碎石、砾石含量在30%以上的密实性土壤按挖四类土人工、机械乘以系数1.43。

（2）工程量计算规则

1）盖挖土石方按设计结构外围断面面积乘以设计长度以体积计算，其设计结构外围断面面积为结构衬墙外侧之间的宽度乘以设计顶板底至底板（或垫层）底的高度。

2）机械挖土、液压岩石破碎锤破碎石方项目已综合考虑人工辅助开挖（包括切边、修整底边和修整沟槽底坡度）的工程量。

3）体积换算系数参照土方工程、石方工程相应体积换算表。

3.3 土石方工程工程量清单编制实例

实例1 某场地方格网的土方工程量计算

某场地方格网如图3-1所示，方格边长 $a=50\text{m}$，试计算该场地的土方工程量（三类土，填方密实度为95%，余土运至4km处弃置）。

【解】

（1）计算施工高程（图3-2）

$$施工高程=地面实测标高-设计标高$$

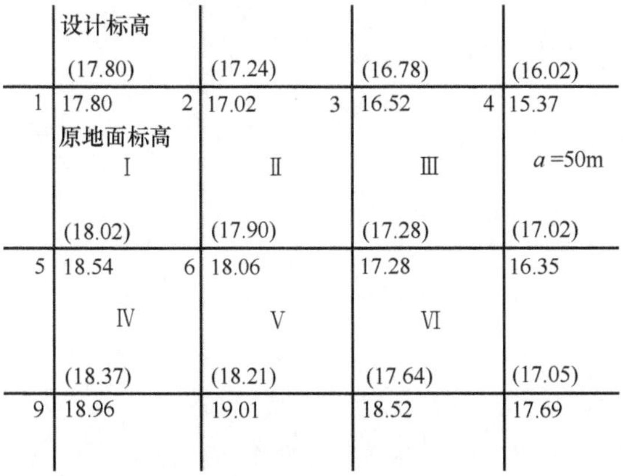

图3-1 某场地方格网坐标图（单位：m）

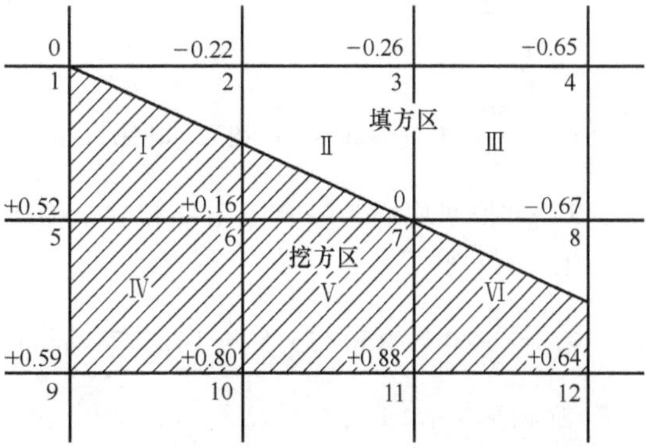

图3-2 施工高程计算图（单位：m）

（2）确定零线，计算零点边长

$$X = \frac{ah_1}{h_1 + h_2}$$

方格 I 中：$h_1 = -0.22\text{m}$，$h_2 = 0.16\text{m}$，$a = 50\text{m}$

代入公式 $X = \dfrac{50 \times 0.22}{0.22 + 0.16} \approx 28.95$（m）

$a - X = 50 - 28.95 = 21.05$（m）

方格 VI 中：$h_1 = -0.67\text{m}$，$h_2 = 0.64\text{m}$，$a = 50\text{m}$

代入公式 $X = \dfrac{50 \times 0.67}{0.67 + 0.64} \approx 25.57$（m）

$a - X = 50 - 25.57 = 24.43$（m）

（3）计算土方量

1）方格 I、II 底面为两个三角形：

① 三角形 137

$$V_{填} = \frac{1}{6} \times 0.26 \times 50 \times 100 \approx 216.67 \ (\text{m}^3)$$

② 三角形 157

$$V_{挖} = \frac{1}{6} \times 0.52 \times 50 \times 100 \approx 433.33 \ (\text{m}^3)$$

2）方格 III、IV、V 底面为正方形

$$V = \frac{a^2}{4}(h_1 + h_2 + h_3 + h_4) = \frac{a^2}{4}\sum h$$

① III

$$V_{填} = \frac{50^2}{4}(0.26 + 0.65 + 0.67) = 987.5 \ (\text{m}^3)$$

② IV

$$V_{挖} = \frac{50^2}{4}(0.52 + 0.16 + 0.59 + 0.8) = 1293.75 \ (\text{m}^3)$$

③ V

$$V_{挖} = \frac{50^2}{4}(0.16 + 0.8 + 0.88) = 1150 \ (\text{m}^3)$$

3）方格 VI 底面为一个三角形和一个梯形

① 三角形

$$V_{填} = \frac{1}{6} \times 0.67 \times 50 \times 25.57 \approx 142.77 \ (\text{m}^3)$$

② 梯形

$$V_{挖} = \frac{1}{8} \times (50 + 24.43) \times 50 \times (0.64 + 0.88) \approx 707.09 \ (\text{m}^3)$$

（4）全部挖方量

$\sum V_{挖} = 433.33+1293.75+1150+707.09 = 3584.17$ （m³）

全部填方量

$\sum V_{填} = 216.67+987.5+142.77 = 1346.94$ （m³）

余土弃运

$V = \sum V_{挖} - \sum V_{填} = 3584.17-1346.94 = 2237.23$ （m³）

清单工程量见表 3-12。

表 3-12 第 3 章实例 1 清单工程量

项目编码	项目名称	项目特征描述	工程量合计	计量单位
040101001001	挖一般土方	三类土	3584.17	m³
040103001001	回填方	密实度	1346.94	m³
040103002001	余方弃置	运距	2237.23	m³

实例 2 某沟槽挖土工程量计算

已知某沟槽挖土工程断面图如图 3-3 所示，其垫层为无筋混凝土，其槽长为 150m，人工挖土，土质为四类土，则查得放坡系数 $k=0.25$。试计算该沟槽挖土工程量。

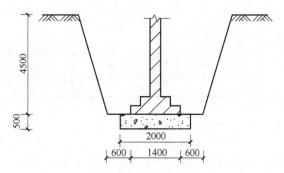

图 3-3　某沟槽挖土工程断面示意图

【解】

（1）沟槽下表面横截面宽度

$a = 1.4+2×0.6 = 2.6$ （m）

（2）沟槽上表面横截面宽度

$b = 2.6+2×0.25×4.5 = 4.85$ （m）

（3）沟槽挖土工程量

$$V = \left[\frac{1}{2}×(2.6+4.85)×4.5+2×0.5\right]×150$$

$$= 17.7625×150$$

$$\approx 2664.38 \ (\text{m}^3)$$

实例 3 某市政工程挖土石方工程量计算

某市政工程挖土石方断面图如图 3-4 所示，在 A—A' 中，设桩号 0+0.00 的填方横断面积为 3.56m², 挖方横断面积为 8.89m², 在 $B—B'$ 中, 桩号 0+0.30 的填方横断面积为 2.47m², 挖方横断面积为 15.35m², 试计算该标段的挖土石方工程量。

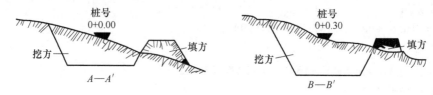

图 3-4 土石方断面示意图

【解】

(1) 挖土石方工程量

$$V_{挖方} = \frac{1}{2} \times (8.89+15.35) \times 30 = 363.6 \ (m^3)$$

(2) 填土石方工程量

$$V_{填方} = \frac{1}{2} \times (2.47+3.56) \times 30 = 90.45 \ (m^3)$$

土方量汇总表见表 3-13。

表 3-13 土方量汇总

断面	填方面积/m²	挖方面积/m²	截面间距/m	填方体积/m³	挖方体积/m³
$A—A'$	3.56	8.89	30	53.4	133.35
$B—B'$	2.47	15.35	30	37.05	230.25
合计				90.45	363.6

实例 4 雨水管道沟槽填土压实工程量计算

有一挖好的总长为 100m 的雨水管道沟槽, 宽度为 3.4m, 深度为 4.2m, 截面为矩形, 且无检查井。若此工程槽内铺设 ϕ1200 钢筋混凝土平口管, 且管壁厚 0.12m, 管下混凝土基座为 0.532m³/m, 基座下碎石垫层为 0.334m³/m, 采用机械回填, 10t 压路机碾压。试计算此沟槽填土压实工程量 (密实度为 97%)。

【解】

(1) 挖沟槽工程量

$$V_{沟槽} = 100 \times 3.4 \times 4.2 = 1428 \ (m^3)$$

(2) 混凝土基座工程量

$$V_{基座} = 0.532 \times 100 = 53.2 \ (m^3)$$

(3) 碎石垫层工程量

$$V_{垫层} = 0.334 \times 100 = 33.4 \ (m^3)$$

(4) 管子外形工程量

$$V_{管子} = 3.14 \times \frac{(1.2+0.12 \times 2)^2}{4} \times 100 \approx 162.78 \ (m^3)$$

(5) 填土压实土方量

$$V_{压实} = V_{沟槽} - V_{基座} - V_{垫层} - V_{管子}$$
$$= 1428 - 53.2 - 33.4 - 162.78$$
$$= 1178.62 \ (\mathrm{m}^3)$$

实例 5 某管道沟槽的挖土石方工程量及回填土工程量计算

某管道沟槽断面如图 3-5 所示，管道长 146m，混凝土管管径 950mm，施工场地上层 1.5m 为四类土，下层为普通岩石地质，利用人工开挖，管道扣除土方体积表见表 3-14。试求该管道沟槽的挖土石方工程量及回填土工程量。

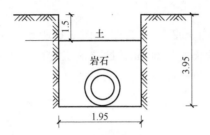

图 3-5 某管道沟槽断面示意图（单位：m）

表 3-14 管道扣除土方体积 （单位：m³/m）

管道名称	管道直径/mm					
	500~600	601~800	801~1000	1001~1200	1201~1400	1401~1601
钢管	0.21	0.44	0.71	—	—	—
铸铁管	0.24	0.49	0.77	—	—	—
混凝土管	0.33	0.60	0.92	1.15	1.35	1.55

【解】

（1）清单工程量

1）挖土方工程量 $V_1 = 1.95 \times 1.5 \times 146 = 427.05 \ (\mathrm{m}^3)$

2）挖石方工程量 $V_2 = 1.95 \times (3.95 - 1.5) \times 146 \approx 697.52 \ (\mathrm{m}^3)$

则挖土石方总量为 $V = 427.05 + 697.52 = 1124.57 \ (\mathrm{m}^3)$

3）填土工程量

查表 3-14 得 DN950 混凝土管体积为 0.92m³/m。

则回填土工程量 $V' = 1124.57 - 0.92 \times 146 = 990.25 \ (\mathrm{m}^3)$

清单工程量计算见表 3-15。

表 3-15 第 3 章实例 5 清单工程量

项目编码	项目名称	项目特征描述	工程量合计	计量单位
040101002001	挖沟槽土方	四类土	427.05	m³
040102002001	挖沟槽石方	普通岩石	697.52	m³
040103001001	填方	密实度 95%	990.25	m³

（2）定额工程量

根据规定，排管沟槽为梯形时，其所需增加的开挖土方量应按沟槽总土方量的 2.5% 计算。若为矩形，应按 7.5% 计算。

1）挖土方工程量 $V_1 = 1.95 \times 1.5 \times 146 \times 1.075 \approx 459.08$（$m^3$）

2）挖石方工程量

根据规定，普通岩石的允许超挖厚度为 0.20m，则

$V_2 = (1.95 + 0.20 \times 2) \times (3.95 - 1.5) \times 146 \approx 840.6$（$m^3$）

则挖土石方工程量总量为 $V = 459.08 + 840.6 = 1299.68$（$m^3$）

3）填土工程量 $V' = 1299.68 - 0.92 \times 146 = 1165.36$（$m^3$）

实例 6　某市政城郊工程梯形沟槽的工程量计算

某市政城郊工程，梯形沟槽断面示意图如图 3-6 所示，采用机械挖土。挖土深度为 4.5m，管径为 1200mm，排管长度为 600m。试求该工程中的土石方工程部分的工程量（填土密实度 95%）。

【解】

（1）清单工程量

1）挖沟槽土方工程量 = $(1.9 + 4.5 \times 0.25) \times$ 600 × 4.5 = 8167.5（m^3）

2）回填方工程量 = $8167.5 - \pi 0.6^2 \times 600$

$= 8167.5 - 678.24$

$= 7489.26$（m^3）

清单工程量见表 3-16。

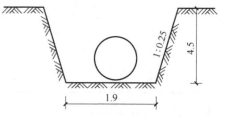

图 3-6　梯形沟槽断面示意图（单位：m）

表 3-16　第 3 章实例 6 清单工程量

项目编码	项目名称	项目特征描述	工程量合计	计量单位
040101002001	挖沟槽土方	四类土，深 4.5m	8167.5	m^3
040103001001	回填方	密实度 95%	7489.26	m^3

（2）定额工程量

根据规定，排管沟槽为梯形时，其所需增加的开挖土方量应按沟槽总土方量的 2.5% 计算。若为矩形，应按 7.5% 计算。

1）梯形沟槽挖土体积 = $600 \times (1.9 + 4.5 \times 0.25) \times 4.5 \times 1.025$

$= 600 \times 3.025 \times 4.5 \times 1.025$

≈ 8371.69（m^3）

2）梯形沟槽湿土排水体积 = $600 \times [1.9 + (4.5 - 1.2) \times 0.25] \times (4.5 - 1.2) \times 1.025$

$= 600 \times 2.725 \times 3.3 \times 1.025$

≈ 5530.39（m^3）

3）回填土工程量 = $8371.69 - \pi 0.6^2 \times 600$

$= 8371.69 - 678.24$

$= 7693.45$（m^3）

实例 7　某排水工程填挖方的工程量计算

某排水工程，采用钢筋混凝土承插管，管径 $\phi 600$，管道长度 100m，土方开挖深度平均

为 3m，回填至原地面标高，余土外运。土方类别为三类土，采用人工开挖及回填，回填压实率为 95%（图 3-7）。试根据以下要求列出该管道填挖方工程量。

（1）沟槽土方因工作面和放坡增加的工程量，并入清单土方工程量中。

（2）暂不考虑检查井等所增加土方的因素。

（3）混凝土管道外径为 $\phi6720$，管道基础（不合垫层）每 m 混凝土工程量为 0.227m³。

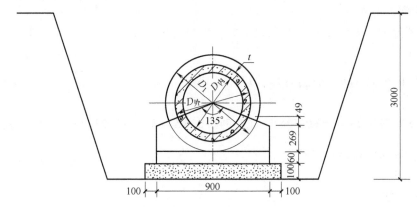

图 3-7　某排水工程钢筋混凝土承插管示意图

【解】

（1）挖沟槽土方工程量 =（0.9+0.5×2+0.33×3）×3×100 = 867（m³）

（2）余方弃置工程量 =（1.1×0.1+0.227+π×0.36²）×100 ≈ 74.42（m³）

（3）回填方工程量 = 867−74.42 = 792.58（m³）

清单工程量见表 3-17。

表 3-17　第 3 章实例 7 清单工程量

项目编码	项目名称	项目特征描述	工程量合计	计量单位
040101002001	挖沟槽土方	1. 土壤类别：三类土 2. 挖土深度：平均 3m	867	m³
040103001001	回填方	1. 密实度要求：95% 2. 填方材料品种：原土回填 3. 填方来源、运距：就地回填	792.58	m³
040103002001	余方弃置	1. 废弃料品种：土方 2. 运距：由投标单位自行考虑	74.42	m³

实例 8　某构筑物混凝土基础挖土方的工程量计算

某构筑物混凝土基础如图 3-8 所示，基础垫层为无筋混凝土，长宽方向的外边线尺寸为 8.5m 和 7.5m，基础垫层厚度为 200mm，垫层顶面标高为 −4.550m，地下常水位置高为 −3.500m，室外地面标高为 −0.650m，人工挖土，该地土壤类别为三类土（放坡系数 k = 0.33），试计算挖土方工程量。

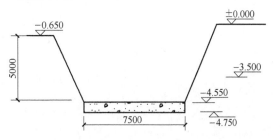

图 3-8　某构筑物混凝土基础示意图

【解】

（1）清单工程量

$V = 8.5 \times 7.5 \times 5 = 318.75$（$m^3$）

（2）定额工程量

由图 3-8 可知，筏形基础埋至地下常水位以下，坑内有干、湿土，应该分别计算：

1）挖干湿土总量

设垫层部分的土方量为 V_1，垫层以上的土方量为 V_2，总土方量为 V_0，则

$V_0 = V_1 + V_2$

$\quad = a \times b \times 0.2 + (a + kh)(b + kh) \times h + \frac{1}{3}k^2h^3$

$\quad = 8.5 \times 7.5 \times 0.2 + (8.5 + 0.33 \times 5) \times (7.5 + 0.33 \times 5) \times 5 + \frac{1}{3} \times 0.33^2 \times 5^3$

$\quad = 12.75 + 464.3625 + 4.5375$

$\quad = 481.65$（m^3）

2）挖湿土量

如图 3-8 所示，放坡部分挖湿土深度为 1.05m，则 $\frac{1}{3}k^2h^3 = 0.042$，设湿土量为 V_3，则

$V_3 = V_1 + V_{湿}$

$\quad = 8.5 \times 7.5 \times 0.2 + (8.5 + 0.33 \times 1.05) \times (7.5 + 0.33 \times 1.05) \times 1.05 + 0.042$

$\quad \approx 12.75 + 72.885 + 0.042$

$\quad \approx 85.68$（m^3）

3）挖干土量

设干土量为 V_4，则

$V_4 = V_0 - V_3$

$\quad = 481.65 - 85.68$

$\quad = 395.97$（m^3）

第4章 道 路 工 程

4.1 道路工程清单工程量计算规则

1. 路基处理

路基处理工程量清单项目设置、项目特征描述的内容、计量单位及工程量计算规则，应按表 4-1 的规定执行。

表 4-1 路基处理（编码：040201）

项目编码	项目名称	项目特征	计量单位	工程量计算规则	工程内容
040201001	预压地基	1. 排水竖井种类、断面尺寸、排列方式、间距、深度 2. 预压方法 3. 预压荷载、时间 4. 砂垫层厚度	m^2	按设计图示尺寸以加固面积计算	1. 设置排水竖井、盲沟、滤水管 2. 铺设砂垫层、密封膜 3. 堆载、卸载或抽气设备安拆、抽真空 4. 材料运输
040201002	强夯地基	1. 夯击能量 2. 夯击遍数 3. 地耐力要求 4. 夯填材料种类			1. 铺设夯填材料 2. 强夯 3. 夯填材料运输
040201003	振冲密实（不填料）	1. 地层情况 2. 振密深度 3. 孔距 4. 振冲器功率			1. 振冲加密 2. 泥浆运输
040201004	掺石灰	含灰量			1. 掺石灰 2. 夯实
040201005	掺干土	1. 密实度 2. 掺土率	m^3	按设计图示尺寸以体积计算	1. 掺干土 2. 夯实
040201006	掺石	1. 材料品种、规格 2. 掺石率			1. 掺石 2. 夯实
040201007	抛石挤淤	材料品种、规格			1. 抛石挤淤 2. 填塞垫平、压实

（续）

项目编码	项目名称	项目特征	计量单位	工程量计算规则	工程内容
040201008	袋装砂井	1. 直径 2. 填充料品种 3. 深度	m	按设计图示尺寸以长度计算	1. 制作砂袋 2. 定位沉管 3. 下砂袋 4. 拔管
040201009	塑料排水板	材料品种、规格			1. 安装排水板 2. 沉管插板 3. 拔管
040201010	振冲桩（填料）	1. 地层情况 2. 空桩长度、桩长 3. 桩径 4. 填充材料种类	1. m 2. m³	1. 以米计量，按设计图示尺寸以桩长计算 2. 以立方米计量，按设计桩截面乘以桩长以体积计算	1. 振冲成孔、填料、振实 2. 材料运输 3. 泥浆运输
040201011	砂石桩	1. 地层情况 2. 空桩长度、桩长 3. 桩径 4. 成孔方法 5. 材料种类、级配		1. 以米计量，按设计图示尺寸以桩长（包括桩尖）计算 2. 以立方米计量，按设计桩截面乘以桩长（包括桩尖）以体积计算	1. 成孔 2. 填充、振实 3. 材料运输
040201012	水泥粉煤灰碎石桩	1. 地层情况 2. 空桩长度、桩长 3. 桩径 4. 成孔方法 5. 混合料强度等级		按设计图示尺寸以桩长（包括桩尖）计算	1. 成孔 2. 混合料制作、灌注、养护 3. 材料运输
040201013	深层水泥搅拌桩	1. 地层情况 2. 空桩长度、桩长 3. 桩截面尺寸 4. 水泥强度等级、掺量			1. 预搅下钻、水泥浆制作、喷浆搅拌提升成桩 2. 材料运输
040201014	粉喷桩	1. 地层情况 2. 空桩长度、桩长 3. 桩径 4. 粉体种类、掺量 5. 水泥强度等级、石灰粉要求	m	按设计图示尺寸以桩长计算	1. 预搅下钻、喷粉搅拌提升成桩 2. 材料运输
040201015	高压水泥旋喷桩	1. 地层情况 2. 空桩长度、桩长 3. 桩截面 4. 旋喷类型、方法 5. 水泥强度等级、掺量			1. 成孔 2. 水泥浆制作、高压旋喷注浆 3. 材料运输
040201016	石灰桩	1. 地层情况 2. 空桩长度、桩长 3. 桩径 4. 成孔方法 5. 掺合料种类、配合比		按设计图示尺寸以桩长（包括桩尖）计算	1. 成孔 2. 混合料制作、运输、夯填

（续）

项目编码	项目名称	项目特征	计量单位	工程量计算规则	工程内容
040201017	灰土（土）挤密桩	1. 地层情况 2. 空桩长度、桩长 3. 桩径 4. 成孔方法 5. 灰土级配	m	按设计图示尺寸以桩长（包括桩尖）计算	1. 成孔 2. 灰土拌和、运输、填充、夯实
040201018	柱锤冲扩桩	1. 地层情况 2. 空桩长度、桩长 3. 桩径 4. 成孔方法 5. 桩体材料种类、配合比		按设计图示尺寸以桩长计算	1. 安拔套管 2. 冲孔、填料、夯实 3. 桩体材料制作、运输
040201019	地基注浆	1. 地层情况 2. 成孔深度、间距 3. 浆液种类及配合比 4. 注浆方法 5. 水泥强度等级、用量	1. m 2. m³	1. 以米计量，按设计图示尺寸以深度计算 2. 以立方米计量，按设计图示尺寸以加固体积计算	1. 成孔 2. 注浆导管制作、安装 3. 浆液制作、压浆 4. 材料运输
040201020	褥垫层	1. 厚度 2. 材料品种、规格及比例	1. m² 2. m³	1. 以平方米计量，按设计图示尺寸以铺设面积计算 2. 以立方米计量，按设计图示尺寸以铺设体积计算	1. 材料拌和、运输 2. 铺设 3. 压实
040201021	土工合成材料	1. 材料品种、规格 2. 搭接方式	m²	按设计图示尺寸以面积计算	1. 基层整平 2. 铺设 3. 固定
040201022	排水沟、截水沟	1. 断面尺寸 2. 基础、垫层：材料品种、厚度 3. 砌体材料 4. 砂浆强度等级 5. 伸缩缝填塞 6. 盖板材质、规格	m	按设计图示以长度计算	1. 模板制作、安装、拆除 2. 基础、垫层铺筑 3. 混凝土拌和、运输、浇筑 4. 侧墙浇捣或砌筑 5. 勾缝、抹面 6. 盖板安装
040201023	盲沟	1. 材料品种、规格 2. 断面尺寸			铺筑

注：1. 地层情况按表3-2和表3-7的规定，并根据岩土工程勘察报告按单位工程各地层所占比例（包括范围值）进行描述。对无法准确描述的地层情况，可注明由投标人根据岩土工程勘察报告自行决定报价。

　　2. 项目特征中的桩长应包括桩尖，空桩长度=孔深-桩长，孔深为自然地面至设计桩底的深度。

　　3. 如采用碎石、粉煤灰、砂等作为路基处理的填方材料时，应按土石方工程中"回填方"项目编码列项。

　　4. 排水沟、截水沟清单项目中，当侧墙为混凝土时，还应描述侧墙的混凝土强度等级。

2. 道路基层

道路基层工程量清单项目设置、项目特征描述的内容、计量单位及工程量计算规则，应按表4-2的规定执行。

表 4-2　道路基层（编码：040202）

项目编码	项目名称	项目特征	计量单位	工程量计算规则	工程内容
040202001	路床（槽）整形	1. 部位 2. 范围	m²	按设计道路底基层图示尺寸以面积计算，不扣除各类井所占面积	1. 放样 2. 整修路拱 3. 碾压成型
040202002	石灰稳定土	1. 含灰量 2. 厚度		按设计图示尺寸以面积计算，不扣除各类井所占面积	1. 拌和 2. 运输 3. 铺筑 4. 找平 5. 碾压 6. 养护
040202003	水泥稳定土	1. 水泥含量 2. 厚度			
040202004	石灰、粉煤灰、土	1. 配合比 2. 厚度			
040202005	石灰、碎石、土	1. 配合比 2. 碎石规格 3. 厚度			
040202006	石灰、粉煤灰、碎（砾）石	1. 配合比 2. 碎（砾）石规格 3. 厚度			
040202007	粉煤灰	厚度			
040202008	矿渣				
040202009	砂砾石	1. 石料规格 2. 厚度			
040202010	卵石				
040202011	碎石				
040202012	块石				
040202013	山皮石				
040202014	粉煤灰三渣	1. 配合比 2. 厚度			
040202015	水泥稳定碎（砾）石	1. 水泥含量 2. 石料规格 3. 厚度			
040202016	沥青稳定碎石	1. 沥青品种 2. 石料规格 3. 厚度			

注：1. 道路工程厚度应以压实后为准。
　　2. 道路基层设计截面如为梯形时，应按其截面平均宽度计算面积，并在项目特征中对截面参数加以描述。

3. 道路面层

道路面层工程量清单项目设置、项目特征描述的内容、计量单位及工程量计算规则，应按表 4-3 的规定执行。

4. 人行道及其他

人行道及其他工程量清单项目设置、项目特征描述的内容、计量单位及工程量计算规则，应按表 4-4 的规定执行。

表 4-3 道路面层（编码：040203）

项目编码	项目名称	项目特征	计量单位	工程量计算规则	工程内容
040203001	沥青表面处治	1. 沥青品种 2. 层数	m²	按设计图示尺寸以面积计算，不扣除各种井所占面积，带平石的面层应扣除平石所占面积	1. 喷油、布料 2. 碾压
040203002	沥青贯入式	1. 沥青品种 2. 石料规格 3. 厚度			1. 摊铺碎石 2. 喷油、布料 3. 碾压
040203003	透层、粘层	1. 材料品种 2. 喷油量			1. 清理下承面 2. 喷油、布料
040203004	封层	1. 材料品种 2. 喷油量 3. 厚度			1. 清理下承面 2. 喷油、布料 3. 压实
040203005	黑色碎石	1. 材料品种 2. 石料规格 3. 厚度			1. 清理下承面 2. 拌和、运输 3. 摊铺、整形 4. 压实
040203006	沥青混凝土	1. 沥青品种 2. 沥青混凝土种类 3. 石料粒径 4. 掺合料 5. 厚度			1. 清理下承面 2. 拌和、运输 3. 摊铺、整形 4. 压实
040203007	水泥混凝土	1. 混凝土强度等级 2. 掺合料 3. 厚度 4. 嵌缝材料			1. 模板制作、安装、拆除 2. 混凝土拌和、运输、浇筑 3. 拉毛 4. 压痕或刻防滑槽 5. 伸缝 6. 缩缝 7. 锯缝、嵌缝 8. 路面养护
040203008	块料面层	1. 块料品种、规格 2. 垫层：材料品种、厚度、强度等级			1. 铺筑垫层 2. 铺砌块料 3. 嵌缝、勾缝
040203009	弹性面层	1. 材料品种 2. 厚度			1. 配料 2. 铺贴

注：水泥混凝土路面中传力杆和拉杆的制作、安装应按"钢筋工程"中相关项目编码列项。

表 4-4 人行道及其他（编码：040204）

项目编码	项目名称	项目特征	计量单位	工程量计算规则	工程内容
040204001	人行道整形碾压	1. 部位 2. 范围	m²	按设计人行道图示尺寸以面积计算，不扣除侧石、树池和各类井所占面积	1. 放样 2. 碾压

（续）

项目编码	项目名称	项目特征	计量单位	工程量计算规则	工程内容
040204002	人行道块料铺设	1. 块料品种、规格 2. 基础、垫层：材料品种、厚度 3. 图形	m²	按设计图示尺寸以面积计算，不扣除各类井所占面积，但应扣除侧石、树池所占面积	1. 基础、垫层铺筑 2. 块料铺设
040204003	现浇混凝土人行道及进口坡	1. 混凝土强度等级 2. 厚度 3. 基础、垫层：材料品种、厚度			1. 模板制作、安装、拆除 2. 基础、垫层铺筑 3. 混凝土拌和、运输、浇筑
040204004	安砌侧（平、缘）石	1. 材料品种、规格 2. 基础、垫层：材料品种、厚度	m	按设计图示中心线长度计算	1. 开槽 2. 基础、垫层铺筑 3. 侧（平、缘）石安砌
040204005	现浇侧（平、缘）石	1. 材料品种 2. 尺寸 3. 形状 4. 混凝土强度等级 5. 基础、垫层：材料品种、厚度			1. 模板制作、安装、拆除 2. 开槽 3. 基础、垫层铺筑 4. 混凝土拌和、运输、浇筑
040204006	检查井升降	1. 材料品种 2. 检查井规格 3. 平均升（降）高度	座	按设计图示路面标高与原有的检查井发生正负高差的检查井的数量计算	1. 提升 2. 降低
040204007	树池砌筑	1. 材料品种、规格 2. 树池尺寸 3. 树池盖面材料品种	个	按设计图示数量计算	1. 基础、垫层铺筑 2. 树池砌筑 3. 盖面材料运输、安装
040204008	预制电缆沟铺设	1. 材料品种 2. 规格尺寸 3. 基础、垫层：材料品种、厚度 4. 盖板品种、规格	m	按设计图示中心线长度计算	1. 基础、垫层铺筑 2. 预制电缆沟安装 3. 盖板安装

5. 交通管理设施

交通管理设施工程量清单项目设置、项目特征描述的内容、计量单位及工程量计算规则，应按表4-5的规定执行。

表4-5　交通管理设施（编码：040205）

项目编码	项目名称	项目特征	计量单位	工程量计算规则	工程内容
040205001	人（手）孔井	1. 材料品种 2. 规格尺寸 3. 盖板材质、规格 4. 基础、垫层：材料品种、厚度	座	按设计图示数量计算	1. 基础、垫层铺筑 2. 井身砌筑 3. 勾缝（抹面） 4. 井盖安装

（续）

项目编码	项目名称	项目特征	计量单位	工程量计算规则	工程内容
040205002	电缆保护管	1. 材料品种 2. 规格	m	按设计图示以长度计算	敷设
040205003	标杆	1. 类型 2. 材质 3. 规格尺寸 4. 基础、垫层：材料品种、厚度 5. 油漆品种	根	按设计图示数量计算	1. 基础、垫层铺筑 2. 制作 3. 喷漆或镀锌 4. 底盘、拉盘、卡盘及杆件安装
040205004	标志板	1. 类型 2. 材质、规格尺寸 3. 板面反光膜等级	块		制作、安装
040205005	视线诱导器	1. 类型 2. 材料品种	只		安装
040205006	标线	1. 材料品种 2. 工艺 3. 线型	1. m 2. m²	1. 以米计量，按设计图示以长度计算 2. 以平方米计量，按设计图示尺寸以面积计算	1. 清扫 2. 放样 3. 画线 4. 护线
040205007	标记	1. 材料品种 2. 类型 3. 规格尺寸	1. 个 2. m²	1. 以个计量，按设计图示数量计算 2. 以平方米计量，按设计图示尺寸以面积计算	
040205008	横道线	1. 材料品种 2. 形式	m²	按设计图示尺寸以面积计算	
040205009	清除标线	清除方法			清除
040205010	环形检测线圈	1. 类型 2. 规格、型号	个	按设计图示数量计算	1. 安装 2. 调试
040205011	值警亭	1. 类型 2. 规格 3. 基础、垫层：材料品种、厚度	座		1. 基础、垫层铺筑 2. 安装
040205012	隔离护栏	1. 类型 2. 规格、型号 3. 材料品种 4. 基础、垫层：材料品种、厚度	m	按设计图示以长度计算	1. 基础、垫层铺筑 2. 制作、安装
040205013	架空走线	1. 类型 2. 规格、型号			架线

（续）

项目编码	项目名称	项目特征	计量单位	工程量计算规则	工程内容
040205014	信号灯	1. 类型 2. 灯架材质、规格 3. 基础、垫层：材料品种、厚度 4. 信号灯规格、型号、组数	套	按设计图示数量计算	1. 基础、垫层铺筑 2. 灯架制作、镀锌、喷漆 3. 底盘、拉盘、卡盘及杆件安装 4. 信号灯安装、调试
040205015	设备控制机箱	1. 类型 2. 材质、规格尺寸 3. 基础、垫层：材料品种、厚度 4. 配置要求	台		1. 基础、垫层铺筑 2. 安装 3. 调试
040205016	管内配线	1. 类型 2. 材质 3. 规格、型号	m	按设计图示以长度计算	配线
040205017	防撞筒（墩）	1. 材料品种 2. 规格、型号	个	按设计图示数量计算	制作、安装
040205018	警示柱	1. 类型 2. 材料品种 3. 规格、型号	根		制作、安装
040205019	减速垄	1. 材料品种 2. 规格、型号	m	按设计图示以长度计算	
040205020	监控摄像机	1. 类型 2. 规格、型号 3. 支架形式 4. 防护罩要求	台	按设计图示数量计算	1. 安装 2. 调试
040205021	数码相机	1. 规格、型号 2. 立杆材质、形式 3. 基础、垫层：材料品种、厚度	套	按设计图示数量计算	1. 基础、垫层铺筑 2. 安装 3. 调试
040205022	道闸机	1. 类型 2. 规格、型号 3. 基础、垫层：材料品种、厚度			
040205023	可变信息情报板	1. 类型 2. 规格、型号 3. 立（横）杆材质、形式 4. 配置要求 5. 基础、垫层：材料品种、厚度			
040205024	交通智能系统调试	系统类别	系统		系统调试

注：1. 本表清单项目如发生破除混凝土路面、土石方开挖、回填夯实等，应分别按"拆除工程"及"土石方工程"中相关项目编码列项。
2. 除清单项目特殊注明外，各类垫层应按其他相关项目编码列项。
3. 立电杆按"路灯工程"中相关项目编码列项。
4. 值警亭按半成品现场安装考虑，实际采用砖砌等形式的，按现行国家标准《房屋建筑与装饰工程工程量计算规范》（GB 50854—2013）中相关项目编码列项。
5. 与标杆相连的，用于安装标志板的配件应计入标志板清单项目内。

4.2 道路工程定额工程量计算规则

1. 道路工程定额一般规定

(1)《市政工程消耗量》(ZYA 1—31—2021) 第二册《道路工程》，包括路基处理、道路基层、道路面层、人行道及其他、交通管理设施，共五章。

(2) 道路工程适用于城镇范围内的新建、扩建、改建的市政道路工程。

(3) 道路工程中的排水项目，执行《市政工程消耗量》(ZYA 1—31—2021) 第五册《市政管网工程》相应项目。

2. 路基处理

(1) 定额说明

1) 路基处理包括预压地基，强夯地基，掺石灰，掺砂石，抛石挤淤，袋装砂井，塑料排水板，振冲桩（填料），振动砂石桩，水泥粉煤灰碎石桩（CFG），水泥搅拌桩，高压水泥旋喷桩，石灰桩，地基注浆，褥垫层，土工合成材料，排水沟、截水沟，盲沟，改换炉渣、片石，毛渣换填，碎砖换填，机械翻晒等项目。

2) 堆载预压工作内容中包括了堆载四面的放坡和修筑坡道，未包括堆载材料的运输，发生时费用另行计算。

3) 真空预压砂垫层厚度按 70cm 考虑，当设计与消耗量取定的材料厚度不同时，可以调整。

4) 强夯。

① 强夯项目中每单位面积夯点数，指设计文件规定单位面积的夯点数量。

② 强夯的夯击击数指强夯机械就位后，夯锤在同一夯点上下起落的次数。

③ 强夯工程量应区别不同夯击能量和夯点密度，按设计图示夯击范围及夯击遍数分别计算。

5) 掺石灰按含灰量 6% 考虑，含灰量不同时按含灰量每增加 1% 的项目调整，当含灰量增加时，生石灰含量增加，黄土含量减少。

6) 掺砂石采用原土拌和方式，掺配砂混合料压实密度按 $1.9t/m^3$ 计算，掺配砾石混合料压实密度按 $2.1t/m^3$ 计算，设计不同时可以换算。

7) 袋装砂井直径按 7cm 编制，当设计砂井直径不同时，按砂井截面面积的比例关系调整中（粗）砂的用量，其他消耗量不做调整。袋装砂井及塑料排水板处理软弱地基，工程量为设计深度，材料消耗已包括砂袋或塑料排水板的预留长度。

8) 振冲桩（填料）定额中未包括泥浆排放处理的费用，需要时另行计算。

9) 振动碎石桩的砂、石充盈系数为 1.30，设计砂石配合比及充盈系数不同时可以调整。设计要求夯扩桩夯出桩端扩大头时，费用另计。

10) 水泥粉煤灰碎石桩（CFG）土方置换外运量由各地区、部门自行制定调整办法。

11) 深层水泥搅拌桩分为深层搅拌法（简称湿法）和粉体喷搅法（简称干法），水泥掺量小于或等于 1% 时为空搅，水泥掺量 1%~7% 为弱加固，人工及搅拌机械消耗量乘以系数 0.50。水泥掺量大于 7% 为强加固，执行水泥搅拌桩相应项目。

12) 水泥搅拌桩中深层搅拌法的单（双）头搅拌桩、三轴搅拌桩定额按二搅二喷施工工艺考虑，设计不同时，每增（减）一搅一喷按相应项目的人工、机械乘以系数 0.40 进行增（减）。

13）单（双）头搅拌桩、三轴搅拌桩的水泥掺量分别按加固土质量（1800kg/m³）的13%和15%考虑，钉型水泥土双向搅拌桩的水泥掺量按加固土质量（1800kg/m³）的13%考虑，当设计不同时，可以换算。粉体搅拌桩执行水泥掺量每增减1%项目时，扣除材料水的消耗量。

14）水泥搅拌桩土方置换外运量由各地区、部门自行制定调整办法。

15）高压旋喷桩单重管和双重管法的水泥掺量按加固土质量（1800kg/m³）的25%考虑，三重管法的水泥掺量按加固土质量（1800kg/m³）的30%考虑。当设计水泥用量与定额取定不同时，可以换算。泥浆外运由各地区、部门自行制定调整办法。

16）石灰桩是按桩径500mm编制的，当设计桩径不同时，桩径每增加50mm，人工和机械消耗量乘以系数1.05。生石灰掺量按加固土质量（1800kg/m³）的30%考虑，当设计与定额取定的石灰用量不同时，可以换算。

17）地基注浆加固以体积为单位的项目，已按各种深度综合取定。

18）分层注浆加固的扩散半径为800mm，压密注浆加固半径为750mm。当设计与定额取定的水泥用量不同时，相关材料可以换算，人工、机械不得调整。

（2）工程量计算规则

1）堆载预压、真空预压按设计图示尺寸以加固面积计算。

2）强夯分满夯、点夯，区分不同夯击能量，按设计图示尺寸的夯击范围以面积计算。设计无规定时，按每边超过基础外缘的宽度3m计算，对可液化地基，按每边超出基础外缘的宽度5m计算。

3）掺石灰、改换炉渣、改换片石，均按设计图示尺寸以体积计算。

4）掺砂石按设计图示尺寸以面积计算。

5）抛石挤淤按设计图示尺寸以体积计算。

6）袋装砂井、塑料排水板，按设计图示尺寸以长度计算。

7）振冲桩（填料）按设计图示尺寸以体积计算。

8）振动砂石桩按设计桩截面乘以桩长（包括桩尖）以体积计算。

9）水泥粉煤灰碎石桩（CFG）按设计图示尺寸以体积计算。取土外运按成孔体积计算。

10）深层水泥搅拌桩按设计图示尺寸桩截面面积乘以桩长外加0.5m以体积计算。三轴搅拌桩采用套接一孔法时，每幅单元桩中间圆形搭接部分应扣除，且套接孔重复搅拌的单圆形截面应重复计算。

11）钉型水泥土双向搅拌桩按单个桩截面面积乘以桩长以体积计算，不扣除重叠部分面积。

12）高压旋喷桩工程量，钻孔按原地面至设计桩底的距离以长度计算，喷浆按设计加固桩截面面积乘以设计桩长以体积计算。

13）石灰桩按设计图示尺寸（包括桩尖）以体积计算。

14）地基注浆钻孔工程量按设计图示尺寸以钻孔深度计算。地基注浆工程量按加固土体以体积计算。

15）褥垫层、土工合成材料按设计图示尺寸以面积计算。

16）排（截）水沟按设计图示尺寸以体积计算。

17）盲沟按设计图示尺寸以体积计算。

18）机械翻晒按设计图示尺寸以面积计算。

3. 道路基层

（1）定额说明

1）道路基层包括路床整形，石灰稳定土摊铺，水泥稳定土摊铺，石灰、粉煤灰、土摊铺，石灰、碎石、土摊铺，石灰、粉煤灰、碎（砾）石摊铺，粉煤灰摊铺，矿渣摊铺，砂砾石摊铺（天然级配），卵石摊铺，碎石摊铺，块石摊铺，山皮石摊铺，粉煤灰三渣摊铺，水泥稳定碎（砾）石摊铺，沥青稳定碎石摊铺，多合土养生，消解石灰等项目。

2）路床整形已包括平均厚度10cm以内的人工挖高填低，路床整平达到设计要求的纵、横坡度。

3）边沟成型已综合考虑了边沟挖土不同土壤类别，考虑边沟两侧边坡培整面积所需的挖土、培土、修整边坡及余土抛出沟外，并弃运至路基50m以外的全过程所需人工。

4）多合土基层中各种材料是按常用的配合比编制的，当设计配合比与定额不同时，材料可以换算，人工、机械不得调整。

5）水泥稳定碎（砾）石基层按集中拌制与预拌分别考虑。其他基层混合料拌和均按现场机械拌和考虑，若采用厂拌，由各地区、部门自行制定调整办法。

6）道路基层中设有"每减1cm"的子目适用于压实厚度20cm以内的结构层铺筑。压实厚度20cm以上的按照两层结构层铺筑，以此类推。

7）混合料分层铺筑时，按规定应分层进行养生。多合土养生项目养生期按7d考虑，其用水量已综合考虑在多合土养生项目内，不得重复计算。

8）与石灰有关的基层项目中石灰均为生石灰，使用时应进行消解石灰。集中拌和的石灰土混合料，执行集中消解石灰项目，非集中拌和的石灰土混合料，执行小堆沿线消解石灰项目。

9）道路现浇混凝土基层执行道路工程现浇混凝土路面相应项目，人工乘以系数0.95。

（2）工程量计算规则

1）道路路床碾压按设计道路路基宽度加设计加宽值乘以路基长度以面积计算，不扣除各类井所占面积。设计中明确加宽值时，按设计规定计算。设计中未明确加宽值时，由各地区、部门自行制定调整办法。

2）土边沟成型按设计图示尺寸以体积计算。

3）道路基层养生工程量均按设计摊铺层的面积之和计算，不扣除各种井位所占的面积；设计道路基层横断面是梯形时，应按其截面平均宽度计算面积。

4）消解石灰工程量按生石灰的重量计算。

4. 道路面层

（1）定额说明

1）道路面层包括沥青表面处治，沥青贯入式路面，透层、黏层，封层，沥青混凝土路面，水泥混凝土路面，块料面层路面，其他等项目。

2）喷洒沥青油料中，透层、黏层分别列有石油沥青、乳化沥青两种油料，其中透层适用于无结合料粒料基层和半刚性基层；黏层适用于新建沥青层、旧沥青路面和水泥混凝土。当设计与定额取定的喷油量不同时，材料可做调整，人工、机械不做调整。

3）彩色沥青混凝土摊铺仅考虑人工摊铺方式，实际摊铺方式不同时，需另行计算。

4）沥青混凝土运杂费已包括在成品价中，不再另行计算。

5）水泥混凝土路面按预拌混凝土考虑。

6）水泥混凝土路面按平口考虑，当设计为企口时，按相应项目执行，其中人工乘以系数1.01，模板摊销量乘以系数1.05。

7）水泥混凝土路面的钢筋项目执行《市政工程消耗量》（ZYA 1—31—2021）第九册《钢筋工程》相应项目。

（2）工程量计算规则

1）道路工程沥青混凝土、水泥混凝土及其他类型路面工程量按设计图示尺寸以面积计算，不扣除各类井所占面积，但扣除与路面相连的平石、侧石和缘石所占面积，桥面铺装沥青混凝土时不扣除变形缝所占面积。

2）伸缩缝嵌缝按设计缝长乘以设计缝深以面积计算。

3）锯缝机切缩缝、人工填灌缝按设计图示尺寸以长度计算。

4）铺装玻璃纤维格栅按设计图示尺寸以面积计算。

5）土工布贴缝按混凝土路面缝长乘以设计宽度以面积计算，其中纵横相交处面积不扣除。

6）水泥混凝土路面拉防滑条、刻纹按设计图示尺寸以面积计算，不扣除各类井所占面积，但扣除与路面相连的平石、侧石和缘石所占面积。

5. 人行道及其他

（1）定额说明

1）人行道及其他包括人行道整形碾压，人行道板安砌，人行道块料铺设，混凝土人行道，安砌侧（平、缘）石，现浇侧（平、缘）石，侧（平、缘）石模板，检查井升降，砌筑树池，多合土运输，运输小型构件，场内运混凝土（熟料），汽车运水等项目。

2）当设计与消耗量所采用的人行道板、人行道块料、广场砖规格或型号不同时，消耗量中的相关材料可以调整，人工、机械不调整。

3）人行道整形已包括平均厚度10cm以内的人工挖高填低、整平、碾压。

4）侧平石安砌已综合考虑了直线、弧线安砌的消耗量，使用时不得调整。

5）安砌侧（平、缘）石按人工安装方式考虑，若过程中使用叉车等机械，其费用计算方法由各地区、部门自行制定。

6）小型构件运输是指单件体积在0.1m³以内的构件。

7）场内运混凝土（熟料）指混凝土（熟料）场内转运。

8）多合土运输不足1km，按1km计算。

9）检查井、窨井、雨水进水井升高均不包含更换井盖等工作。发生升高并更换井盖时，执行"更换井盖（箅）"项目。

（2）工程量计算规则

1）人行道整形碾压面积按设计人行道图示尺寸以面积计算，不扣除树池和各类井所占面积。

2）人行道板安砌、人行道块料铺设、混凝土人行道铺设按设计图示尺寸以面积计算，不扣除各类井所占面积，但应扣除侧（平、缘）石、树池所占面积。

3）花岗岩人行道板伸缩缝按图示尺寸以长度计算。

4）侧（平、缘）石垫层区分不同材质以体积计算。

5）侧（平、缘）石按设计图示中心线长度计算。

6）现浇混凝土侧（平、缘）石模板按模板与混凝土的接触面以面积计算。

7）检查井升降以数量计算。

8）砌筑树池按设计外围尺寸以长度计算。

9）多合土运输以体积计算。

6. 交通管理设施

（1）定额说明

1）交通管理设施包括交通标志杆安装，门架安装，标志牌安装，视线诱导器，标线，标记，横道线，清除标线，环形检测线圈敷设，值警亭安装，道路隔离护栏安装，波形栏杆，隔离栅，架空走线安装，信号灯、灯架安装，设备控制机箱安装，防撞筒（墩）安装，警示柱，减速垄等项目。

2）交通标志杆、门架及标志牌均按成品考虑，其中标志牌成品未含反光膜。

3）交通标志杆安装未包含混凝土基础及预埋螺栓等内容，设计有要求时执行《市政工程消耗量》（ZYA 1—31—2021）第三册《桥涵工程》、第九册《钢筋工程》相应项目。

4）标志牌安装分小型、大型标志牌，面积在 $1m^2$ 以内为小型标志牌，面积在 $1m^2$ 以上为大型标志牌。小型标志牌为普通板，大型标志牌为挤压板。标志牌安装是按地面组装，与标志杆进行连接、拼装成型考虑。采用其他方式安装，由各地区、部门自行制定调整办法。

5）附着式轮廓标安装于波形梁护栏或其他护栏上，已综合考虑各种安装方法。路面突起路标采用胶粘剂粘合于混凝土或沥青路面上。

6）纵向标线包括中心线、边缘线和分道线，标记包括文字、字符及图形，横道线包括人行横道线、停止线及导流带标线等，其他标线均按横道线相应项目执行。

7）标志牌、标志杆及门架安装的螺栓（垫圈、垫片），当设计与定额取定的材料规格及数量不同时，可以调整。

8）波形栏杆分单面、双面两类。单面指一根立柱单侧安装波形钢板护栏，双面指一根立柱两侧安装波形钢板护栏。

9）隔离栅栏中钢丝网面未包括型钢边框，若增加型钢边框，其费用另行计算。

10）设备控制机箱安装未包括混凝土基础，其费用另行计算。

11）塑质隔离筒（墩）内灌水（砂）费用，另行计算。

12）隔声板执行《市政工程消耗量》（ZYA 1—31—2021）第三册《桥涵工程》相应项目。

13）监控摄像机、数码相机、交通智能系统调试、交通预埋管线执行《通用安装工程消耗量》（TY 02—31—2021）相应项目。

（2）工程量计算规则

1）交通标志杆安装均按根计算，双柱标志杆两柱为一根。

2）标志牌按"块"为单位计算。

3）路面标线已包含各类油漆的损耗，普通标线按实体面积计算。文字、字符按单个标记的最大外围矩形面积计算，菱形、三角形、箭头标线按实体面积计算，图形按外框尺寸面积计算。

4）反光膜粘贴于标志牌表面时按标志牌实际面积的 1.8 倍计算（不另计损耗）。反光膜粘贴于其他表面作警示用按实贴面积计算。

5）清除标线按设计图示尺寸以面积计算。

6）环形线圈敷设长度按实埋长度计算，其长度包括与控制箱相连的接入长度。

7）值警亭安装按设计图示以"座"为单位计算。

8）波形栏杆中钢管柱按柱的成品重量计算，波形钢板按波形钢板、端头板（包括端部稳定的锚定板、夹具、挡板）与撑架的总重量计算，柱帽、固定螺栓、连接螺栓、钢丝绳、螺母及垫圈等附件已综合在消耗量内，不得另行计算。

9）隔离栅钢筋混凝土立柱预制、安装均按构件混凝土体积计算。

10）隔离栅钢丝网面积按各网框外边缘所包围的净面积之和计算。

11）架空走线按设计图示以长度计算。

12）混凝土隔离墩按设计图示尺寸以体积计算。

13）塑质隔离筒（墩）按设计图示以"个"为单位计算。

4.3 道路工程工程量清单编制实例

实例 1 某市政道路工程需夯实地基土方工程量计算

某市政道路工程施工，道路全长为 2000m，道路宽度为 26m，因地段土质欠佳，需对路基进行处理，要通过强夯土方使土基密实（密实度大于 90%）。若设两侧路肩各宽 1m，地基加宽值为 30cm，试计算需夯实地基土方工程量。

【解】

夯实地基土方工程量 $= 2000 \times (26 + 1 \times 2) = 56000$（$m^2$）

实例 2 某市人行道工程量和侧石工程量计算

某市道路结构图、侧石大样图及横断面图如图 4-1 所示，道路全长 500m，路幅宽度为 28m，人行道两侧的宽度均为 7m，路缘石宽度为 20cm，且路基每侧加宽值为 0.5m，试计算人行道和侧石工程量。

【解】

（1）褥垫层工程量 $= 2 \times 500 \times 7 = 7000$（$m^2$）

（2）砂砾石稳定层工程量 $= 2 \times 500 \times 7 = 7000$（$m^2$）

（3）人行道块料铺设工程量 $= 2 \times 500 \times 7 = 7000$（$m^2$）

（4）安砌侧（平、缘）石工程量 $= 2 \times 500 = 1000$（m）

实例 3 某道路锯缝长度及路缘石工程量计算

某道路全长为 1500m，路面宽度为 15m，路基两侧均加宽 20cm，为保证路基稳定性设

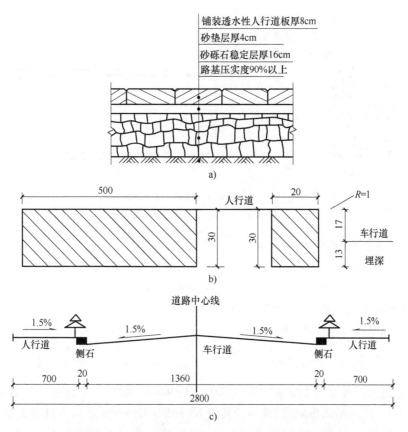

图 4-1 某市政道路结构示意图（单位：cm）

a）人行道结构示意图　b）侧石大样图　c）道路横断面图

置了路侧缘石。在路面每隔 5m 处用切缝机切缝，锯缝断面示意图如图 4-2 所示。试计算锯缝长度及路缘石工程量。

【解】

（1）锯缝个数 = 1500÷5-1 = 299（条）

（2）锯缝总长度 = 299×15 = 4485（m）

（3）锯缝面积 = 4485×0.006 = 26.91（m²）

（4）路缘石长度 = 1500×2 = 3000（m）

实例 4　某沥青混凝土结构道路工程量计算

某路 K0+000～K0+200 为沥青混凝土结构，道路的结构图、平面图如图 4-3 所示，路面宽度为 15m，路肩各宽 1m，路基加宽值为 0.5m，路面两边铺侧缘石。试计算道路工程工程量。

【解】

（1）清单工程量

1）石灰炉渣基层面积 = 15×200 = 3000（m²）

2）沥青混凝土面层面积 = 15×200 = 3000（m²）

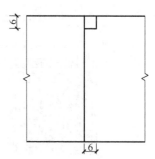

图 4-2　锯缝断面示意图

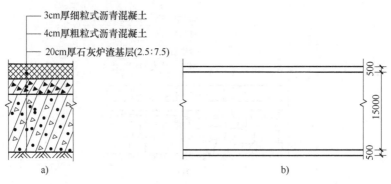

图 4-3　某沥青混凝土结构道路示意图

a）道路结构图　b）道路平面图

3）侧缘石长度 = 200×2 = 400（m）

（2）定额工程量

1）石灰炉渣基层面积 =（15+1×2+2×0.5）×200 = 3600（m²）

2）沥青混凝土面层面积 = 15×200 = 3000（m²）

3）侧缘石长度 = 200×2 = 400（m）

实例 5　某一级道路（沥青混凝土结构）的工程量计算

某一级道路为沥青混凝土结构（K1+100～K1+940），如图 4-4 所示，路面宽度为 25m，路肩宽度为 1m，路基两侧各加宽 60cm，其中 K1+550～K1+650 之间为过湿土基，用石灰砂桩进行处理，按矩形布置，桩间距为 90cm，石灰桩示意图如图 4-5 所示，试计算道路工程量。

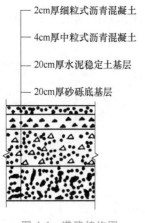

图 4-4　道路结构图

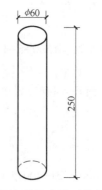

图 4-5　石灰桩示意图（单位：cm）

【解】

（1）清单工程量

1）砂砾底基层面积 = 25×（940-100）= 21000（m²）

2）水泥稳定土基层面积 = 25×（940-100）= 21000（m²）

3）沥青混凝土面层面积 = 25×（940-100）= 21000（m²）

4）道路横断面方向布置桩数 = 25÷0.9+1 ≈ 29（个）

5）道路纵断面方向布置桩数 = 100÷0.9+1 ≈ 113（个）

6）所需桩数 = 29×113 = 3277（个）

7）总桩长度 = 3277×2.5 = 8192.5（m）

（2）定额工程量

1）砂砾底基层面积 = (25+1×2+0.6×2)×(940-100)

$$= 28.2×840$$

$$= 23688（m^2）$$

2）水泥稳定土基层面积 = (25+1×2+0.6×2)×(940-100)

$$= 28.2×840$$

$$= 23688（m^2）$$

3）沥青混凝土面层面积 = 25×(940-100) = 21000（m^2）

4）道路横断面方向布置桩数 = 25÷0.9+1 ≈ 29（个）

5）道路纵断面方向布置桩数 = 100÷0.9+1 ≈ 113（个）

6）所需桩数 = 29×113 = 3277（个）

7）总桩长度 = 3277×2.5 = 8192.5（m）

实例6　某道路粉喷桩的工程量计算

某道路全长为2580m，路面宽度为20m，路肩各为1m，路基加宽值为30cm，其中路堤断面图、粉喷桩示意图如图4-6所示，试计算粉喷桩的工程量。

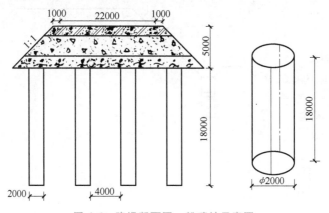

图4-6　路堤断面图、粉喷桩示意图

【解】

（1）清单工程量

粉喷桩长度 = [2580÷(4+2)+1]×[(22+1×2)÷6+1]×18

$$= 431×5×18$$

$$= 38790（m）$$

清单工程量见表4-6。

表 4-6　第 4 章实例 6 清单工程量

项目编码	项目名称	项目特征描述	工程量合计	计量单位
040201014001	粉喷桩	1. 空桩长度、桩长：18m 2. 桩径：2m	38790	m

（2）定额工程量

1）粉喷桩长度 = [2580÷(4+2)+1]×[(22+1×2+2×0.3)÷6+1]×18

　　　　　　　= 431×5.1×18

　　　　　　　= 39565.8（m）

2）粉喷桩截面积 = 3.14×(2÷2)^2

　　　　　　　= 3.14（m^2）

3）粉喷桩的体积 = 39565.8×3.14 ≈ 124236.61（m^3）

实例 7　某道路的工程量计算

某道路长为 2800m，路面宽度为 18m，路肩宽度为 1.5m，路基每侧加宽值为 0.5m。其中在 K0+110～K0+865 标段之间由于地基土质比较湿软，故采用砂井法对其进行处理，其中砂井直径为 0.1m，长度为 1.2m，前后砂井间距为 2m。在 K1+230～K1+998 标段之间排水困难，为防止对路基的稳定性造成影响，采用盲沟排水。另外，每隔 100m 设置一标杆以引导驾驶员的视线，该道路与大型建筑物相邻时，竖立 25 个标志板以保证行人安全，如图 4-7～图 4-10 所示。试计算该道路的工程量。

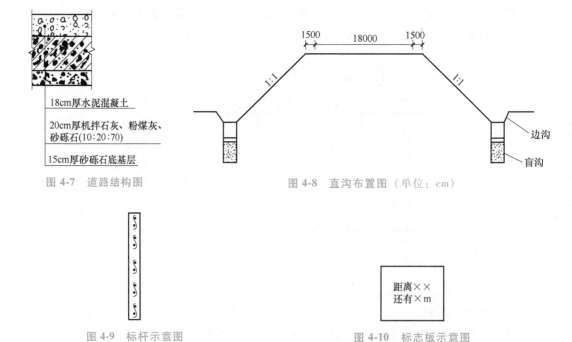

图 4-7　道路结构图　　　图 4-8　直沟布置图（单位：cm）

图 4-9　标杆示意图　　　图 4-10　标志板示意图

【解】

（1）清单工程量

1）砂砾石底基层的面积：

$S_1 = 2800 \times 18 = 50400$（$m^2$）

2）石灰、粉煤灰、砂砾石（10：20：70）基层的面积：

$S_2 = 2800 \times 18 = 50400$（$m^2$）

3）水泥混凝土面层面积：

$S_3 = 2800 \times 18 = 50400$（$m^2$）

4）砂井的长度：

$L_1 = [(1.5 \times 2 + 1.5 \times 2 + 18) \div (2 + 0.1) + 1] \times [(865 - 110) \div (2 + 0.1) + 1] \times 1.2$

　　$= 13 \times 361 \times 1.2$

　　$= 5631.6$（m）

5）盲沟长度：

$L_2 = (1998 - 1230) \times 2 = 1536$（m）

6）标杆套数：

$n = 2800 \div 100 + 1 = 29$（套）

7）标志板块数：25块

清单工程量见表4-7。

表4-7　第4章实例7清单工程量

项目编码	项目名称	项目特征描述	工程量合计	计量单位
040202009001	砂砾石	1. 石料规格：2mm砾石 2. 厚度：15cm	50400	m^2
040202006001	石灰、粉煤灰、碎（砾）石	1. 配合比：机拌石灰：粉煤灰：砂砾石=10：20：70 2. 砾石规格：2mm砾石 3. 厚度：20cm	50400	m^2
040203007001	水泥混凝土	1. 混凝土强度等级：C30 2. 厚度：18cm	50400	m^2
040501008001	袋装砂井	1. 直径：0.1m 2. 砂井间距：2m	5631.6	m
040201023001	盲沟	材料品种：碎石盲沟	1536	m
040205003001	标杆	材质：金属标杆	29	套
040205004001	标志板	材质：铝制标志板	25	块

（2）定额工程量

1）砂砾石底基层的面积：

$S_1 = 2800 \times (18 + 1.5 \times 2 + 2 \times 0.5) = 61600$（$m^2$）

2）石灰、粉煤灰、砂砾石（10：20：70）基层的面积：

$S_2 = 2800 \times (18 + 1.5 \times 2 + 2 \times 0.5) = 61600$（$m^2$）

3）水泥混凝土面层面积：

$S_3 = 2800 \times 18 = 50400$（$m^2$）

4）砂井的长度

$$L_1 = [(1.5×2+1.5×2+18+2×0.5)÷(2+0.1)+1]×[(865-110)÷(2+0.1)+1]×1.2$$
$$= 13×361×1.2$$
$$= 5631.6 （m）$$

5）盲沟长度：

$$L_2 = (1998-1230)×2 = 1536 （m）$$

6）标杆套数：

$$n = 2800÷100+1 = 29 （套）$$

7）标志板块数：25 块

实例 8　某水泥混凝土道路卵石底层的工程量计算

某道路为水泥混凝土结构，道路结构图如图 4-11 所示。道路全长为 1250m，道路两边铺侧缘石，路面宽度为 22m，且路基两侧分别加宽 0.5m。道路沿线有雨水井、检查井分别为 45 座、30 座，其中检查井与雨水井均与设计图示标高产生正负高差。试计算该道路工程量。

【解】

（1）清单工程量

1）卵石底基层面积：

$$S_1 = 1250×22 = 27500 （m^2）$$

2）石灰、粉煤灰、砂砾基层面积：

$$S_2 = 1250×22 = 27500 （m^2）$$

3）水泥混凝土面层面积：

$$S_3 = 1250×22 = 27500 （m^2）$$

4）路缘石长度：

$$L = 1250×2 = 2500 （m）$$

5）雨水井与检查井的数量：

$$n = 45+30 = 75 （座）$$

（2）定额工程量

1）卵石底基层面积：

$$S_1 = (22+2×0.5)×1250 = 28750 （m^2）$$

2）石灰、粉煤灰、砂砾基层面积：

$$S_2 = (22+2×0.5)×1250 = 28750 （m^2）$$

3）水泥混凝土面层面积：

$$S_3 = 1250×22 = 27500 （m^2）$$

4）路缘石长度：

$$L = 1250×2 = 2500 （m）$$

5）雨水井与检查井的数量：75 座

—18cm厚水泥混凝土
—22cm厚石灰、粉煤灰、砂砾基层(10:20:70)
—25cm厚卵石底基层

图 4-11　道路结构图

实例 9　某路基塑料排水板的工程量计算

某段道路在 K0+320～K0+650 之间的路基为湿软的土质，为了防止路基因承载力不足而造成路基沉陷，现对该段路基进行处理，采用安装塑料排水板的方法，路面宽度为25m，路基断面如图4-12所示，每个断面铺两层塑料排水板，每块板宽6m，长35m，塑料排水板结构如图4-13所示，试计算塑料排水板的工程量。

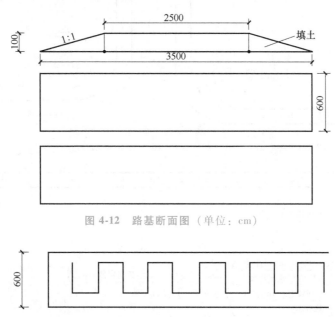

图 4-12　路基断面图（单位：cm）

图 4-13　塑料排水板结构图（单位：cm）

【解】

塑料排水板工程量 =（650−320）÷6×35×2

　　　　　　　　 = 330÷6×35×2

　　　　　　　　 = 3850（m）

清单工程量见表4-8。

表 4-8　第 4 章实例 9 清单工程量

项目编码	项目名称	项目特征描述	工程量合计	计量单位
040201009001	塑料排水板	板宽:6m;长:35m	3850	m

实例 10　某道路人行道整形的工程量计算

某市区新建次干道道路工程，设计路段桩号为 K0+100~K0+240，在桩号 0+180 处有一丁字路口（斜交）。该次干道主路设计横断面路幅宽度为 29m，其中车行道为 18m，两侧人行道宽度各为 5.5m。斜交道路设计横断面路幅宽度为 27m，其中车行道为 16m，两侧人行道宽度同主路。在人行道两侧共有 52 个 1m×1m 的石质块树池。道路路面结构层依次为：20cm 厚混凝土面层（抗折强度 4.0MPa）、18cm 厚 5%水泥稳定碎石基层、20cm 厚块石底层（人机配合施工），人行道采用 6cm 厚彩色异型人行道板，如图 4-14 所示。有关说明如下：

（1）该设计路段土路基已填筑至设计路基标高。

（2）6cm 厚彩色异型人行道板、12cm×37cm×100cm 花岗石侧石及 10cm×20cm×100cm 花岗石树池均按成品考虑，具体材料取定价：彩色异型人行道板 45 元/m²、花岗石侧石 80 元/m、

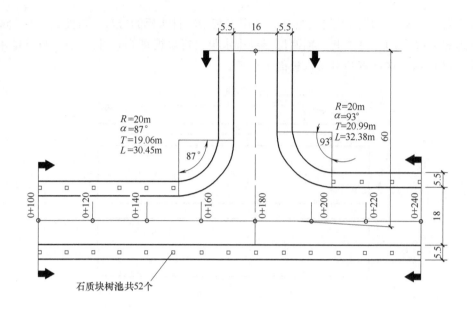

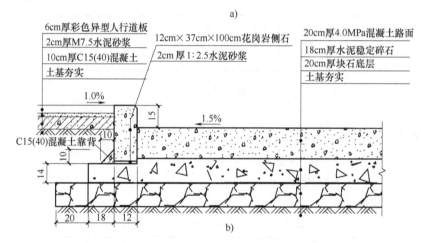

图 4-14 某市区新建次干道示意图

a）平面图（单位：m） b）结构图（单位：cm）

花岗石树池 20 元/m。

（3）水泥混凝土、水泥稳定碎石砂采用现场集中拌制，平均场内运距 70m，采用双轮车运输。

（4）混凝土路面考虑塑料膜养护，路面刻防滑槽。

（5）混凝土嵌缝材料为沥青木丝板。

（6）路面钢筋 $\phi 10$ 以内 5.62t。

（7）斜交路口转角面积计算公式：$F = R^2 \left(\tan \dfrac{\alpha}{2} - 0.00873\alpha \right)$。

试计算该道路的工程量。

【解】

（1）道路面积

$$S_1 = (240-100) \times 18 + (60-9 \div \sin 87°) \times 16 + 20^2 \times [\tan(87° \div 2) - 0.00873 \times 87°] +$$
$$20^2 \times [\tan(93° \div 2) - 0.00873 \times 93°]$$
$$= 3508.34 \ (m^2)$$

（2）侧石长度

$$L = 140 \times 2 - (19.06 + 20.99 + 16 \div \sin 87°) + 30.45 + 32.38 + (60-9 \div \sin 87° - 19.06) +$$
$$(60-9 \div \sin 87° - 20.99)$$
$$= 348.69 \ (m)$$

（3）路床（槽）整形

$$S_2 = 3508.34 + 348.69 \times (0.12 + 0.18 + 0.2 + 0.25)$$
$$= 3769.86 \ (m^2)$$

（4）20cm 厚块石基石

$$S_3 = 3508.34 + 348.69 \times 0.5$$
$$= 3682.69 \ (m^2)$$

（5）18cm 厚水泥稳定碎石基层

$$S_4 = 3508.34 + 348.69 \times 0.3 \times 0.14 \div 0.18 = 3589.7 \ (m^2)$$

（6）20cm 厚混凝土路面同道路面积：3508.34m²

（7）现浇构件钢筋 $\phi10$ 以内 5.62t

（8）人行道整形碾压

$$S_5 = 348.69 \times 5.5 + 348.69 \times 0.25 = 2004.97 \ (m^2)$$

（9）人行道块料铺设

$$S_6 = 348.69 \times 5.5 - 348.69 \times 0.12 - 1 \times 1 \times 52 = 1823.95 \ (m^2)$$

（10）花岗石侧石同侧石长度：348.69m

（11）树池砌筑：52 个

清单工程量见表 4-9。

表 4-9　第 4 章实例 10 清单工程量

项目编码	项目名称	项目特征描述	工程量合计	计量单位
040202001001	路床（槽）整形	部位:车行道	3769.86	m²
040202002001	块石	厚度:20cm	3682.69	m²
040202015001	水泥稳定碎（砾）石	1. 厚度:18cm 2. 水泥掺量:5%	3589.7	m²
040203007001	水泥混凝土	1. 混凝土抗折强度:4.0MPa 2. 厚度:20cm 3. 嵌缝材料:沥青木丝板嵌缝 4. 其他:路面刻防滑槽	3508.34	m²
040204001001	人行道整形碾压	部位:人行道	2004.97	m²
040204002001	人行道块料铺设	1. 块料品种、规格:6cm 厚彩色异型人行道板 2. 基础、垫层:2cm 厚 M7.5 水泥砂浆砌筑;10cm 厚 C15(40)混凝土垫层 3. 图形:无图形要求	1823.95	m²

（续）

项目编码	项目名称	项目特征描述	工程量合计	计量单位
040204004001	安砌侧(平、缘)石	1. 块料品种、规格:12cm×37cm×100cm 花岗石侧石 2. 基础、垫层:2cm 厚 1:2.5 水泥砂浆铺筑;10cm×10cm 尺寸的 C15(40)混凝土靠背	348.69	m
040204007001	树池砌筑	1. 材料品种、规格:10cm×20cm×100cm 花岗石 2. 树池规格:1m×1m 3. 树池盖面材料品种:无	52	个
040901001001	现浇构件钢筋	1. 钢筋种类:圆钢 2. 钢筋规格:φ10	5.62	t

实例 11 某干道人行道横道线的工程量计算

某干道交叉口如图 4-15 所示，人行道线宽 0.2m，长度均为 1.3m，试计算人行道线的工程量。

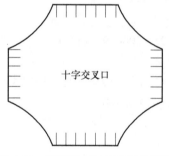

图 4-15 某干道交叉口平面示意图

【解】

人行道线工程量＝0.2×1.3×(2×7+2×6)

＝0.26×26

＝6.76（m²）

第5章 桥涵工程

5.1 桥涵工程清单工程量计算规则

1. 桩基

桩基工程量清单项目设置、项目特征描述的内容、计量单位及工程量计算规则，应按表 5-1 的规定执行。

表 5-1 桩基（编码：040301）

项目编码	项目名称	项目特征	计量单位	工程量计算规则	工程内容
040301001	预制钢筋混凝土方桩	1. 地层情况 2. 送桩深度、桩长 3. 桩截面 4. 桩倾斜度 5. 混凝土强度等级	1. m 2. m³ 3. 根	1. 以米计量，按设计图示尺寸以桩长（包括桩尖）计算 2. 以立方米计量，按设计图示桩长（包括桩尖）乘以桩的断面面积计算 3. 以根计量，按设计图示数量计算	1. 工作平台搭拆 2. 桩就位 3. 桩机移位 4. 沉桩 5. 接桩 6. 送桩
040301002	预制钢筋混凝土管桩	1. 地层情况 2. 送桩深度、桩长 3. 桩外径、壁厚 4. 桩倾斜度 5. 桩尖设置及类型 6. 混凝土强度等级 7. 填充材料种类			1. 工作平台搭拆 2. 桩就位 3. 桩机移位 4. 桩尖安装 5. 沉桩 6. 接桩 7. 送桩 8. 桩芯填充
040301003	钢管桩	1. 地层情况 2. 送桩深度、桩长 3. 材质 4. 管径、壁厚 5. 桩倾斜度 6. 填充材料种类 7. 防护材料种类	1. t 2. 根	1. 以吨计量，按设计图示尺寸以质量计算 2. 以根计量，按设计图示数量计算	1. 工作平台搭拆 2. 桩就位 3. 桩机移位 4. 沉桩 5. 接桩 6. 送桩 7. 切割钢管、精割盖帽 8. 管内取土、余土弃置 9. 管内填芯、刷防护材料

（续）

项目编码	项目名称	项目特征	计量单位	工程量计算规则	工程内容
040301004	泥浆护壁成孔灌注桩	1. 地层情况 2. 空桩长度、桩长 3. 桩径 4. 成孔方法 5. 混凝土种类、强度等级	1. m 2. m³ 3. 根	1. 以米计量，按设计图示尺寸以桩长(包括桩尖)计算 2. 以立方米计量，按不同截面在桩长范围内以体积计算 3. 以根计量，按设计图示数量计算	1. 工作平台搭拆 2. 桩机移位 3. 护筒埋设 4. 成孔、固壁 5. 混凝土制作、运输、灌注、养护 6. 土方、废浆外运 7. 打桩场地硬化及泥浆池、泥浆沟
040301005	沉管灌注桩	1. 地层情况 2. 空桩长度、桩长 3. 复打长度 4. 桩径 5. 沉管方法 6. 桩尖类型 7. 混凝土种类、强度等级		1. 以米计量，按设计图示尺寸以桩长(包括桩尖)计算 2. 以立方米计量，按设计图示桩长(包括桩尖)乘以桩的断面面积计算 3. 以根计量，按设计图示数量计算	1. 工作平台搭拆 2. 桩机移位 3. 打(沉)拔钢管 4. 桩尖安装 5. 混凝土制作、运输、灌注、养护
040301006	干作业成孔灌注桩	1. 地层情况 2. 空桩长度、桩长 3. 桩径 4. 扩孔直径、高度 5. 成孔方法 6. 混凝土种类、强度等级			1. 工作平台搭拆 2. 桩机移位 3. 成孔、扩孔 4. 混凝土制作、运输、灌注、振捣、养护
040301007	挖孔桩土(石)方	1. 土(石)类别 2. 挖孔深度 3. 弃土(石)运距	m³	按设计图示尺寸(含护壁)截面面积乘以挖孔深度以体积计算	1. 排地表水 2. 挖土、凿石 3. 基底钎探 4. 土(石)方外运
040301008	人工挖孔灌注桩	1. 桩芯长度 2. 桩芯直径、扩底直径、扩底高度 3. 护壁厚度、高度 4. 护壁材料种类、强度等级 5. 桩芯混凝土种类、强度等级	1. m³ 2. 根	1. 以立方米计量，按桩芯混凝土体积计算 2. 以根计量，按设计图示数量计算	1. 护壁制作、安装 2. 混凝土制作、运输、灌注、振捣、养护
040301009	钻孔压浆桩	1. 地层情况 2. 桩长 3. 钻孔直径 4. 骨料品种、规格 5. 水泥强度等级	1. m 2. 根	1. 以米计量，按设计图示尺寸以桩长计算 2. 以根计量，按设计图示数量计算	1. 钻孔、下注浆管、投放骨料 2. 浆液制作、运输、压浆

（续）

项目编码	项目名称	项目特征	计量单位	工程量计算规则	工程内容
040301010	灌注桩后注浆	1. 注浆导管材料、规格 2. 注浆导管长度 3. 单孔注浆量 4. 水泥强度等级	孔	按设计图示以注浆孔数计算	1. 注浆导管制作、安装 2. 浆液制作、运输、压浆
040301011	截桩头	1. 桩类型 2. 桩头截面、高度 3. 混凝土强度等级 4. 有无钢筋	1. m³ 2. 根	1. 以立方米计量，按设计桩截面面积乘以桩头长度以体积计算 2. 以根计量，按设计图示数量计算	1. 截桩头 2. 凿平 3. 废料外运
040301012	声测管	1. 材质 2. 规格型号	1. t 2. m	1. 按设计图示尺寸以质量计算 2. 按设计图示尺寸以长度计算	1. 检测管截断、封头 2. 套管制作、焊接 3. 定位、固定

注：1. 地层情况按表 3-2 和表 3-6 的规定，并根据岩土工程勘察报告按单位工程各地层所占比例（包括范围值）进行描述。对无法准确描述的地层情况，可注明由投标人根据岩土工程勘察报告自行决定报价。
2. 各类混凝土预制桩以成品桩考虑，应包括成品桩购置费，如果用现场预制，应包括现场预制桩的所有费用。
3. 项目特征中的桩截面、混凝土强度等级、桩类型等可直接用标准图代号或设计桩型进行描述。
4. 打试验桩和打斜桩应按相应项目编码单独列项，并应在项目特征中注明试验桩或斜桩（斜率）。
5. 项目特征中的桩长应包括桩尖，空桩长度＝孔深−桩长，孔深为自然地面至设计桩底的深度。
6. 泥浆护壁成孔灌注桩是指在泥浆护壁条件下成孔，采用水下灌注混凝土的桩。其成孔方法包括冲击钻成孔、冲抓锥成孔、回旋钻成孔、潜水钻成孔、泥浆护壁的旋挖成孔等。
7. 沉管灌注桩的沉管方法包括锤击沉管法、振动沉管法、振动冲击沉管法、内夯沉管法等。
8. 干作业成孔灌注桩是指不用泥浆护壁和套管护壁的情况下，用钻机成孔后，下钢筋笼，灌注混凝土的桩，适用于地下水位以上的土层使用。其成孔方法包括螺旋钻成孔、螺旋钻成孔扩底、干作业的旋挖成孔等。
9. 混凝土灌注桩的钢筋笼制作、安装，按"钢筋工程"中相关项目编码列项。
10. 本表工作内容未含桩基础的承载力检测、桩身完整性检测。

2. 基坑和边坡支护

基坑与边坡支护工程量清单项目设置、项目特征描述的内容、计量单位及工程量计算规则，应按表 5-2 的规定执行。

表 5-2 基坑与边坡支护（编码：040302）

项目编码	项目名称	项目特征	计量单位	工程量计算规则	工程内容
040302001	圆木桩	1. 地层情况 2. 桩长 3. 材质 4. 尾径 5. 桩倾斜度	1. m 2. 根	1. 以米计量，按设计图示尺寸以桩长（包括桩尖）计算 2. 以根计量，按设计图示数量计算	1. 工作平台搭拆 2. 桩机移位 3. 桩制作、运输、就位 4. 桩靴安装 5. 沉桩
040302002	预制钢筋混凝土板桩	1. 地层情况 2. 送桩深度、桩长 3. 桩截面 4. 混凝土强度等级	1. m³ 2. 根	1. 以立方米计量，按设计图示桩长（包括桩尖）乘以桩的断面面积计算 2. 以根计量，按设计图示数量计算	1. 工作平台搭拆 2. 桩就位 3. 桩机移位 4. 沉桩 5. 接桩 6. 送桩

（续）

项目编码	项目名称	项目特征	计量单位	工程量计算规则	工程内容
040302003	地下连续墙	1. 地层情况 2. 导墙类型、截面 3. 墙体厚度 4. 成槽深度 5. 混凝土种类、强度等级 6. 接头形式	m³	按设计图示墙中心线长乘以厚度乘以槽深，以体积计算	1. 导墙挖填、制作、安装、拆除 2. 挖土成槽、固壁、清底置换 3. 混凝土制作、运输、灌注、养护 4. 接头处理 5. 土方、废浆外运 6. 打桩场地硬化及泥浆池、泥浆沟
040302004	咬合灌注桩	1. 地层情况 2. 桩长 3. 桩径 4. 混凝土种类、强度等级 5. 部位	1. m 2. 根	1. 以米计量，按设计图示尺寸以桩长计算 2. 以根计量，按设计图示数量计算	1. 桩机移位 2. 成孔、固壁 3. 混凝土制作、运输、灌注、养护 4. 套管压拔 5. 土方、废浆外运 6. 打桩场地硬化及泥浆池、泥浆沟
040302005	型钢水泥土搅拌墙	1. 深度 2. 桩径 3. 水泥掺量 4. 型钢材质、规格 5. 是否拔出	m³	按设计图示尺寸以体积计算	1. 钻机移位 2. 钻进 3. 浆液制作、运输、压浆 4. 搅拌、成桩 5. 型钢插拔 6. 土方、废浆外运
040302006	锚杆（索）	1. 地层情况 2. 锚杆（索）类型、部位 3. 钻孔直径、深度 4. 杆体材料品种、规格、数量 5. 是否预应力 6. 浆液种类、强度等级	1. m 2. 根	1. 以米计量，按设计图示尺寸以钻孔深度计算 2. 以根计量，按设计图示数量计算	1. 钻孔、浆液制作、运输、压浆 2. 锚杆（索）制作、安装 3. 张拉锚固 4. 锚杆（索）施工平台搭设、拆除
040302007	土钉	1. 地层情况 2. 钻孔直径、深度 3. 置入方法 4. 杆体材料品种、规格、数量 5. 浆液种类、强度等级			1. 钻孔、浆液制作、运输、压浆 2. 土钉制作、安装 3. 土钉施工平台搭设、拆除
040302008	喷射混凝土	1. 部位 2. 厚度 3. 材料种类 4. 混凝土类别、强度等级	m²	按设计图示尺寸以面积计算	1. 修整边坡 2. 混凝土制作、运输、喷射、养护 3. 钻排水孔、安装排水管 4. 喷射施工平台搭设、拆除

注：1. 地层情况按表3-2和表3-7的规定，并根据岩土工程勘察报告按单位工程各地层所占比例（包括范围值）进行描述。对无法准确描述的地层情况，可注明由投标人根据岩土工程勘察报告自行决定报价。

2. 地下连续墙和喷射混凝土的钢筋网制作、安装，按"钢筋工程"中相关项目编码列项。基坑与边坡支护的排桩按"桩基"中相关项目编码列项。水泥土墙、坑内加固按"道路工程"中"路基工程"相关项目编码列项。混凝土挡土墙、桩顶冠梁、支撑体系按"隧道工程"中相关项目编码列项。

3. 现浇混凝土构件

现浇混凝土构件工程量清单项目设置、项目特征描述的内容、计量单位及工程量计算规则，应按表5-3的规定执行。

表 5-3 现浇混凝土构件（编码：040303）

项目编码	项目名称	项目特征	计量单位	工程量计算规则	工程内容
040303001	混凝土垫层	混凝土强度等级	m^3	按设计图示尺寸以体积计算	1. 模板制作、安装、拆除 2. 混凝土拌和、运输、浇筑 3. 养护
040303002	混凝土基础	1. 混凝土强度等级 2. 嵌料（毛石）比例			
040303003	混凝土承台	混凝土强度等级			
040303004	混凝土墩（台）帽	1. 部位 2. 混凝土强度等级			
040303005	混凝土墩（台）身				
040303006	混凝土支承梁及横梁	1. 部位 2. 混凝土强度等级			
040303007	混凝土墩（台）盖梁				
040303008	混凝土拱桥拱座	混凝土强度等级			
040303009	混凝土拱桥拱肋				
040303010	混凝土拱上构件	1. 部位 2. 混凝土强度等级			
040303011	混凝土箱梁				
040303012	混凝土连续板	1. 部位 2. 结构形式 3. 混凝土强度等级			
040303013	混凝土板梁				
040303014	混凝土板拱	1. 部位 2. 混凝土强度等级			
040303015	混凝土挡土墙墙身	1. 混凝土强度等级 2. 泄水孔材料品种、规格 3. 滤水层要求 4. 沉降缝要求			1. 模板制作、安装、拆除 2. 混凝土拌和、运输、浇筑 3. 养护 4. 抹灰 5. 泄水孔制作、安装 6. 滤水层铺筑 7. 沉降缝
040303016	混凝土挡土墙压顶	1. 混凝土强度等级 2. 沉降缝要求			
040303017	混凝土楼梯	1. 结构形式 2. 底板厚度 3. 混凝土强度等级	1. m^2 2. m^3	1. 以平方米计量，按设计图示尺寸以水平投影面积计算 2. 以立方米计量，按设计图示尺寸以体积计算	1. 模板制作、安装、拆除 2. 混凝土拌和、运输、浇筑 3. 养护
040303018	混凝土防撞护栏	1. 断面 2. 混凝土强度等级	m	按设计图示尺寸以长度计算	

（续）

项目编码	项目名称	项目特征	计量单位	工程量计算规则	工程内容
040303019	桥面铺装	1. 混凝土强度等级 2. 沥青品种 3. 沥青混凝土种类 4. 厚度 5. 配合比	m²	按设计图示尺寸以面积计算	1. 模板制作、安装、拆除 2. 混凝土拌和、运输、浇筑 3. 养护 4. 沥青混凝土铺装 5. 碾压
040303020	混凝土桥头搭板	混凝土强度等级	m³	按设计图示尺寸以体积计算	1. 模板制作、安装、拆除 2. 混凝土拌和、运输、浇筑 3. 养护
040303021	混凝土搭板枕梁				
040303022	混凝土桥塔身	1. 形状 2. 混凝土强度等级			
040303023	混凝土连系梁				
040303024	混凝土其他构件	1. 名称、部位 2. 混凝土强度等级			
040303025	钢管拱混凝土	混凝土强度等级			混凝土拌和、运输、压注

注：台帽、台盖梁均应包括耳墙、背墙。

4. 预制混凝土构件

预制混凝土构件工程量清单项目设置、项目特征描述的内容、计量单位及工程量计算规则，应按表5-4的规定执行。

表5-4 预制混凝土构件（编码：040304）

项目编码	项目名称	项目特征	计量单位	工程量计算规则	工程内容
040304001	预制混凝土梁	1. 部位 2. 图集、图纸名称 3. 构件代号、名称 4. 混凝土强度等级 5. 砂浆强度等级	m³	按设计图示尺寸以体积计算	1. 模板制作、安装、拆除 2. 混凝土拌和、运输、浇筑 3. 养护 4. 构件安装 5. 接头灌缝 6. 砂浆制作 7. 运输
040304002	预制混凝土柱				
040304003	预制混凝土板				
040304004	预制混凝土挡土墙墙身	1. 图集、图纸名称 2. 构件代号、名称 3. 结构形式 4. 混凝土强度等级 5. 泄水孔材料种类、规格 6. 滤水层要求 7. 砂浆强度等级			1. 模板制作、安装、拆除 2. 混凝土拌和、运输、浇筑 3. 养护 4. 构件安装 5. 接头灌缝 6. 泄水孔制作、安装 7. 滤水层铺设 8. 砂浆制作 9. 运输
040304005	预制混凝土其他构件	1. 部位 2. 图集、图纸名称 3. 构件代号、名称 4. 混凝土强度等级 5. 砂浆强度等级			1. 模板制作、安装、拆除 2. 混凝土拌和、运输、浇筑 3. 养护 4. 构件安装 5. 接头灌浆 6. 砂浆制作 7. 运输

5. 砌筑

砌筑工程量清单项目设置、项目特征描述的内容、计量单位及工程量计算规则，应按表 5-5 的规定执行。

表 5-5　砌筑（编码：040305）

项目编码	项目名称	项目特征	计量单位	工程量计算规则	工程内容
040305001	垫层	1. 材料品种、规格 2. 厚度	m³	按设计图示尺寸以体积计算	垫层铺筑
040305002	干砌块料	1. 部位 2. 材料品种、规格 3. 泄水孔材料品种、规格 4. 滤水层要求 5. 沉降缝要求			1. 砌筑 2. 砌体勾缝 3. 砌体抹面 4. 泄水孔制作、安装 5. 滤层铺设 6. 沉降缝
040305003	浆砌块料	1. 部位 2. 材料品种、规格 3. 砂浆强度等级 4. 泄水孔材料品种、规格 5. 滤水层要求 6. 沉降缝要求			
040305004	砖砌体				
040305005	护坡	1. 材料品种 2. 结构形式 3. 厚度 4. 砂浆强度等级	m²	按设计图示尺寸以面积计算	1. 修整边坡 2. 砌筑 3. 砌体勾缝 4. 砌体抹面

注：1. 干砌块料、浆砌块料和砖砌体应根据工程部位不同，分别设置清单编码。
　　2. 本表清单项目中"垫层"指碎石、块石等非混凝土类垫层。

6. 立交箱涵

立交箱涵工程量清单项目设置、项目特征描述的内容、计量单位及工程量计算规则，应按表 5-6 的规定执行。

表 5-6　立交箱涵（编码：040306）

项目编码	项目名称	项目特征	计量单位	工程量计算规则	工程内容
040306001	透水管	1. 材料品种、规格 2. 管道基础形式	m	按设计图示尺寸以长度计算	1. 基础铺筑 2. 管道铺设、安装
040306002	滑板	1. 混凝土强度等级 2. 石蜡层要求 3. 塑料薄膜品种、规格	m³	按设计图示尺寸以体积计算	1. 模板制作、安装、拆除 2. 混凝土拌和、运输、浇筑 3. 养护 4. 涂石蜡层 5. 铺塑料薄膜
040306003	箱涵底板	1. 混凝土强度等级 2. 混凝土抗渗要求 3. 防水层工艺要求			1. 模板制作、安装、拆除 2. 混凝土拌和、运输、浇筑 3. 养护 4. 防水层铺涂
040306004	箱涵侧墙				1. 模板制作、安装、拆除 2. 混凝土拌和、运输、浇筑 3. 养护 4. 防水砂浆 5. 防水层铺涂
040306005	箱涵顶板				

（续）

项目编码	项目名称	项目特征	计量单位	工程量计算规则	工程内容
040306006	箱涵顶进	1. 断面 2. 长度 3. 弃土运距	kt·m	按设计图示尺寸以被顶箱涵的质量，乘以箱涵的位移距离分节累计计算	1. 顶进设备安装、拆除 2. 气垫安装、拆除 3. 气垫使用 4. 钢刃角制作、安装、拆除 5. 挖土实顶 6. 土方场内外运输 7. 中继间安装、拆除
040306007	箱涵接缝	1. 材质 2. 工艺要求	m	按设计图示止水带长度计算	接缝

注：除箱涵顶进土方外，顶进工作坑等土方应按"土石方工程"中相关项目编码列项。

7. 钢结构

钢结构工程量清单项目设置、项目特征描述的内容、计量单位及工程量计算规则，应按表 5-7 的规定执行。

表 5-7　钢结构（编码：040307）

项目编码	项目名称	项目特征	计量单位	工程量计算规则	工程内容
040307001	钢箱梁	1. 材料品种、规格 2. 部位 3. 探伤要求 4. 防火要求 5. 补刷油漆品种、色彩、工艺要求	t	按设计图示尺寸以质量计算。不扣除孔眼的质量，焊条、铆钉、螺栓等不另增加质量	1. 拼装 2. 安装 3. 探伤 4. 涂刷防火涂料 5. 补刷油漆
040307002	钢板梁				
040307003	钢桁梁				
040307004	钢拱				
040307005	劲性钢结构				
040307006	钢结构叠合梁				
040307007	其他钢构件				
040307008	悬（斜拉）索	1. 材料品种、规格 2. 直径 3. 抗拉强度 4. 防护方式		按设计图示尺寸以质量计算	1. 拉索安装 2. 张拉、索力调整、锚固 3. 防护壳制作、安装
040307009	钢拉杆				1. 连接、紧锁件安装 2. 钢拉杆安装 3. 钢拉杆防腐 4. 钢拉杆防护壳制作、安装

8. 装饰

装饰工程量清单项目设置、项目特征描述的内容、计量单位及工程量计算规则，应按表 5-8 的规定执行。

表5-8 装饰（编码：040308）

项目编码	项目名称	项目特征	计量单位	工程量计算规则	工程内容
040308001	水泥砂浆抹面	1. 砂浆配合比 2. 部位 3. 厚度	m²	按设计图示尺寸以面积计算	1. 基层清理 2. 砂浆抹面
040308002	剁斧石饰面	1. 材料 2. 部位 3. 形式 4. 厚度			1. 基层清理 2. 饰面
040308003	镶贴面层	1. 材质 2. 规格 3. 厚度 4. 部位			1. 基层清理 2. 镶贴面层 3. 勾缝
040308004	涂料	1. 材料品种 2. 部位			1. 基层清理 2. 涂料涂刷
040308005	油漆	1. 材料品种 2. 部位 3. 工艺要求			1. 除锈 2. 刷油漆

注：如遇本清单项目缺项时，可按现行国家标准《房屋建筑与装饰工程工程量计算规范》（GB 50854—2013）中相关项目编码列项。

9. 其他

其他工程量清单项目设置、项目特征描述的内容、计量单位及工程量计算规则，应按表5-9的规定执行。

表5-9 其他（编码：040309）

项目编码	项目名称	项目特征	计量单位	工程量计算规则	工程内容
040309001	金属栏杆	1. 栏杆材质、规格 2. 油漆品种、工艺要求	1. t 2. m	1. 按设计图示尺寸以质量计算 2. 按设计图示尺寸以延长米计算	1. 制作、运输、安装 2. 除锈、刷油漆
040309002	石质栏杆	材料品种、规格	m	按设计图示尺寸以长度计算	制作、运输、安装
040309003	混凝土栏杆	1. 混凝土强度等级 2. 规格尺寸			
040309004	橡胶支座	1. 材质 2. 规格、型号 3. 形式	个	按设计图示数量计算	支座安装
040309005	钢支座	1. 规格、型号 2. 形式			
040309006	盆式支座	1. 材质 2. 承载力			
040309007	桥梁伸缩装置	1. 材料品种 2. 规格、型号 3. 混凝土种类 4. 混凝土强度等级	m	以米计量，按设计图示尺寸以延长米计算	1. 制作、安装 2. 混凝土拌和、运输、浇筑

（续）

项目编码	项目名称	项目特征	计量单位	工程量计算规则	工程内容
040309008	隔声屏障	1. 材料品种 2. 结构形式 3. 油漆品种、工艺要求	m²	按设计图示尺寸以面积计算	1. 制作、安装 2. 除锈、刷油漆
040309009	桥面排（泄）水管	1. 材料品种 2. 管径	m	按设计图示以长度计算	进水口、排（泄）水管制作、安装
040309010	防水层	1. 部位 2. 材料品种、规格 3. 工艺要求	m²	按设计图示尺寸以面积计算	防水层铺涂

注：支座垫石混凝土按"现浇混凝土构件"中"混凝土基础"项目编码列项。

10. 相关问题及说明

（1）清单项目各类预制桩均按成品构件编制，购置费用应计入综合单价中，如采用现场预制，包括预制构件制作的所有费用。

（2）当以体积为计量单位计算混凝土工程量时，不扣除构件内钢筋、螺栓、预埋件、张拉孔道和单个面积≤0.3m² 的孔洞所占体积，但应扣除型钢混凝土构件中型钢所占体积。

（3）桩基础上工作平台搭拆工作内容包括在相应的清单项目中，若为水上工作平台搭拆，应按"措施项目"相关项目单独编码列项。

5.2 桥涵工程定额工程量计算规则

1. 桥涵工程定额一般规定

（1）《市政工程消耗量》（ZYA 1—31—2021）第三册《桥涵工程》，包括桩基、基坑与边坡支护、现浇混凝土构件、预制混凝土构件、砌筑、立交箱涵、钢结构和其他，共八章。

（2）桥涵工程适用于全国城乡范围内新建、改建和扩建的桥梁工程，单跨5m以内的各种板涵、拱涵、立交箱涵工程（圆管涵执行《市政工程消耗量》（ZYA 1—31—2021）第五册《市政管网工程》相关项目，其中管道铺设及基础项目人工、机械乘以系数1.25）。

（3）桥涵工程预制混凝土构件中预制均为现场预制，不适用于商品构配件厂所生产的构配件，采用商品构配件编制造价时，按构配件到达工地的价格计算。

（4）桥涵工程中混凝土均采用预拌混凝土，预拌混凝土是指在混凝土厂集中搅拌，用混凝土罐车运输到施工现场并入模的混凝土。现浇混凝土项目中不含混凝土输送和泵管安拆使用。

（5）桥涵工程中提升高度按原地面标高至梁底标高8m为界，若超过8m，超过部分可另行计算超高费。

1）现浇混凝土项目按提升高度不同将全桥划分为若干段，以超高段承台顶面以上混凝土（不含泵送混凝土）、模板的工程量，按表5-10调整相应项目中人工、起重机械台班的消耗量，分段计算。

表 5-10　消耗量系数

项目	现浇混凝土、陆上安装梁	
	人工	起重机械
提升高度 H/m	消耗量系数	消耗量系数
$H \leqslant 15$	1.10	1.25
$H \leqslant 22$	1.25	1.60
$H > 22$	1.50	2.00

2）陆上安装梁按表 5-10 调整相应项目中的人工及起重机械台班的消耗量，分段计算。

（6）桥涵工程中河道水深取定为 3m，若水深超过 3m 时，超过部分增加费用由各地区、部门自行制定调整办法。

2. 桩基

（1）定额说明

1）桩基内容包括搭拆桩基础工作平台，组装拆卸船排，组装拆卸柴油打桩机，钢筋混凝土方桩，钢筋混凝土管桩，钢筋混凝土板桩，钢管桩，接桩、截（凿）桩头，埋设钢护筒，旋挖钻机钻孔，回旋钻机钻孔，冲击式钻机钻孔，卷扬机带冲抓锥冲孔，沉管灌注混凝土桩，泥浆池及泥浆制作、泥浆处理，灌注桩混凝土，注浆管埋设及灌注桩后注浆，静钻根植桩，声测管等项目。

2）桩基适用于陆地上桩基工程，所列打桩机械的规格、型号按常规施工工艺和方法综合取定，施工场地的土质级别也进行了综合取定。

3）桩基施工前场地平整、压实地表、地下障碍处理等，消耗量均未考虑，发生时另行计算。

4）探桩位已综合考虑在各类桩基消耗量内，不另行计算。

5）组装、拆卸船排项目未包括压舱费用。压舱材料取定为大石块，并按船排总吨位的30%计取（包括装、卸在内 150m 的二次运输费）。

6）打桩工作平台根据相应的打桩项目打桩机的锤重进行选择。钻孔灌注桩工作平台按孔径小于或等于 1000mm 套用锤重小于或等于 2500kg 打桩工作平台，大于 1000mm 套用锤重小于或等于 5000kg 打桩工作平台。

7）搭拆水上工作平台项目已综合考虑了组装、拆卸船排及组装、拆卸打拔桩机工作内容，不得重复计算。

8）单位工程的桩基工程量少于表 5-11 对应数量时，相应项目人工、机械乘以系数1.25。灌注桩单位工程的桩基工程量指灌注混凝土量。

表 5-11　单位工程的桩基工程量

项目	单位工程的工程量	项目	单位工程的工程量
预制钢筋混凝土方桩	200m³	回旋、旋挖成孔灌注桩	150m³
预应力钢筋混凝土管桩	1000m	冲击、冲抓、沉管成孔灌注桩	100m³
预制钢筋混凝土板桩	100m³	钢管桩	50t

9）预制桩。

① 单独打试桩、锚桩，按相应项目的打桩人工及机械乘以系数 1.50。

② 预制桩工程按陆地打垂直桩编制。设计要求打斜桩时，斜度小于或等于 1：6 时，相应项目人工、机械乘以系数 1.25；斜度大于 1：6 时，相应项目人工、机械乘以系数 1.43。

③ 预制桩工程以平地（坡度≤15°）打桩为准，坡度>15°打桩时，按相应项目人工、机械乘以系数 1.15。如在基坑内（基坑深度>1.5m，基坑面积≤500m²）打桩或在地坪上打坑槽内（坑槽深度>1m）桩时，按相应项目人工、机械乘以系数 1.11。

④ 在桩间补桩或在强夯后的地基上打桩时，相应项目人工、机械乘以系数 1.15。

⑤ 预制桩工程，如遇送桩时，可按打桩相应项目人工、机械乘以表 5-12 中的系数。

表 5-12　送桩深度系数

送桩深度/m	系数
≤2	1.25
≤4	1.43
>4	1.67

⑥ 打、压预制钢筋混凝土桩、预应力钢筋混凝土管桩，消耗量按购入成品构件考虑，已包含桩位半径在 15m 范围内的移动、起吊、就位；超过 15m 时的场内运输，按《市政工程消耗量》（ZYA 1—31—2021）第三册《桥涵工程》"第四章预制混凝土构件 七、构件运输" 1km 以内的相应项目计算。

⑦ 桩基内未包括预应力钢筋混凝土管桩钢桩尖制作、安装项目，实际发生时按《市政工程消耗量》（ZYA 1—31—2021）第九册《钢筋工程》中的预埋件项目执行。

⑧ 预应力钢筋混凝土管桩，如设计要求加注填充材料时，填充部分另按钢管桩填芯相应项目执行。

10）静钻根植桩消耗量未包括管桩填芯、渣土层泥浆外运等内容，管桩填芯可套用钢管桩填芯相应子目；成孔消耗量按砂土层编制，如果设计要求穿越碎、卵石层时，按成孔消耗量子目人工、机械乘以系数 1.50；注浆消耗量已考虑充盈系数和材料损耗，一般不予调整。桩端水灰比采用 0.6：1，桩周水灰比采用 1：1，实际配合比不同时可调整消耗量。消耗量中未包括注浆管，可套用相应子目另行计算。

11）沉管混凝土灌注桩。

① 在原位打扩大桩时，人工乘以系数 0.85，机具乘以系数 0.50。

② 沉管混凝土灌注桩至地面部分（包括地下室）采用砂石代替混凝土时，材料可按实计算。

③ 在支架上打桩，人工、机具乘以系数 1.25。

④ 活页桩尖铁件摊销按每 m³ 混凝土 1.5kg 计算。

12）打桩机械场外运输费可另行计算。

13）桩基项目钻孔的土质分类按现行国家标准《岩土勘察规范（2009 年版）》（GB 50021—2001）和《工程岩体分级标准》（GB/T 50218—2014）划分。

14）成孔项目按孔径、深度和土质划分项目，若超过定额使用范围时，应另行计算。

15）桩钢护筒的工程量按护筒的设计质量计算。设计质量为加工后的成品质量，包括加劲肋及连接件质量等全部钢材质量。当设计未能提供质量时，可参考表 5-13 进行计算，桩径不同时可按内插法计算。

表 5-13　桩钢护筒的设计质量

桩径/mm	800	1000	1200	1500	2000
每 m 护筒质量/(kg/m)	155.06	184.87	285.93	345.09	554.60

16）旋挖桩、回旋桩、冲击桩、冲抓桩等子目已包含成孔前用于定位及防塌孔的 2m 钢护筒埋设及拆除，如设计另有明确钢护筒高度时，只计算超出 2m 的部分。超出部分套用"钢护筒埋设、拆除"子目。当遇到不利地质条件（如流砂、溶洞等）需要埋设钢护筒并无法拆除时，套用"钢护筒埋设不拆除"子目。钢护筒子目适用于采用泥浆护壁施工法的钻孔灌注桩。

17）旋挖桩、回旋桩、冲击桩、冲抓桩等灌注桩按泥浆护壁作业成孔考虑，如采用干作业成孔工艺时，则扣除项目材料中的黏土、水和机械中的泥浆泵。

18）灌注桩混凝土均按水下混凝土导管倾注考虑，采用非水下混凝土时混凝土材料可抽换。项目已包括设备（如导管等）摊销，混凝土用量中均已包括了充盈系数和材料损耗（表 5-14），由各地区、部门自行制定充盈系数调整办法。

表 5-14　灌注桩充盈系数和材料损耗率

项目名称	充盈系数	材料损耗率（%）
回旋（旋挖）钻孔	1.20	1
冲击钻孔	1.25	1
冲抓钻孔	1.30	1

19）泥浆制作按普通泥浆考虑，若需采用膨润土，由各地区、部门自行制定调整办法。

20）泥浆运输按即挖即运考虑。桩施工产生的渣土和经过固化后的泥浆按一般土方运输考虑计算，其中泥浆固化后的外运工程量按固化前泥浆工程量的 40% 计算。

（2）工程量计算规则

1）搭拆打桩工作平台面积计算（图 5-1）。

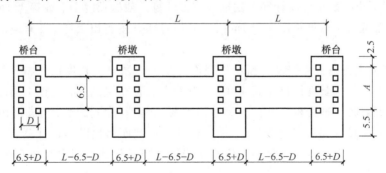

图 5-1　工作平台面积计算示意图（单位：m）

① 桥梁打桩：　　　　$F = N_1 F_1 + N_2 F_2$

每座桥台（桥墩）：　$F_1 = (5.5 + A + 2.5) \times (6.5 + D)$

每条通道：　　　　　$F_2 = 6.5 \times [L - (6.5 + D)]$

② 钻孔灌注桩：　　　$F = N_1 F_1 + N_2 F_2$

每座桥台（桥墩）： $F_1 = (A+6.5) \times (6.5+D)$

每条通道： $F_2 = 6.5 \times [L-(6.5+D)]$

式中 F——工作平台总面积；

      F_1——每座桥台（桥墩）工作平台面积；

      F_2——桥台至桥墩间或桥墩至桥墩间通道工作平台面积；

      N_1——桥台和桥墩总数量；

      N_2——通道总数量；

      D——两排桩之间距离（m）；

      L——桥梁跨径或护岸的第一根桩中心至最后一根桩中心之间的距离（m）；

      A——桥台（桥墩）每排桩的第一根桩中心至最后一根桩中心之间的距离（m）。

2）预制桩。

① 预制钢筋混凝土桩：打、压预制钢筋混凝土桩按设计桩长（包括桩尖）乘以桩截面面积以体积计算。

② 预应力钢筋混凝土管桩：

a. 打、压预应力钢筋混凝土管桩按设计桩长（不包括桩尖）以长度计算。

b. 预应力钢筋混凝土管桩钢桩尖按设计图示尺寸以质量计算。

c. 桩头灌芯按设计尺寸以灌注体积计算。

③ 钢管桩：

a. 钢管桩按设计要求的桩体质量计算。

b. 钢管桩内切割、精割盖帽按设计要求的数量计算。

c. 钢管桩管内钻孔取土、填芯，按设计桩长（包括桩尖）乘以填芯截面面积以体积计算。

④ 打桩工程的送桩均按设计桩顶标高至打桩前的自然地坪标高另加0.5m计算相应的送桩工程量。

⑤ 预制混凝土桩、钢管桩电焊接桩，按设计要求接桩头的数量计算。

⑥ 预制混凝土桩截桩按设计要求截桩的数量计算。截桩长度小于或等于1m时，不扣减相应桩的打桩工程量；截桩长度大于1m时，其超过部分按实扣减打桩工程量，但桩体的价格不扣除。

⑦ 预制混凝土桩凿桩头按设计图示桩截面面积乘以凿桩头长度以体积计算。凿桩头长度设计无规定时，桩头长度按桩体高40d（d为桩体主筋直径，主筋直径不同时取大者）计算；旋挖桩、回旋桩、冲击桩、冲抓桩等灌注混凝土桩凿桩头按设计超灌高度（设计有规定时按设计要求，设计无规定时按1m）乘以桩身设计截面面积以体积计算；沉管灌注混凝土桩凿桩头按设计超灌高度（设计有规定时按设计要求，设计无规定时按0.5m）乘以桩身设计截面面积以体积计算。

⑧ 桩头钢筋整理，按所整理的桩的数量计算。

3）灌注桩。

① 旋挖钻机钻孔、回旋钻机钻孔、冲击式钻机钻孔、卷扬机带冲抓锥冲孔的成孔工程量按设计入土深度乘以桩截面面积以体积计算。项目的孔深指原地面（水上指工作平台顶面）至设计桩底的深度。

② 旋挖桩、回旋桩、冲击桩、冲抓桩灌注混凝土工程量按设计桩径截面面积乘以设计桩长（包括桩尖）另加加灌长度以体积计算。回旋桩、旋挖桩、冲击桩、冲抓桩加灌长度，设计有规定者，按设计要求计算；无规定者，按 1m 计算。

③ 沉管灌注混凝土桩、夯扩桩按钢管外径截面面积乘以设计桩长（不包括预制桩尖）另加加灌长度以体积计算。加灌长度，设计有规定者，按设计要求计算；设计无规定者，按 0.5m 计算。

④ 泥浆制作工程量由各地区、部门自行制定调整办法。

⑤ 泥浆池建造和拆除、泥浆运输工程量，按成孔工程量以体积计算。

⑥ 泥浆固化按实际需要固化处理的泥浆工程量以体积计算。

⑦ 人工挖孔工程量按护壁外缘包围的面积乘以深度计算，现浇混凝土护壁和灌注桩混凝土按设计图示尺寸以体积计算。

⑧ 灌注桩后注浆工程量计算按设计注浆量计算，注浆管管材费用另计，但利用声测管注浆时不得重复计算。

⑨ 声测管工程量按设计数量计算。

4）静钻根植桩。

① 成孔工程量按成孔深度乘以成孔截面面积以体积计算；成孔深度为原地面至设计桩底的长度，设计桩径是指预应力混凝土竹节桩外径，成孔直径为设计桩径加 10cm。设计扩底高度和设计扩底直径按设计图计算。

$$成孔工程量 = \frac{1}{4}\pi\big[（成孔深度-扩底高度）×（设计桩径+0.1）^2 +$$

$$扩底高度×（扩底直径）^2\big]$$

② 注浆工程量由扩底以上部分（桩周）和扩底部分（桩端）组成，其中：

$$扩底以上部分（桩周）工程量 = \frac{1}{4}\pi（设计桩长-扩底高度）×（设计桩径+0.1）^2×0.3$$

$$扩底部分（桩端）工程量 = \frac{1}{4}\pi 扩底高度×（扩底直径）^2$$

③ 植桩工程量按设计桩长计算。

④ 送桩工程量按设计桩顶标高至原地面标高另加 0.5m，以长度计算。

5）台与墩或墩与墩之间不能连续施工时（如不能断航、断交通或拆迁工作不能配合），每个墩、台可计一次组装、拆卸柴油打桩架及设备运输费。

6）组装拆卸船排的工程量按两艘船只拼搭、捆绑，按次数计算。

3. 基坑与边坡支护

（1）定额说明

1）基坑与边坡支护包括地下连续墙、咬合灌注桩、型钢水泥土搅拌墙、锚杆（索）、土钉、喷射混凝土、骨架护坡（格构护坡）等项目。

2）基坑与边坡支护适用于黏土、砂土及冲填土等软土层土质情况下桥涵工程的基坑与边坡支护项目，遇其他较硬地层时执行相应项目。

3）地下连续墙成槽的护壁泥浆是按普通泥浆编制的，若需要重晶石泥浆时，可自行调整。

4）除冲击式挖土成槽子目外，地下连续墙项目未包括泥浆池的制作、拆除，发生时根据施工组织设计套用"泥浆池建造和拆除"子目。泥浆使用后的废浆运弃，其费用套用"泥浆运输"子目。

5）咬合灌注桩、型钢水泥土搅拌墙导墙执行地下连续墙导墙相应项目。

6）渠式切割深层搅拌地下水泥土连续墙（TRD）施工产生的涌土、浮浆的清除外运，按成桩工程量乘以系数0.25计算，执行《市政工程消耗量》（ZYA 1—31—2021）第一册《土石方工程》"土方外运"子目。渠式切割深层搅拌地下水泥土连续墙（TRD）墙顶凿除执行凿除灌注桩子目乘以系数0.10。

7）砂浆土钉项目钢筋按ϕ10以外编制，材料品种、规格不同时允许换算。土钉采用工程地质液压钻机钻孔置入法施工时，执行锚杆相应项目。

（2）工程量计算规则

1）地下连续墙成槽土方量及浇筑混凝土工程量按连续墙设计截面面积（设计长度乘以宽度）乘以槽深（设计槽深加超深0.5m）以体积计算；锁口管、接头箱吊拔及清底置换按设计图示连续墙的单元以"段"为单位，其中清底置换按连续墙设计段数计算，锁口管、接头箱吊拔按连续墙段数加1段计算。入岩增加费工程量按实际入岩深度以体积计算。连续墙型钢封口制作、安装按设计图尺寸以质量计算。

2）咬合灌注桩按设计图示单桩尺寸以体积计算。

3）水泥土搅拌墙按设计截面面积乘以设计长度以体积计算，加灌高度，设计有规定时，按设计规定计算；设计无规定时，按0.5m计算；若设计墙顶标高至原地面高差小于0.5m时，加灌高度按实际计算。搅拌桩成孔中重复套钻工程量已在项目考虑，不另行计算。

4）渠式切割深层搅拌地下水泥土连续墙（TRD）工程量按成槽设计长度乘以墙厚及成槽深度另加加灌高度以体积计算。加灌高度，设计有规定时，按设计规定计算；设计无规定时，按0.5m计算；若设计墙顶标高至原地面高差小于0.5m时，加灌高度按实际计算。

5）锚杆（索）的钻孔、压浆按设计图示长度计算，制作、安装按照设计图示主材（钢筋或钢绞线）质量计算，不包括附件质量；砂浆土钉、钢管护坡土钉按照设计图示长度计算；喷射混凝土按设计图示尺寸以面积计算，挂网按设计用钢量计算。

6）骨架护坡按设计图示尺寸以体积计算，模板工程量按模板接触混凝土的面积计算。

4. 现浇混凝土构件

（1）定额说明

1）现浇混凝土构件包括垫层，混凝土基础，混凝土承台，混凝土墩（台）帽，混凝土墩（台）身，混凝土支承梁及横梁，混凝土墩（台）盖梁，混凝土拱桥，混凝土梁，混凝土板，混凝土挡墙，混凝土小型构件，桥面铺装，混凝土桥头搭板，钢管拱肋混凝土，桥涵支架，挂篮制作、安拆、推移，混凝土输送及泵管安拆使用，复合模板及定型钢模，高架桥异型钢模板等项目。

2）现浇混凝土构件适用于桥涵工程现浇各种混凝土构筑物。

3）现浇混凝土构件项目均未包括预埋件，如设计要求预埋件时，执行其他分册相关项目。

4）现浇混凝土构件项目毛石混凝土的块石含量为15%，如与设计不同时可以换算，但人工、机械不做调整。

5）承台分有底模及无底模两种，应按不同的施工方法执行现浇混凝土构件相应项目。

6）项目混凝土按常用强度等级列出，如设计要求不同时可以换算。

7）钢纤维混凝土中的钢纤维含量，如设计含量不同时可以相应调整。

8）现浇混凝土构件项目模板按部位取定了木模、工具式钢模（除防撞护栏采用定型模外），并结合桥梁实际情况综合了不分部位的复合模板与定型钢模项目。

9）定型钢模板数量包括配件在内，接缝的橡胶板费用已摊入定型钢模板单价中。

10）现浇梁、板等模板项目均已包括铺筑底模内容，但不包括支架部分，如发生时执行现浇混凝土构件有关项目。

11）支架预压中的尼龙编织袋规格为900mm×900mm×1100mm，如与设计不同时可以换算。

12）桥梁支架不包括底模及地基加固。

13）挂篮与0号块扇形支架场外运输费用另行计算。

14）钢管柱支架指采用直径大于300mm的钢管作为立柱，在立柱上采用金属构件搭设水平支撑平台的支架，其中下部指立柱顶面以下部分，上部指立柱顶面以上部分。

15）高架桥异型钢模板指厚度在6mm以上、定制加工且设计截面尺寸不规则的模板，其消耗量按6次摊销考虑，各省市自行考虑回收利用残值。

16）现浇混凝土构件项目中的混凝土均按自然养护考虑，如采用蒸汽养护时，应从各有关项目中按每10m³扣减人工1个工日，并按"蒸汽养护"有关项目计算。

（2）工程量计算规则

1）混凝土工程量按设计尺寸以实体积计算（不包括空心板、梁的空心体积），不扣除钢筋、钢丝、铁件、预留压浆孔道和螺栓所占的体积。

2）模板工程量按模板接触混凝土的面积计算。

3）现浇混凝土墙、板上单孔面积在0.3m²以内的孔洞不予扣除，洞侧壁模板面积也不再计算；单孔面积在0.3m²以上时应予扣除，洞侧壁模板面积并入墙、板模板工程量之内计算。

4）桥涵拱盔、支架空间体积计算：

① 桥涵拱盔体积按起拱线以上弓形侧面积乘以（桥宽+2m）计算。

② 桥涵支架体积以结构底到原地面（水上支架为水上支架平台顶面）平均高度乘以纵向距离再乘以（桥宽+2m）计算。

5）支架堆载预压按设计要求计算，设计未规定时按支架承载的梁体设计质量乘以系数1.10计算。

6）装配式钢支架只含万能杆件摊销量，其使用费（t·d）由各地区、部门自定，工程量按每m³空间体积125kg计算。

7）满堂式钢管支架只含搭拆，使用费（t·d）由各地区、部门自行制定调整办法，工程量按每m³空间体积50kg计算（包括扣件等）。

8）0号块扇形支架安拆工程量按顶面梁宽计算。边跨采用挂篮施工时，其合拢段扇形支架的安拆工程量按梁宽的50%计算。

9）钢管柱支架下部按立柱设计尺寸以质量计算，立柱间横向联系构件已综合考虑，不得重复计算。钢管柱支架上部按设计图示金属构件尺寸以质量计算。

10）项目的挂篮形式为自锚式无压重钢挂篮，钢挂篮重量按设计要求确定。推移工程量按挂篮质量乘以推移距离以"t·m"计算，推移距离按混凝土节段长度计算。

11）混凝土输送及泵管安拆使用：

① 混凝土输送按混凝土相应子目的混凝土消耗量以体积计算，若采用多级输送时，工程量应分级计算。

② 泵管安拆按实际需要的长度以"m"为单位计算。

③ 泵管使用以延长米"m·d"为单位计算。

12）高架桥异型钢模板按设计图示以面积计算。

13）防撞墙悬挑支架按防撞护栏的长度计算。

5. 预制混凝土构件

（1）定额说明

1）预制混凝土构件包括预制混凝土梁、预制混凝土柱、预制混凝土板、预制混凝土拱桥构件、预制混凝土小型构件、混凝土灌缝与接头、构件运输、筑拆胎地模、蒸汽养护等项目。

2）构件预制项目适用于现场制作的预制构件。

3）预制混凝土构件项目均未包括预埋件，可按设计用量执行相应项目。

4）预制构件项目未包括胎、地模，需要时执行预制混凝土构件有关项目。胎、地模的占用面积由各地区、部门自行制定调整办法。

5）安装预制构件应根据施工现场具体情况采用合理的施工方法，执行相应项目。

6）除安装梁分陆上、水上安装外，其他构件安装均未考虑船上吊装，发生时可增计船只费用。

7）预应力桁架梁预制套用桁架拱拱片子目；构件安装执行板拱项目，人工、机械乘以系数 1.20。

8）预制构件场内运输项目适用于除单件小构件外的预制混凝土构件。单件小构件指单件混凝土体积小于或等于 0.05m³ 的构件，其场内运输已包括在项目中。

9）双导梁安装构件项目不包括导梁的安拆及使用，执行装配式钢支架项目，工程量按实际计算。

10）预制混凝土构件运输项目适用于运距在 30km 以内的运输，超过 30km 部分按每增加 1km 相应项目子目乘以系数 0.65 计算。

11）构件运输过程中，如遇路桥限载（限高）而发生的加固、扩宽等费用及交通管理部门收取的相关费用，如发生时另外计算。

12）预制混凝土构件项目中的混凝土均按自然养护考虑，如采用蒸汽养护时，应从各有关项目中按每 10m³ 扣减人工 1 个工日，并按蒸汽养护有关项目计算。

（2）工程量计算规则

1）混凝土工程量计算。

① 预制空心构件按设计图尺寸扣除空心体积，以实体积计算。空心板梁的堵头板体积不计入工程量内，其消耗量已在项目考虑。

② 预制空心板梁，采用橡胶囊做内模时，考虑其压缩变形因素，可增加混凝土数量，当梁长在 16m 以内时，可按设计体积增加7%计算；若梁长大于 16m 时，则按增加9%计算。

设计图注明已考虑橡胶囊变形时，不得再增加计算。

③ 预应力混凝土构件的封锚混凝土数量并入构件混凝土工程量计算。

④ 环氧树脂接缝的工程量按设计图示尺寸以面积计算。

2) 模板工程量计算。

① 预制构件中预应力混凝土构件及 T 形梁、I 形梁、双曲拱、桁架拱等构件均按模板接触混凝土的面积（包括侧模、底模）计算。

② 灯柱、端柱、栏杆等小型构件按平面投影面积计算。

③ 预制构件中非预应力构件按模板接触混凝土的面积计算，不包括胎、地模。

④ 空心板梁中空心部分，均采用橡胶囊抽拔，其摊销量已包括在项目内，不再计算空心部分模板工程量。

⑤ 空心板中空心部分可按模板接触混凝土的面积计算工程量。

3) 安装及运输预制构件以 "m^3" 为计量单位的，均按构件混凝土实体积（不包括空心部分）计算，不扣除构件内钢筋、铁件及预应力钢筋预留孔洞所占的体积。

4) 驳船不包括进出场费，由各省、自治区、直辖市确定。

5) 预制装配式防撞墙中不包括橡胶止水条及伸缩缝安装，发生时套用相关消耗量。

6) 蒸汽养护按预制混凝土构件的实体积计算工程量。

6. 砌筑

(1) 定额说明

1) 砌筑包括干砌片（块）石，浆砌片（块）石，浆砌预制块，砖砌体和滤层、泄水孔等项目。

2) 砌筑适用于砌筑高度在 8m 以内的桥涵砌筑工程。

3) 砌筑项目未包括垫层、拱背和台背的填充项目，如发生上述项目，执行相关项目。

4) 拱圈项目已包括底模，但不包括拱盔和支架，执行相关项目。

5) 砌筑中砂浆均按预拌干混砂浆编制。

6) 浆砌料石参照浆砌预制块项目，抽换主材计算。

7) 护岸泄水孔采用焊接钢管，若实际使用材料不同，抽换主材计算。

(2) 工程量计算规则

1) 砌筑工程量按设计砌体尺寸以体积计算，嵌入砌体中的钢管、沉降缝、伸缩缝以及单孔面积 $0.3m^2$ 以内的预留孔所占体积不予扣除。

2) 滤层按设计图示尺寸以体积计算。

3) 泄水孔按设计图示尺寸以长度计算。

7. 立交箱涵

(1) 定额说明

1) 立交箱涵包括透水管，箱涵制作，箱涵顶进，箱涵接缝，箱涵外壁及滑板面处理，气垫安拆及使用，箱涵内挖土，金属顶柱、护套及支架制作等项目。

2) 立交箱涵适用于穿越城市道路及铁路的立交箱顶进工程及现浇箱涵工程。

3) 立交箱涵顶进土质按一、二类土考虑，实际土质与项目不同时，由各地区、部门自行制定调整办法。

4) 立交箱涵中未包括箱涵顶进的后靠背设施等，其费用另行计算。

5）立交箱涵中未包括深基坑开挖、支撑及井点降水的工作内容，执行相关项目。

6）立交桥引道的结构及路面铺筑工程，根据施工方法执行相关项目。

7）箱涵顶进项目分空顶、无中继间实土顶和有中继间实土顶，有中继间实土顶适用于一级中继间接力顶进。

8）箱涵自重是指箱涵顶进时的总重量，应包括拖带的设备重量（按箱涵重量的5%计），采用中继间接力顶进时还应包括中继间的重量。

（2）工程量计算规则

1）透水管工程量按设计图示以长度计算。

2）箱涵滑板下的肋楞，其工作量并入滑板内计算。

3）箱涵混凝土工程量按设计图示尺寸以体积计算，不扣除单孔面积0.3m^{2}以内的预留孔洞体积。

4）顶柱、中继间护套及挖土支架均属专用周转性金属构件，项目已按摊销量计列，不得重复计算。

5）箱涵顶进工程量计算：

① 空顶工程量按空顶的单节箱涵重量乘以箱涵位移距离计算。

② 实土顶工程量按被顶箱涵的重量乘以箱涵位移距离分段累计计算。

6）气垫只考虑在预制箱涵底板上使用，按箱涵底面积计算。气垫的使用天数由施工组织设计确定，但采用气垫后在套用顶进消耗量时乘以系数0.70。

7）箱涵外壁及滑板面处理按设计图示表面积计算。

8）箱涵石棉水泥嵌缝及嵌防水膏接缝按设计图示尺寸以长度计算，箱涵沥青二度、沥青封口及嵌沥青木丝板接缝按设计图示尺寸以面积计算。

9）箱涵内挖土按设计图示尺寸以体积计算。

8. 钢结构

（1）定额说明

1）钢结构包括钢梁安装、钢管拱安装、钢立柱安装、钢梯道安装及钢桁梁安装等项目。

2）钢结构适用于工厂制作、现场吊装及钢箱梁顶推安装的钢结构。构件由制作工厂至安装现场的运输费用计入构件价格内。

3）钢结构的钢桁梁桥是按高强螺栓栓接编制的，如采用其他方法施工，应另行计算。

4）钢结构防腐、涂装、防火涂料等按《房屋建筑与装饰工程消耗量》（TY 01—31—2021）相应项目计算。

（2）工程量计算规则

1）钢结构工程量按设计图示尺寸以主材质量（不包括焊条、铆钉、螺栓等）计算。

2）钢梁质量为钢梁（含横隔板）、桥面板、横肋、横梁及锚筋质量之和。

3）钢拱筋的工程量包括拱肋钢管、横撑、腹板、拱脚处外侧钢板、拱脚接头钢板以及各种加劲块。

4）钢立柱上的节点板、加强环、内衬管、牛腿等并入钢立柱工程量内。

5）高强螺栓用量，如设计含量不同时可以相应调整。

9. 其他

（1）定额说明

1）其他包括金属栏杆、支座、桥梁伸缩装置、沉降缝、隔声屏障、泄水孔和排水管、桥面防水层、防眩板安装等项目。

2）金属栏杆项目主材品种、规格与设计不符时可以换算，栏杆面漆按《房屋建筑与装饰工程消耗量》（TY 01—31—2021）相应项目计算。

3）与四氟板式橡胶支座配套的上下钢板、不锈钢板、锚固螺栓等费用摊入支座价格中计列。

4）梳型钢板、钢板、橡胶板及毛勒伸缩缝均按成品考虑。

5）安装排水管项目已包括集水斗安装工作内容，但集水斗的材料费需按实另行计算。

6）盆式支座项目已综合考虑钢板含量。

7）除球形支座外，支座安装未考虑环氧树脂，如设计有需要时，其费用另行计算。

8）桥面防水层聚氨酯防水涂料是按 1.5mm 厚度编制的，如厚度与设计不同时，材料用量可按设计要求换算，但人工及其他不变。

（2）工程量计算规则

1）金属栏杆工程量按设计图示的主材质量计算。

2）板式橡胶支座及四氟板式橡胶支座按设计图示尺寸以体积计算，辊轴钢支座、切线支座及摆式支座按设计图示以质量计算，盆式金属橡胶组合支座及球形支座按设计图示以个数计算。

3）梳型钢板、钢板、橡胶板、毛勒及镀锌铁皮玛碲脂桥梁伸缩装置按设计图示尺寸以长度计算，沥青麻丝桥梁伸缩装置按设计图示尺寸以面积计算。

4）油毡、沥青甘蔗板及发泡聚乙烯沉降缝按设计图示尺寸以面积计算，橡胶止水带及钢板止水带沉降缝按设计图示尺寸以长度计算。

5）隔声屏障钢骨架按设计图示以质量计算，隔声屏障板材按设计图示尺寸以面积计算。

6）泄水孔和排水管按设计图示尺寸以长度计算。

7）桥面防水层按设计图示尺寸以面积计算。

8）防眩板安装按设计图示的安装路线以长度计算。

5.3 桥涵工程工程量清单编制实例

实例1 某拱桥工程采用混凝土拱座的工程量计算

某拱桥工程采用混凝土拱座，宽 11m，细部构造如图 5-2 所示，试计算混凝土拱座的工程量。

【解】

$$V_1 = \frac{1}{2} \times (0.08+0.3) \times (0.3-0.08) \times 11$$
$$= \frac{1}{2} \times 0.38 \times 0.22 \times 11$$

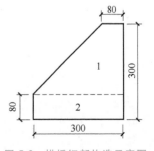

图 5-2 拱桥细部构造示意图

$$\approx 0.46 \ (\text{m}^3)$$

$$V_2 = 0.3 \times 0.08 \times 11 \approx 0.26 \ (\text{m}^3)$$

$$\text{工程量} = (V_1 + V_2) \times 2$$
$$= (0.46 + 0.26) \times 2$$
$$= 1.44 \ (\text{m}^3)$$

实例 2　T 形桥梁的工程量计算

有一跨径为 80m 的桥，采用 T 形桥梁如图 5-3 所示，试计算其工程量。

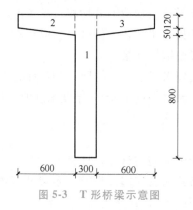

图 5-3　T 形桥梁示意图

【解】

$$V_1 = 0.3 \times 0.97 \times 80 = 23.28 \ (\text{m}^3)$$

$$V_2 = V_3 = \frac{1}{2} \times (0.12 + 0.17) \times 0.6 \times 80 = 6.96 \ (\text{m}^3)$$

$$\text{工程量} = V_1 + V_2 + V_3$$
$$= 23.28 + 6.96 + 6.96$$
$$= 37.2 \ (\text{m}^3)$$

实例 3　某桥梁工程钢箱梁工程量计算

某桥梁工程采用钢箱梁，结构示意如图 5-4 所示，箱两端过檐为 200mm，箱长 30m，两端竖板厚 60mm，试计算单个钢箱梁工程量（已知钢的密度为 7.85t/m³）。

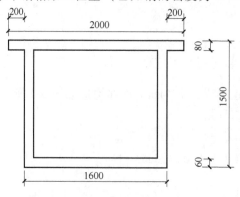

图 5-4　钢箱梁截面示意图

【解】

两端过檐体积 = 0.08×0.2×30×2 = 0.96（m³）

箱体钢体积 = 1.6×（0.06+0.08）×30+（1.5-0.06-0.08）×0.06×30×2

　　　　　 = 6.72+4.896

　　　　　 = 11.616（m³）

钢箱梁工程量 = （0.96+11.616）×7.85≈98.72（t）

实例4　某工程用钢筋混凝土方桩工程量计算

某预制钢筋混凝土方桩截面尺寸为50cm×50cm，设计全长8m，桩顶至自然地面高度为2m，试求钢筋混凝土方桩单桩体积。

【解】

单桩体积 V = 0.5×0.5×8 = 2（m³）

实例5　某桥梁中横隔梁及端横隔梁的工程量计算

某处有一桥梁，其中横隔梁如图5-5所示，除图5-5中已知条件外，还知道隔梁厚500mm，试计算中横隔梁及端横隔梁的工程量。

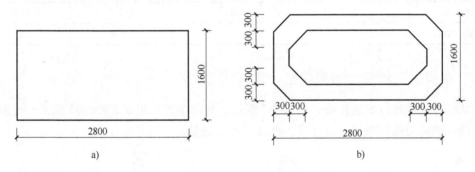

图5-5　横隔梁示意图

a）中横隔梁　b）端横隔梁

【解】

中横隔梁工程量 = 2.8×1.6×0.5 = 2.24（m³）

端横隔梁工程量 = $[（2.8×1.6-4×\frac{1}{2}×0.3×0.3）-（2.2×1-4×\frac{1}{2}×0.3×0.3）]×0.5$

　　　　　　　 = （4.3-2.02）×0.5

　　　　　　　 = 1.14（m³）

清单工程量见表5-15。

表5-15　第5章实例5清单工程量

项目编码	项目名称	项目特征描述	工程量合计	计量单位
040303006001	混凝土横梁	1. 部位:T形预应力混凝土梁桥中横隔梁 2. 混凝土强度等级:C25	2.24	m³
040303006002	混凝土横梁	1. 部位:T形预应力混凝土梁桥端横隔梁 2. 混凝土强度等级:C25	1.14	m³

实例 6 某滑板的工程量计算

某滑板在设计时，在底部每隔 700cm 设置一个反梁，同时为减少启动阻力的增加，在滑板施工过程中埋入带孔的寸管，滑板长 1900cm，宽 380cm，板结构如图 5-6 所示，试计算该滑板的工程量。

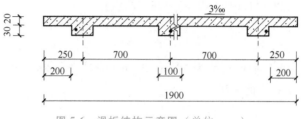

图 5-6 滑板结构示意图（单位：cm）

【解】

滑板工程量 = (19×0.2 + 1×0.3×3) × 3.8 = 17.86（m^3）

清单工程量见表 5-16。

表 5-16 第 5 章实例 6 清单工程量

项目编码	项目名称	项目特征描述	工程量合计	计量单位
040306002001	滑板	—	17.86	m^3

实例 7 某桥梁面层装饰的工程量计算

对某城市桥梁进行面层装饰，如图 5-7 所示，其行车道采用水泥砂浆抹面，人行道为剁斧石饰面，护栏为镶贴面层，试计算各种饰料的工程量。

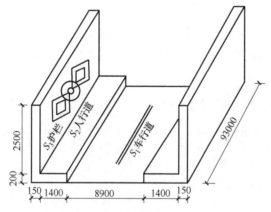

图 5-7 桥梁面层装饰示意图

【解】

水泥砂浆抹面工程量 = 8.9×93 = 827.7（m^3）

剁斧石饰面工程量 = 2×1.4×93 + 4×1.4×0.2 + 2×0.2×93

= 260.4 + 1.12 + 37.2

= 298.72（m^3）

镶贴面层工程量 = 2×2.5×93+2×0.15×93+4×0.15×(2.5+0.2)

　　　　　　　　= 465+27.9+1.62

　　　　　　　　= 494.52 （m³）

清单工程量见表 5-17。

表 5-17　第 5 章实例 7 清单工程量

项目编码	项目名称	项目特征描述	工程量合计	计量单位
040308001001	水泥砂浆抹面	部位:行车道	827.7	m³
040308002001	剁斧石饰面	部位:人行道	298.72	m³
040308003001	镶贴面层	部位:护栏	494.52	m³

实例 8　某桥梁钢筋栏杆的工程量计算

某桥梁为了行人安全，遂打算建钢筋栏杆，如图 5-8 所示。已知采用φ25 单根钢筋（质量为 3.85kg/m），桥长 75m，每两根混凝土栏杆间有 90 根钢筋，试计算钢筋栏杆工程量。

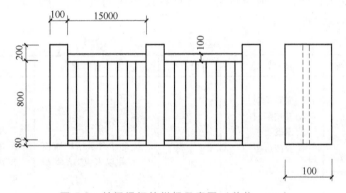

图 5-8　某桥梁钢筋栏杆示意图（单位：mm）

【解】

钢筋栏杆工程量 $= \dfrac{75}{15} \times 90 \times 0.8 \times 3.85 \times 2 = 2772$ （kg）≈ 2.77 （t）

清单工程量见表 5-18。

表 5-18　第 5 章实例 8 清单工程量

项目编码	项目名称	项目特征描述	工程量合计	计量单位
040309001001	金属栏杆	栏杆材质、规格:φ25 钢筋	2.77	t

第6章　隧道工程

6.1　隧道工程清单工程量计算规则

1. 隧道岩石开挖

隧道岩石开挖工程量清单项目设置、项目特征描述的内容、计量单位及工程量计算规则，应按表6-1的规定执行。

表6-1　隧道岩石开挖（编码：040401）

项目编码	项目名称	项目特征	计量单位	工程量计算规则	工程内容
040401001	平洞开挖	1. 岩石类别 2. 开挖断面 3. 爆破要求 4. 弃碴运距	m^3	按设计图示结构断面尺寸乘以长度以体积计算	1. 爆破或机械开挖 2. 施工面排水 3. 出碴 4. 弃碴场内堆放、运输 5. 弃碴外运
040401002	斜井开挖				
040401003	竖井开挖				
040401004	地沟开挖	1. 断面尺寸 2. 岩石类别 3. 爆破要求 4. 弃碴运距			
040401005	小导管	1. 类型 2. 材料品种 3. 管径、长度	m	按设计图示尺寸以长度计算	1. 制作 2. 布眼 3. 钻孔 4. 安装
040401006	管棚				
040401007	注浆	1. 浆液种类 2. 配合比	m^3	按设计注浆量以体积计算	1. 浆液制作 2. 钻孔注浆 3. 堵孔

注：弃碴运距可以不描述，但应注明由投标人根据施工现场实际情况自行考虑决定报价。

2. 岩石隧道衬砌

岩石隧道衬砌工程量清单项目设置、项目特征描述的内容、计量单位及工程量计算规则，应按表6-2的规定执行。

3. 盾构掘进

盾构掘进工程量清单项目设置、项目特征描述的内容、计量单位及工程量计算规则，应按表6-3的规定执行。

表 6-2 岩石隧道衬砌（编码：040402）

项目编码	项目名称	项目特征	计量单位	工程量计算规则	工程内容
040402001	混凝土仰拱衬砌	1. 拱跨径 2. 部位 3. 厚度 4. 混凝土强度等级	m³	按设计图示尺寸以体积计算	1. 模板制作、安装、拆除 2. 混凝土拌和、运输、浇筑 3. 养护
040402002	混凝土顶拱衬砌				
040402003	混凝土边墙衬砌	1. 部位 2. 厚度 3. 混凝土强度等级			
040402004	混凝土竖井衬砌	1. 厚度 2. 混凝土强度等级			
040402005	混凝土沟道	1. 断面尺寸 2. 混凝土强度等级			
040402006	拱部喷射混凝土	1. 结构形式 2. 厚度 3. 混凝土强度等级 4. 掺加材料品种、用量	m²	按设计图示尺寸以面积计算	1. 清洗基层 2. 混凝土拌和、运输、浇筑、喷射 3. 收回弹料 4. 喷射施工平台搭设、拆除
040402007	边墙喷射混凝土				
040402008	拱圈砌筑	1. 断面尺寸 2. 材料品种、规格 3. 砂浆强度等级	m³	按设计图示尺寸以体积计算	1. 砌筑 2. 勾缝 3. 抹灰
040402009	边墙砌筑	1. 厚度 2. 材料品种、规格 3. 砂浆强度等级			
040402010	砌筑沟道	1. 断面尺寸 2. 材料品种、规格 3. 砂浆强度等级			
040402011	洞门砌筑	1. 形状 2. 材料品种、规格 3. 砂浆强度等级			
040402012	锚杆	1. 直径 2. 长度 3. 锚杆类型 4. 砂浆强度等级	t	按设计图示尺寸以质量计算	1. 钻孔 2. 锚杆制作、安装 3. 压浆
040402013	充填压浆	1. 部位 2. 浆液成分强度	m³	按设计图示尺寸以体积计算	1. 打孔、安装 2. 压浆
040402014	仰拱填充	1. 填充材料 2. 规格 3. 强度等级		按设计图示回填尺寸以体积计算	1. 配料 2. 填充
040402015	透水管	1. 材质 2. 规格	m	按设计图示尺寸以长度计算	安装
040402016	沟道盖板	1. 材质 2. 规格尺寸 3. 强度等级			制作、安装

（续）

项目编码	项目名称	项目特征	计量单位	工程量计算规则	工程内容
040402017	变形缝	1. 类别 2. 材料品种、规格 3. 工艺要求	m	按设计图示尺寸以长度计算	制作、安装
040402018	施工缝				
040402019	柔性防水层	材料品种、规格	m²	按设计图示尺寸以面积计算	铺设

注：遇本表清单项目未列的砌筑构筑物时，应按"桥涵工程"中相关项目编码列项。

表 6-3　盾构掘进（编码：040403）

项目编码	项目名称	项目特征	计量单位	工程量计算规则	工程内容
040403001	盾构吊装及吊拆	1. 直径 2. 规格型号 3. 始发方式	台·次	按设计图示数量计算	1. 盾构机安装、拆除 2. 车架安装、拆除 3. 管线连接、调试、拆除
040403002	盾构掘进	1. 直径 2. 规格 3. 形式 4. 掘进施工段类别 5. 密封舱材料品种 6. 弃土（浆）运距	m	按设计图示掘进长度计算	1. 掘进 2. 管片拼装 3. 密封舱添加材料 4. 负环管片拆除 5. 隧道内管线路铺设、拆除 6. 泥浆制作 7. 泥浆处理 8. 土方、废浆外运
040403003	衬砌壁后压浆	1. 浆液品种 2. 配合比	m³	按管片外径和盾构壳体外径所形成的充填体积计算	1. 制浆 2. 送浆 3. 压浆 4. 封堵 5. 清洗 6. 运输
040403004	预制钢筋混凝土管片	1. 直径 2. 厚度 3. 宽度 4. 混凝土强度等级		按设计图示尺寸以体积计算	1. 运输 2. 试拼装 3. 安装
040403005	管片设置密封条	1. 管片直径、宽度、厚度 2. 密封条材料 3. 密封条规格	环	按设计图示数量计算	密封条安装
040403006	隧道洞口柔性接缝环	1. 材料 2. 规格 3. 部位 4. 混凝土强度等级	m	按设计图示以隧道管片外径周长计算	1. 制作、安装临时防水环板 2. 制作、安装、拆除临时止水缝 3. 拆除临时钢环板 4. 拆除洞口环管片 5. 安装钢环板 6. 柔性接缝环 7. 洞口钢筋混凝土环圈

（续）

项目编码	项目名称	项目特征	计量单位	工程量计算规则	工程内容
040403007	管片嵌缝	1. 直径 2. 材料 3. 规格	环	按设计图示数量计算	1. 管片嵌缝槽表面处理、配料嵌缝 2. 管片手孔封堵
040403008	盾构机调头	1. 直径 2. 规格型号 3. 始发方式	台·次	按设计图示数量计算	1. 钢板、基座铺设 2. 盾构拆卸 3. 盾构调头、平行移运定位 4. 盾构拼装 5. 连接管线、调试
040403009	盾构机转场运输	1. 直径 2. 规格型号 3. 始发方式		按设计图示数量计算	1. 盾构机安装、拆除 2. 车架安装、拆除 3. 盾构机、车架转场运输
040403010	盾构基座	1. 材质 2. 规格 3. 部位	t	按设计图示尺寸以质量计算	1. 制作 2. 安装 3. 拆除

注：1. 衬砌壁后压浆清单项目在编制工程量清单时，其工程数量可为暂估量，结算时按现场签证数量计算。

2. 盾构基座系指常用的钢结构，如果是钢筋混凝土结构，应按"沉管隧道"中相关项目进行列项。

3. 钢筋混凝土管片按成品编制，购置费用应计入综合单价中。

4. 管节顶升、旁通道

管节顶升、旁通道工程量清单项目设置、项目特征描述的内容、计量单位及工程量计算规则，应按表6-4的规定执行。

表6-4 管节顶升、旁通道（编码：040404）

项目编码	项目名称	项目特征	计量单位	工程量计算规则	工程内容
040404001	钢筋混凝土顶升管节	1. 材质 2. 混凝土强度等级	m³	按设计图示尺寸以体积计算	1. 钢模板制作 2. 混凝土拌和、运输、浇筑 3. 养护 4. 管节试拼装 5. 管节场内外运输
040404002	垂直顶升设备安装、拆除	规格、型号	套	按设计图示数量计算	1. 基座制作和拆除 2. 车架、设备吊装就位 3. 拆除、堆放
040404003	管节垂直顶升	1. 断面 2. 强度 3. 材质	m	按设计图示以顶升长度计算	1. 管节吊运 2. 首节顶升 3. 中间节顶升 4. 尾节顶升
040404004	安装止水框、连系梁	材质	t	按设计图示尺寸以质量计算	制作、安装

（续）

项目编码	项目名称	项目特征	计量单位	工程量计算规则	工程内容
040404005	阴极保护装置	1. 型号 2. 规格	组	按设计图示数量计算	1. 恒电位仪安装 2. 阳极安装 3. 阴极安装 4. 参变电极安装 5. 电缆敷设 6. 接线盒安装
040404006	安装取、排水头	1. 部位 2. 尺寸	个		1. 顶升口揭顶盖 2. 取排水头部安装
040404007	隧道内旁通道开挖	1. 土壤类别 2. 土体加固方式	m³	按设计图示尺寸以体积计算	1. 土体加固 2. 支护 3. 土方暗挖 4. 土方运输
040404008	旁通道结构混凝土	1. 断面 2. 混凝土强度等级			1. 模板制作、安装 2. 混凝土拌和、运输、浇筑 3. 洞门接口防水
040404009	隧道内集水井	1. 部位 2. 材料 3. 形式	座	按设计图示数量计算	1. 拆除管片建集水井 2. 不拆管片建集水井
040404010	防爆门	1. 形式 2. 断面	扇		1. 防爆门制作 2. 防爆门安装
040404011	钢筋混凝土复合管片	1. 图集、图纸名称 2. 构件代号、名称 3. 材质 4. 混凝土强度等级	m³	按设计图示尺寸以体积计算	1. 构件制作 2. 试拼装 3. 运输、安装
040404012	钢管片	1. 材质 2. 探伤要求	t	按设计图示以质量计算	1. 钢管片制作 2. 试拼装 3. 探伤 4. 运输、安装

5. 隧道沉井

隧道沉井工程量清单项目设置、项目特征描述的内容、计量单位及工程量计算规则，应按表6-5的规定执行。

表6-5 隧道沉井（编码：040405）

项目编码	项目名称	项目特征	计量单位	工程量计算规则	工程内容
040405001	沉井井壁混凝土	1. 形状 2. 规格 3. 混凝土强度等级	m³	按设计尺寸以外围井筒混凝土体积计算	1. 模板制作、安装、拆除 2. 刃脚、框架、井壁混凝土浇筑 3. 养护
040405002	沉井下沉	1. 下沉深度 2. 弃土运距		按设计图示井壁外围面积乘以下沉深度以体积计算	1. 垫层凿除 2. 排水挖土下沉 3. 不排水下沉 4. 触变泥浆制作、输送 5. 弃土外运

（续）

项目编码	项目名称	项目特征	计量单位	工程量计算规则	工程内容
040405003	沉井混凝土封底	混凝土强度等级	m³	按设计图示尺寸以体积计算	1. 混凝土干封底 2. 混凝土水下封底
040405004	沉井混凝土底板	混凝土强度等级			1. 模板制作、安装、拆除 2. 混凝土拌和、运输、浇筑 3. 养护
040405005	沉井填心	材料品种			1. 排水沉井填心 2. 不排水沉井填心
040405006	沉井混凝土隔墙	混凝土强度等级			1. 模板制作、安装、拆除 2. 混凝土拌和、运输、浇筑 3. 养护
040405007	钢封门	1. 材质 2. 尺寸	t	按设计图示尺寸以质量计算	1. 钢封门安装 2. 钢封门拆除

注：沉井垫层按"桥涵工程"中相关项目编码列项。

6. 混凝土结构

混凝土结构工程量清单项目设置、项目特征描述的内容、计量单位及工程量计算规则，应按表6-6的规定执行。

表6-6 混凝土结构（编码：040406）

项目编码	项目名称	项目特征	计量单位	工程量计算规则	工程内容
040406001	混凝土地梁	1. 类别、部位 2. 混凝土强度等级	m³	按设计图示尺寸以体积计算	1. 模板制作、安装、拆除 2. 混凝土拌和、运输、浇筑 3. 养护
040406002	混凝土底板				
040406003	混凝土柱				
040406004	混凝土墙				
040406005	混凝土梁				
040406006	混凝土平台、顶板				
040406007	圆隧道内架空路面	1. 厚度 2. 混凝土强度等级			
040406008	隧道内其他结构混凝土	1. 部位、名称 2. 混凝土强度等级			

注：1. 隧道洞内道路路面铺装应按"道路工程"相关清单项目编码列项。
2. 隧道洞内顶部和边墙内衬的装饰按"桥涵工程"相关清单项目编码列项。
3. 隧道内其他结构混凝土包括楼梯、电缆沟、车道侧石等。
4. 垫层、基础应按"桥涵工程"相关清单项目编码列项。
5. 隧道内衬弓形底板、侧墙、支承墙应按"混凝土结构"中的"混凝土底板""混凝土墙"的相关清单项目编码列项，并在项目特征中描述其类别、部位。

7. 沉管隧道

沉管隧道工程量清单项目设置、项目特征描述的内容、计量单位及工程量计算规则，应按表6-7的规定执行。

表 6-7 沉管隧道（编码：040407）

项目编码	项目名称	项目特征	计量单位	工程量计算规则	工程内容
040407001	预制沉管底垫层	1. 材料品种、规格 2. 厚度	m³	按设计图示沉管底面积乘以厚度以体积计算	1. 场地平整 2. 垫层铺设
040407002	预制沉管钢底板	1. 材质 2. 厚度	t	按设计图示尺寸以质量计算	钢底板制作、铺设
040407003	预制沉管混凝土板底	混凝土强度等级	m³	按设计图示尺寸以体积计算	1. 模板制作、安装、拆除 2. 混凝土拌和、运输、浇筑 3. 养护 4. 底板预埋注浆管
040407004	预制沉管混凝土侧墙				1. 模板制作、安装、拆除 2. 混凝土拌和、运输、浇筑 3. 养护
040407005	预制沉管混凝土顶板				
040407006	沉管外壁防锚层	1. 材质品种 2. 规格	m²	按设计图示尺寸以面积计算	铺设沉管外壁防锚层
040407007	鼻托垂直剪力键	材质		按设计图示尺寸以质量计算	1. 钢剪力键制作 2. 剪力键安装
040407008	端头钢壳	1. 材质、规格 2. 强度	t		1. 端头钢壳制作 2. 端头钢壳安装 3. 混凝土浇筑
040407009	端头钢封门	1. 材质 2. 尺寸			1. 端头钢封门制作 2. 端头钢封门安装 3. 端头钢封门拆除
040407010	沉管管段浮运临时供电系统	规格	套	按设计图示管段数量计算	1. 发电机安装、拆除 2. 配电箱安装、拆除 3. 电缆安装、拆除 4. 灯具安装、拆除
040407011	沉管管段浮运临时供排水系统				1. 泵阀安装、拆除 2. 管路安装、拆除
040407012	沉管管段浮运临时通风系统				1. 进排风机安装、拆除 2. 风管路安装、拆除

（续）

项目编码	项目名称	项目特征	计量单位	工程量计算规则	工程内容
040407013	航道疏浚	1. 河床土质 2. 工况等级 3. 疏浚深度	m³	按河床原断面与管段浮运时设计断面之差以体积计算	1. 挖泥船开收工 2. 航道疏浚挖泥 3. 土方驳运、卸泥
040407014	沉管河床基槽开挖	1. 河床土质 2. 工况等级 3. 挖土深度		按河床原断面与槽设计断面之差以体积计算	1. 挖泥船开收工 2. 沉管基槽挖泥 3. 沉管基槽清淤 4. 土方驳运、卸泥
040407015	钢筋混凝土块沉石	1. 工况等级 2. 沉石深度		按设计图示尺寸以体积计算	1. 预制钢筋混凝土块 2. 装船、驳运、定位沉石 3. 水下铺平石块
040407016	基槽抛铺碎石	1. 工况等级 2. 石料厚度 3. 沉石深度			1. 石料装运 2. 定位抛石、水下铺平石块
040407017	沉管管节浮运	1. 单节管段质量 2. 管段浮运距离	kt·m	按设计图示尺寸和要求以沉管管节质量和浮运距离的复合单位计算	1. 干坞放水 2. 管段起浮定位 3. 管段浮运 4. 加载水箱制作、安装、拆除 5. 系缆柱制作、安装、拆除
040407018	管段沉放连接	1. 单节管段重量 2. 管段下沉深度	节	按设计图示数量计算	1. 管段定位 2. 管段压水下沉 3. 管段端面对接 4. 管节拉合
040407019	砂肋软体排覆盖		m²	按设计图示尺寸以沉管顶面积加侧面外表面积计算	水下覆盖软体排
040407020	沉管水下压石	1. 材料品种 2. 规格	m³	按设计图示尺寸以顶、侧压石的体积计算	1. 装石船开收工 2. 定位抛石、卸石 3. 水下铺石
040407021	沉管接缝处理	1. 接缝连接形式 2. 接缝长度	条	按设计图示数量计算	1. 按缝拉合 2. 安装止水带 3. 安装止水钢板 4. 混凝土拌和、运输、浇筑
040407022	沉管底部压浆固封充填	1. 压浆材料 2. 压浆要求	m³	按设计图示尺寸以体积计算	1. 制浆 2. 管底压浆 3. 封孔

6.2 隧道工程定额工程量计算规则

1. 隧道工程定额一般规定

（1）《市政工程消耗量》（ZYA 1—31—2021）第四册《隧道工程》，由矿山法隧道（第一~第三章）和盾构法隧道（第四~第七章）组成，矿山法隧道包括隧道开挖与出渣、隧道衬砌、临时工程，盾构法隧道包括盾构法掘进、垂直顶升、隧道沉井、地下混凝土结构，共七章。

（2）矿山法隧道项目适用于城镇范围内新建、扩建和改建的各种车行隧道、人行隧道、给水排水隧道及电缆（公用事业）隧道中采用矿山法施工的隧道工程；盾构法隧道项目适用于城镇范围内新建、扩建的各种车行隧道、人行隧道、越江隧道、给水排水隧道及电缆（公用事业）隧道中采用盾构法施工的隧道工程。

（3）矿山法隧道定额的围岩级别按《公路隧道设计规范 第一册 土建工程》（JTG 3370.1—2018）进行分级，包括围岩Ⅰ级、围岩Ⅱ级、围岩Ⅲ级、围岩Ⅳ级、围岩Ⅴ级、围岩Ⅵ级。盾构法隧道定额适用于全地层掘进。

（4）隧道工程中混凝土均按预拌混凝土编制。盾构法掘进过程中使用的混凝土，其从井口到浇捣现场的输送工作内容，已包含在相应定额内。

（5）临时工程中的风、水、电项目只适用于矿山法隧道工程。盾构法隧道风、水、电的消耗量已包含在相应项目中。

（6）隧道工程未编制的洞内项目，执行市政工程其他册或其他专业工程消耗量相应项目时，相应人工、机械乘以系数 1.20。

2. 隧道开挖与出渣

（1）定额说明

1）隧道开挖与出渣包括钻爆开挖、非爆开挖、出渣等项目。

2）平洞开挖消耗量适用于开挖坡度在 5°以内的洞；斜井开挖消耗量适用于开挖坡度在 90°以内的井；竖井开挖消耗量适用于开挖垂直度为 90°的井。

3）平洞开挖与出渣不分洞长均执行本消耗量。斜井开挖与出渣适用于长度在 100m 以内的斜井；竖井开挖与出渣适用于长度在 50m 以内的竖井。长度超过适用范围的斜井、竖井，其费用另行计算。

4）平洞开挖消耗量的洞长按单头掘进考虑，单头掘进长度超过 1000m 时，增加的人工和机械消耗量另按相应项目执行。

5）隧道开挖与出渣已综合考虑平洞开挖的不同施工方法、斜井的上行和下行开挖方式、竖井的正井和反井开挖方式。

6）洞内地沟爆破开挖消耗量，只适用于独立开挖的地沟，不适用于非独立开挖的地沟。

7）钻爆开挖消耗量已包含爆破材料（乳化炸药、非电毫秒雷管、导爆索）的现场运输用工消耗。因按相关部门规定要求配送而发生的配送费用，发生时另行计算。

8）悬臂掘进机开挖消耗量作为参考项目，适用于采用 EBZ318H 岩巷掘进机开挖的岩石隧道。消耗量不包括变压器的相关费用，发生时另行计算。单头开挖长度超过 100m 时，掘进机电缆移动所发生的人工和机械费用另行计算。

9）出渣消耗量已综合岩石类别。

10）平洞出渣的"人力、机械装渣，轻轨斗车运输"消耗量，已综合考虑坡度在 2.5% 以内重车上坡的工效降低因素。

11）平洞、斜井和竖井出渣，出洞后改变出渣运输方式的，执行《市政工程消耗量》（ZYA 1—31—2021）第一册《土石方工程》相应项目。

12）平洞弃渣通过斜井或竖井出渣时，应分别执行平洞出渣及平洞弃渣经斜井或竖井出渣相应项目。

13）竖井出渣项目已包含卷扬机和吊斗消耗量，不含吊架消耗量，吊架费用按批准的施工组织设计另行计算。

14）斜井出渣项目已综合考虑出渣方向，无论实际向上或向下出渣均按本消耗量执行。从斜井底通过平洞出渣的，其平洞段的运输应执行相应的平洞运输项目。

15）斜井和竖井出渣消耗量，均包括出洞口后 50m 的运输。若出洞口后运距超过 50m，运输方式未发生变化的，超过部分执行平洞出渣超运距相应项目；运输方式发生变化的，按变化后的运输方式执行相应项目。

16）隧道开挖与出渣按无地下水编制（不含施工湿式作业积水），如果施工出现地下水时，积水的排水费用和施工的防水措施费用另行计算。

17）隧道开挖与出渣未包括隧道施工过程中发生的地震、瓦斯、涌水、流砂、突泥、坍塌、溶洞及大量地下水处理等特殊情况造成的停窝工及处理措施相应费用，发生时另行计算。

18）隧道洞口以外工程项目和明洞开挖项目，执行市政工程其他册相应项目。

（2）工程量计算规则

1）隧道的平洞、斜井和竖井开挖与出渣工程量，按设计图示断面尺寸加允许超挖量以体积计算。设计有开挖预留变形量的，预留变形量和允许超挖量不得重复计算。设计预留变形量大于允许超挖量的，允许超挖量按预留变形量确定；设计预留变形量小于或等于允许超挖量的，允许超挖量按表 6-8 确定。

表 6-8　允许超挖量　（单位：mm）

名称	拱部	边墙	仰拱
钻爆开挖	150	100	100
非爆开挖	50	50	50
掘进机开挖	120	80	80

2）隧道内地沟开挖和出渣工程量，按设计地沟断面尺寸以体积计算。

3）平洞出渣的运距，按装渣重心至卸渣重心的距离计算。其中洞内段按洞内轴线长度计算，洞外段按洞外运输线路长度计算。

4）斜井出渣的运距，按装渣重心至斜井口摘钩点的斜距离计算。

5）竖井的提升运距，按装渣重心至井口吊斗摘钩点的垂直距离计算。

3. 隧道衬砌

（1）定额说明

1）隧道衬砌包括混凝土及钢筋混凝土衬砌拱部，混凝土及钢筋混凝土衬砌边墙，混凝土模板台车衬砌及制作与安装，仰拱、底板混凝土衬砌，竖井混凝土及钢筋混凝土衬砌等项目。

2）衬砌混凝土浇筑采用泵送方式的，混凝土输送执行《市政工程消耗量》（ZYA 1—31—2021）第三册《桥涵工程》相关项目。

3）洞内现浇混凝土及钢筋混凝土边墙、拱部消耗量，喷射混凝土边墙、拱部消耗量，已综合考虑了施工操作平台和竖井采用的脚手架。

4）混凝土及钢筋混凝土边墙、拱部衬砌，已综合考虑了先拱后墙、先墙后拱的施工方法。

5）设计边墙为弧形时，弧形段模板按边墙模板执行边墙消耗量，人工和机械乘以系数 1.20；弧形段的砌筑执行边墙消耗量，每 $10m^3$ 体积人工增加 1.30 工日。

6）喷射混凝土项目按湿喷工艺编制。消耗量已考虑施工中的填平找齐、回弹以及施工损耗内容。喷射钢纤维混凝土项目中钢纤维掺量按照混凝土质量的 3% 考虑，设计与消耗量取定不同的，掺料类型、掺入量相应换算，其余不变。

7）隧道衬砌钢筋混凝土消耗量中未编列钢筋制作、安装子目，钢筋制作、安装执行《市政工程消耗量》（ZYA 1—31—2021）第九册《钢筋工程》相应项目，其中人工和机械乘以系数 1.20。

8）砂浆锚杆及药卷锚杆定额中未包括垫板的制作、安装，应另按相应加工铁件项目执行。

9）临时钢支撑执行钢支撑相应项目。若临时钢支撑不具有再次使用价值时，应扣除钢支撑残值后一次摊销处理。

10）钢支撑消耗量中未包含连接钢筋数量，连接钢筋执行《市政工程消耗量》（ZYA 1—31—2021）第九册《钢筋工程》相应项目。

11）砂浆锚杆及药卷锚杆消耗量按照 φ22 编制，设计与消耗量取定不同时，人工、机械消耗量按表 6-9 系数调整。

表 6-9　人工、机械消耗量调整系数

锚杆直径	φ28	φ25	φ22	φ20	φ18	φ16
调整系数	0.62	0.78	1.00	1.21	1.49	1.89

12）防水板消耗量按复合式防水板考虑，如设计采用的防水板材料不同的，按设计做法换算。

13）止水胶消耗量按照单条 $2cm^2$ 的规格考虑，每 m 用量为 0.3kg。设计的材料品种及数量与消耗量取定不同的，按设计要求进行换算。

14）执行排水管消耗量时，如设计材质、管径与消耗量取定不同的，按设计要求进行换算。

15）片石混凝土消耗量按混凝土 80%、片石 20% 的比例编制，设计片石掺量不同的换算材料用量。

16）防水工程消耗量已综合考虑了材料搭接以及阴阳角加强处理内容，不得重复计算。

17）洞门砌筑及明洞修筑已综合考虑脚手架的搭、拆及砌筑平台费用，实际使用时不得重复计算。

18）洞门挖基、仰坡及天沟开挖、明洞明挖土石方等，执行市政工程其他册相应项目。

19）明洞非焦油聚氨酯防水涂料消耗量适用于平面防水，立面涂刷聚氨酯涂料的，执行平面防水消耗量，人工、材料、机械乘以系数 1.25。

20）隧道边墙、拱部区分：边墙为直墙时以起拱线为分界线，以下为边墙，以上为拱部；隧道断面为单心圆或多心圆时，以拱部 120° 为分界线，以下为边墙，以上为拱部。

（2）工程量计算规则

1）现浇混凝土衬砌工程量按照设计图示尺寸以衬砌体积加允许超挖量的合计体积计算，不扣除 $0.3m^2$ 以内孔洞所占体积。

2）石料衬砌工程量按照设计图示尺寸以衬砌体积计算。

3）衬砌模板工程量按模板与混凝土接触面积以面积计算。

4）模板台车移动就位按每浇筑一循环混凝土移动一次计算。

5）喷射混凝土工程量按设计图示尺寸以喷射面积计算。

6）砂浆锚杆及药卷锚杆工程量按设计图示尺寸以锚杆理论质量计算；中空注浆锚杆、自进式锚杆按设计图示尺寸以锚杆长度计算。

7）钢支撑工程量按设计图示尺寸以钢支撑理论质量计算。

8）套拱混凝土工程量按设计图示尺寸以体积计算。套拱模板工程量按设计图示尺寸以模板与混凝土的接触面积计算。

9）孔口管、管棚、小导管工程量按设计图示尺寸以长度计算。

10）注浆、压浆工程量按设计图示尺寸以填充体积计算。

11）复合式防水板、防水卷材、防水涂料工程量按设计图示尺寸以结构防水面积计算。

12）细石混凝土保护层工程量按设计图示尺寸以体积计算。

13）止水带（条）、止水胶工程量按图示尺寸以防水长度计算。

14）各类排水管沟工程量按设计图示尺寸以长度计算。

15）洞门砌筑、明洞修筑及回填工程量按设计图示尺寸以体积计算。

16）明洞细石混凝土防水层工程量按设计图示尺寸以体积计算，其他防水工程量按设计图示尺寸以主体结构防水面积计算。

17）接水槽（盒）、施工缝、变形缝工程量分不同材料，按设计图示尺寸以长度计算。

18）洞门装饰工程量按设计图示尺寸以面积计算。

4. 临时工程

（1）定额说明

1）临时工程包括洞内通风机，洞内通风筒安装、拆除年摊销，洞内风、水管道安装、拆除年摊销，洞内电路架设、拆除年摊销，洞内外轻便轨道铺设、拆除年摊销等项目。

2）临时工程适用于采用矿山法施工的隧道洞内通风、供水、供风、照明、动力管线以及轻便轨道线路的临时性工程。

3）临时工程按年摊销量编制，施工时间不足一年的按一年计算，超过一年的按"每增加一季"增加，超过时间不足一季度的按一季度计算。

4）临时工程中临时风水钢管、照明线路、轻便轨道均按单线编制，如批准的施工组织设计（或方案）按双排布设的，工程量应按双排计算。

5）洞长在 200m 以内的短隧道，一般不考虑洞内通风。如经批准的施工组织设计要求必须通风时，执行临时工程消耗量。

6）洞内反坡排水消耗量仅适用于反坡开挖排水情况，按隧道全长综合编制。消耗量中涌水量按 10m³/h 以内编制，实际涌水量不同时，水泵台班消耗量按表 6-10 系数调整。

表 6-10　水泵台班消耗量调整系数

涌水量（m³/h 以内）	10	15	20	50	100	150	200
调整系数	1.00	1.20	1.35	1.70	2.00	2.18	2.30

（2）工程量计算规则

1）临时工程的洞长按主洞加支洞的长度之和计算（均以洞口断面为起止点，不含明槽）。

2）洞内通风工程量按洞长长度计算。

3）粘胶布通风筒及铁风筒工程量按每一洞口施工长度减 20m 以长度计算。

4）风、水钢管工程量按洞长长度加 100m 计算。

5）照明线路工程量按洞长长度计算。

6）动力线路工程量按洞长长度加 50m 计算。

7）轻便轨道以批准的施工组织设计（或方案）所布置的起、止点为准以长度计算，设置道岔的，每处道岔按相应轨道折合 30m 并入轻便轨道工程量计算。

8）洞内反坡排水按照排水量体积计算。

5. 盾构法掘进

（1）定额说明

1）盾构法掘进包括盾构吊装及吊拆、盾构掘进、衬砌壁后压浆、钢筋混凝土管片、钢管片、管片设置密封条、柔性接缝环、管片嵌缝、负环管片拆除、隧道内管线路拆除、金属构件、盾构其他工程、措施项目工程等项目。

2）盾构法掘进适用各类地质的盾构法隧道掘进。

3）盾构项目中的 φ 是指盾构管片结构外径，具体按相应盾构管片外径计算。盾构机选型应根据地质勘查资料、隧道覆土层厚度、地表沉降量要求及盾构机技术性能等条件进行确定，如设计要求不同时应调整项目盾构掘进机的规格和台班单价，消耗量不变。

4）车架安拆消耗量中的吨位是指单节车架的质量。每节车架的质量应按盾构机具体参数确定。盾构及车架安装是指盾构及车架现场吊装及试运行，拆除是指拆卸、吊运装车。盾构及车架场外运费应另行计算。

5）盾构车架安装消耗量按井下一次安装就位考虑，如井下车架安装受施工场地影响，需要增加车架转换时，其费用另计。

6）盾构掘进消耗量未考虑盾构掘进过程中的加固费用，如始发、到达掘进段的端头加固等，其费用应另行计算。

7）除另有说明外，盾构法掘进消耗量已综合考虑材料垂直运输及洞内水平运输相应内容，不得重复计算。

8）盾构掘进消耗量已综合考虑了管片的宽度和成环块数等因素，执行时不做调整。

9）盾构掘进消耗量已含贯通测量费用，但不包括设置平面控制网、高程控制网、过江水准及方向、高程传递等测量内容，如发生时其费用另行计算。

10）盾构机在穿越密集建筑群、古文物建筑、江河堤防、重要管线的基础、桩群所在地层，且对地表沉降有特殊要求的，其增加的措施费用另行计算。

11）盾构机通过软土地层（软土地层主要是指沿海、沿河地区的细颗粒软弱冲积土层，按土壤分类包括黏土、亚黏土、淤泥质亚黏土、淤泥质黏土、亚砂土、粉砂土、细砂土、人工填土和人工冲填土层）且软土地层连续长度大于或等于30m的，相应掘进工程量执行时，人工和机械（盾构机除外）乘以系数0.65，盾构机台班乘以系数0.85计算，并扣除消耗量中刀具使用费。

12）盾构掘进消耗量子目未考虑复合式盾构掘进通过复杂地层的增加费用，其增加费用根据地质资料、施工方案计算。复杂地层包括：单轴饱和抗压强度大于80MPa硬岩且连续长度超过30m的地层，软硬不均、上软下硬且连续长度超过30m的地层，孤石地层。

13）盾构掘进消耗量中的出土，其土方（泥浆）以出土井口为止。采用泥水平衡盾构掘进时，井口至泥浆沉淀池或泥水处理场的管路铺设、泥浆泵费用按施工组织设计另行计算。

14）盾构掘进消耗量中的水按市政供水考虑，采用自然水源时，取水、排水的费用执行国家现行计价依据，并扣除消耗量中水费。

15）泥水平衡盾构掘进消耗量中已包含泥浆制作、调制费用，泥浆经分离处理后循环使用，泥水分离增加的费用另行计算。泥浆池、沉淀池、泥水分离压滤设备基础费用按设计或施工组织设计另行计算。

16）泥水平衡盾构掘进排放废浆需压滤处理的，其费用应另计。盾构废浆直接外运执行《市政工程消耗量》（ZYA 1—31—2021）第三册《桥涵工程》相应项目，数量现场签认，其余渣土场外运输执行《市政工程消耗量》（ZYA 1—31—2021）第一册《土石方工程》相应项目。盾构掘进的外弃渣土量按盾构机刀盘最大开挖面（按管片外直径加0.3~0.4m）计算断面面积乘以掘进长度，按体积计算。

17）消耗量中已包含盾构机、中继泵的人工和电、水的消耗。

18）因工程建设需要，掘进完成后盾构壳体废弃的，其增加费用另行计算。

19）盾构掘进消耗量中已考虑管片洞内运输、安装。消耗量中一套管片连接螺栓包含螺杆和管片中预埋的螺栓套，管片连接螺栓应根据设计要求调整数量和规格。

20）盾构空推拼管片消耗量取定盾构机与设计不同的，按设计替换盾构机类型及规格，其他不变。

21）φ≤7000盾构机组装、始发和接收的钢基座已含在盾构吊装消耗量中。φ>7000盾构机使用钢基座的，套用盾构法掘进相应项目，其工程数量应按设计方案或施工组织设计计算。φ>7000盾构机使用钢筋混凝土基座的，工程数量按设计方案或施工组织设计计算，执行地下混凝土结构相应项目。

22）盾构钢基座、钢结构反力架（含钢支撑）项目按现场制作编制。盾构钢基座、钢结构反力架按一次摊销的，应扣除废钢材回收费用；按多次摊销的，可根据施工组织设计分别计算一次制作工程量和安装拆除工程量。

23）盾构机停机保压只适用于非施工方原因导致的停机保压，如业主原因导致的接收井不具备接收条件、出现地质勘探资料未揭示导致必须停止盾构掘进的地质条件等特殊情况。

24）盾构掘进项目已综合考虑正常掘进时必须的盾构开仓检修、换刀作业等工作内容。盾构开仓项目只适用于非施工方原因导致的盾构开仓作业，如业主提供的设计及地质勘探资料未揭示的硬岩、孤石、断裂带等地质突变及过江、过河、过建筑物、洞内抢险等情况，进仓人数、时间按签证确认，发生的材料、机械台班费用另行计算。

25）设计衬砌壁后压浆中的压浆材料与项目不同的，可按实调整，损耗率按5%计算。

26）预制混凝土管片采用高精度钢模和高强度等级混凝土，项目中已包含钢模摊销费，场地费用及场外运输费另计，预制场建设执行国家现行计价依据。

27）预制钢筋混凝土管片的预埋槽道应根据设计调整数量和规格。

28）管片设置密封条项目按三元乙丙橡胶条考虑，设计密封条材料与项目取定不同的，按设计类型和规格调整换算。密封条数量应按设计尺寸调整，其损耗率按2%计算。

29）盾构过站的车站长度按260m以内综合考虑，长度超出时可按长度比例调整。

30）盾构调头费用按盾构拆除和安装各一次考虑。

31）柔性接缝环适用于盾构工作井洞门与隧道接缝处。洞口管片与混凝土环圈连接的预埋钢板、锚筋、防水处理等费用按设计要求另计。

32）监控、监测是地下建构筑物施工时，反映施工对周围建筑群影响程度的测试手段。盾构法掘进适用于设计明确或建设单位另有要求监测的工程项目，不适用于对铁路、地铁既有线路、特殊房屋及建筑物的特殊监测。监测单位应及时向建设单位提供可靠的测试数据，工程结束后监测数据立案成册。

（2）工程量计算规则

1）盾构吊装及吊拆。

① 盾构机吊装、吊拆工程量按设计安、拆次数以"台·次"为单位计算。

② 车架安装、拆除工程量按设计方案和单线盾构配套的台车数量以"节"为单位计算。

③ $\phi \leqslant 5000$、盾构车架数量按盾构机选型确定。盾构机选型不明确时，$\phi \leqslant 6500$、$\phi \leqslant 7000$、$\phi \leqslant 9000$ 盾构车架按6节一组计算，$\phi \leqslant 11500$、$\phi \leqslant 15500$ 盾构车架按3节一组计算。

2）盾构掘进。

① 盾构掘进工程量包括负环段、始发段、正常段、到达段四段长度，分别按下列规定计算。

a. 负环段长度：从拼装后靠管片起至始发井内壁的距离。

b. 始发段长度：从盾尾离开始发井内壁起，按表6-11计算掘进长度。

表6-11　掘进长度　　　　　　　　　（单位：单延米）

$\phi \leqslant 5000$	$\phi \leqslant 6500$	$\phi \leqslant 7000$	$\phi \leqslant 9000$	$\phi \leqslant 11500$	$\phi \leqslant 15500$
50m	80m	100m	120m	150m	200m

c. 正常段长度：从始发段掘进结束至到达段掘进开始的全段掘进。

d. 到达段长度：从盾构刀盘切口到接收井内壁的距离，具体按表6-12计算。

表6-12　掘进距离　　　　　　　　　（单位：单延米）

$\phi \leqslant 5000$	$\phi \leqslant 6500$	$\phi \leqslant 7000$	$\phi \leqslant 9000$	$\phi \leqslant 11500$	$\phi \leqslant 15500$
30m	50m	80m	90m	100m	150m

② 盾构空推掘进拼管片工程量按空推长度以"m"为单位计算。

③ 盾构停止掘进空转保压工程量按空转保压时间长度以"d"为单位计算。

④ 盾构机开仓工程量按入仓作业的人数、时间以"人·h"为单位计算。

3）衬砌壁后压浆工程量按设计图示尺寸，以盾尾间隙所压的浆液量体积以"m³"为单位计算。设计未明确的，不分盾构机类型及岩层类型，均按管片外径和盾构壳体最大外径（盾构刀盘外径）所形成的充填体积乘以系数1.72计算。

4）钢筋混凝土管片。

① 预制混凝土管片工程量按设计图示尺寸以体积另加1%计算，不扣除钢筋、铁件、手孔、凹槽、预留压浆孔道和螺栓所占体积。

② 管片钢筋工程量按设计图示尺寸，以钢筋理论质量"t"为单位计算，钢筋搭接用量另计。

③ 管片试拼装工程量按每100环管片拼装1组（3环）以"组"为单位计算。

④ 管片运输工程量按需运输的管片体积以"m³"为单位计算。

5）钢管片按设计图示尺寸以理论质量"t"为单位计算。

6）管片设置密封条工程量按设计图示数量以"环"为单位计算。

7）柔性接缝环。

① 临时止水缝和柔性接缝环工程量按设计图示尺寸以管片结构中心线周长"m"为单位计算。

② 临时防水环板工程量按设计图示尺寸以防水环板质量"t"为单位计算。

③ 钢环板工程量按钢环板质量以"t"为单位计算。

④ 拆除临时防水环板按防水环板质量以"t"为单位计算。

⑤ 洞口混凝土环圈按设计图示尺寸以环圈体积"m³"为单位计算，其钢筋和模板不另行计算。

8）管片嵌缝。

① 管片嵌缝工程量按设计图示数量以"环"为单位计算，设计要求不满环嵌缝时可按比例调整。

② 手孔封堵工程量按设计图示数量以"100个"为单位计算。手孔封堵材料按水泥外加剂考虑，主材不同时，可作调整。

9）负环管片拆除工程量按负环段长度以"m"为单位计算。

10）隧道内管线路拆除工程量按"隧道长度+负环段长度+始发井深度"以"m"为单位计算。

11）金属构件。

① 金属构件工程量按设计图的主材（型钢，钢板，方、圆钢等）的质量以"t"为单位计算，不扣除孔眼、缺角切肢、切边的重量。钢板按照最大外接矩形计算。

② 盾构基座、反力架制作工程量按设计图示尺寸以质量"t"为单位计算。

③ 钢支撑工程量按设计图示尺寸以"t"为单位计算，包括活络头、固定头和本体质量，本体质量按固定头计算。

12）盾构其他工程。

① 盾构泥浆分离、压滤处理工程量按设计图示尺寸，用盾构管片外径形成的面积乘以

掘进长度,以体积"m³"为单位计算。

② 盾构过井、过站工程量按设计要求以"台·次"为单位计算。

③ 深孔爆破孤石工程量按处理数量以"处"为单位计算;爆破地底基岩工程量按处理体积以"m³"为单位计算。

13)监测、监控包括监测点布置和监控测试两部分。监测点布置数量根据设计图或施工组织设计确定;监控测试以一个施工区域内监控的测定项目划分为三项以内、六项以内和六项以外,以"组·日"为计量单位,监测时间按设计要求或施工组织设计确定。

6. 垂直顶升

(1) 定额说明

1)垂直顶升包括顶升管节、复合管片制作,垂直顶升设备安装、拆除,管节垂直顶升,阴极保护安装及滩地揭顶盖等项目。

2)垂直顶升适用于管节外壁断面小于或等于 $4m^2$、每座顶升高度小于或等于 10m 的不出土垂直顶升。

3)顶升管节预制混凝土已包括内模摊销及管节制成后的外壁涂料。管节中的钢筋已归入顶升钢壳制作的子目中。

4)顶升管节外壁如需压浆时,可套用分块压浆消耗量计算。

5)复合管片消耗量已综合考虑管节大小,执行时不做调整。

6)阴极保护安装项目中未包括恒电位仪、阳极、参比电极等主材。

7)滩地揭顶盖只适用于滩地水深不超过 0.5m 的区域,本消耗量未包括进出水口的围护工程,发生时可套用相应消耗量计算。

8)复合管片钢壳包括台模摊销费,钢筋在复合管片混凝土项目内。

(2) 工程量计算规则

1)顶升管节、复合管片制作按体积计算;垂直顶升管节试拼装按设计顶升管节数量以"节"为单位计算。

2)顶升车架安装、拆除,按重量计算;顶升设备安装、拆除,按套计算。顶升车架制作按顶升一组摊销 50% 计算。

3)管节垂直顶升,按设计顶升管节数量以"节"为单位计算。

4)顶升止水框、联系梁、车架,按重量计算。

5)阴极保护安装及附件制作,按个计算;隧道内电缆铺设,按米数计算;接线箱、分支箱、过渡盒制作,以"个"为单位计算。

6)滩地揭顶盖,以"个"为单位计算。

7)顶升管节钢壳,按重量计算。

7. 隧道沉井

(1) 定额说明

1)隧道沉井包括沉井制作、沉井下沉、沉井混凝土封底、沉井混凝土填心、钢封门安拆等项目。

2)隧道沉井适用于软土隧道工程中采用沉井方法施工的盾构工作井及暗埋段连续沉井。

3)沉井项目已按矩形和圆形综合取定,执行不做调整。

4）沉井下沉应根据实际工况条件确定下沉方法，执行相应的沉井下沉消耗量。挖土下沉不包括土方外运，水力出土不包括砌筑集水坑及排泥水处理。

5）水力机械出土下沉及钻吸法吸泥下沉项目均已包括井内、外管路及附属设备的摊销。

6）沉井钢筋制作、安装执行《市政工程消耗量》（ZYA 1—31—2021）第九册《钢筋工程》相关消耗量。

（2）工程量计算规则

1）基坑开挖的底部尺寸，按沉井外壁每侧加宽2.0m计算，执行《市政工程消耗量》（ZYA 1—31—2021）第一册《土石方工程》中的基坑挖土项目。

2）沉井基坑砂垫层及刃脚基础垫层工程量按设计图示尺寸以体积计算。

3）沉井刃脚、框架梁、井壁、井墙、底板、砖封预留孔洞均按设计图示尺寸以体积计算。其中，刃脚的计算高度，从刃脚踏面至井壁外凸口计算。如沉井井壁没有外凸口时，则从刃脚踏面至底板顶面为准；底板下的地梁并入底板计算；框架梁的工程量包括嵌入井壁部分的体积；井壁、隔墙或底板混凝土中，不扣除单孔面积0.3m^{2}以内的孔洞体积。

4）沉井制作脚手架执行《市政工程消耗量》（ZYA 1—31—2021）第十一册《措施项目》，无论沉井分几次下沉，其工程量均按井壁中心线周长与隔墙长度之和乘以井高计算。

5）沉井下沉土方工程量，按沉井外壁所围的面积乘以下沉深度，再乘以土方回淤系数以体积计算。排水下沉深度大于10m时，回淤系数为1.05；不排水下沉深度大于15m时，回淤系数为1.02。

6）触变泥浆工程量按刃脚外凸口的水平面积乘以高度以体积计算。

7）环氧沥青防水层按设计图示尺寸以面积计算。

8）沉井砂石料填心、混凝土封底的工程量，按设计图或批准的施工组织设计以体积计算。

9）钢封门安、拆工程量，按设计图示尺寸以质量计算。拆除后按主材原值的70%予以回收。

8. 地下混凝土结构

（1）定额说明

1）地下混凝土结构包括隧道内钢筋混凝土结构、其他混凝土结构、装配式混凝土结构等项目。

2）地下混凝土结构适用于隧道暗埋段、引道段的内部结构、隧道内路面及现浇内衬混凝土工程。

3）结构消耗量中未列预埋件费用，可另行计算。

4）钢筋制作、安装执行《市政工程消耗量》（ZYA 1—31—2021）第九册《钢筋工程》相应项目。

5）消耗量中混凝土浇捣未含脚手架。

6）隧道内衬施工未包括各种滑模、台车及操作平台费用，可另行计算。

7）引道道路与圆隧道道路以盾构掘进方向工作井内井壁为界。

8）圆形隧道路面以大型槽型板作底模，如采用其他方式时消耗量允许调整。

9）隧道路面沉降缝、变形缝执行《市政工程消耗量》（ZYA 1—31—2021）第二册

《道路工程》相应项目，其人工、机械乘以系数 1.10。

10）装配式混凝土部件适用于口子件、中层板、护板的预制及安装。

（2）工程量计算规则

1）现浇混凝土工程量按设计图示尺寸以体积计算，不扣除单孔面积 $0.3m^2$ 以内的孔洞体积。

2）有梁板的柱高，自柱基础顶面至梁、板顶面计算，梁高以设计高度为准。梁与柱交接，梁长算至柱侧面（即柱间净长）。

3）混凝土墙高按设计图示尺寸计算。采用逆作法工艺施工时，底板计算至墙内侧；采用顺作法工艺施工时，底板计算至墙外侧。顶板均计算至墙外侧。

4）混凝土柱或梁与混凝土墙相叠加的部分，分别按柱或梁计算。

5）混凝土板（底板、顶板）与靠墙及不靠墙的斜角都算在板内。

6）口子件、中层板、护板的预制及安装工程量按设计图示尺寸以体积计算；模板工程量按设计图示尺寸以模板与混凝土的接触面积计算。

6.3 隧道工程工程量清单编制实例

实例 1　某隧道地沟开挖的工程量计算

某隧道地沟，长 380m，其断面如图 6-1 所示，土质为三类土，采用光面爆破，请根据图中给出的已知条件，试计算地沟开挖工程量（$k = 0.33$）。

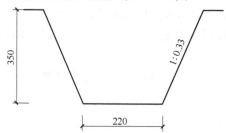

图 6-1　地沟断面示意图（单位：cm）

【解】

地沟开挖工程量 $=(2.2+2.2+2\times3.5\times0.33)\times\dfrac{1}{2}\times3.5\times380$

$=6.71\times\dfrac{1}{2}\times3.5\times380$

$=4462.15（m^3）$

清单工程量计算见表 6-13。

表 6-13　第 6 章实例 1 清单工程量

项目编码	项目名称	项目特征描述	工程量合计	计量单位
040401004001	地沟开挖	1. 断面尺寸：底宽 220cm、挖深 350cm 2. 岩石类别：三类土 3. 爆破要求：光面爆破	4462.15	m^3

实例 2　某市政隧道工程混凝土衬砌的工程量计算

某市政隧道工程断面设计图如图 6-2 所示，根据当地地质勘测知，施工段无地下水，岩石类别为特坚石，隧道全长 1000m，且均采取光面爆破，要求挖出的石渣运至洞口外 1500m 处。现拟浇筑钢筋混凝土 C50 衬砌以加强隧道拱部和边墙受压力，已知混凝土为粒式细石料，厚度 20cm，试求混凝土衬砌工程量。

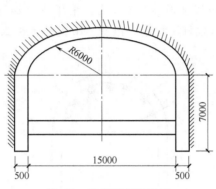

图 6-2　隧道断面设计图

【解】

（1）清单工程量

1）混凝土顶拱衬砌

$$V_{顶拱} = \frac{1}{2} \times 3.14 \times (6.5^2 - 6^2) \times 1000$$

$$= \frac{1}{2} \times 3.14 \times 6.25 \times 1000$$

$$= 9812.5 \ (m^3)$$

2）混凝土边墙衬砌

$$V_{边墙} = 2 \times 0.5 \times 7 \times 1000 = 7000 \ (m^3)$$

3）混凝土衬砌

$$V = V_{顶拱} + V_{边墙}$$

$$= 9812.5 + 7000$$

$$= 16812.5 \ (m^3)$$

（2）定额工程量

1）混凝土顶拱衬砌

$$V_{顶拱} = \frac{1}{2} \times 3.14 \times \left[(6.5 + 0.15)^2 - 6^2 \right] \times 1000$$

$$= \frac{1}{2} \times 3.14 \times 8.2225 \times 1000$$

$$\approx 12909.33 \ (m^3)$$

2）混凝土边墙衬砌

$$V_{边墙} = 2 \times (0.5 + 0.1) \times 7 \times 1000 = 8400 \ (m^3)$$

3）混凝土衬砌

$V = V_{顶拱} + V_{边墙}$

$\quad = 12909.33 + 8400$

$\quad = 21309.33$（m^3）

实例3　某隧道拱部锚杆的工程量计算

某隧道拱部设置7根锚杆以加强拱部支撑力，采用 $\phi20$ 钢筋，长度为2.6m，采用梅花形布置，如图6-3所示，试求锚杆工程量（已知 $\phi20$ 的质量为2.47kg/m）。

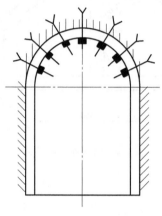

图6-3　锚杆布置示意图

【解】

（1）清单工程量

锚杆总工程量 = 7×2.6×2.47 = 44.954（kg）≈0.045（t）

清单工程量见表6-14。

表6-14　第6章实例3清单工程量

项目编码	项目名称	项目特征描述	工程量合计	计量单位
040402012001	锚杆	1. 长度:2.6m 2. 锚杆类型:钢筋 3. 砂浆强度等级	0.045	t

（2）定额工程量

根据隧道内衬工程量计算规则：锚杆按 $\phi22$ 计算，若实际不同时，做系统调整，对于 $\phi20$ 的锚杆，调整系数为1.21。

锚杆总工程量 = 7×2.6×2.47×1.21 = 54.39434（kg）≈0.054（t）

实例4　某隧道预制钢筋混凝土管片的工程量计算

某隧道在 K1+000～K1+180 段采用盾构施工，设置预制钢筋混凝土管片，如图6-4所示，外直径为16m，内直径为14m，外弧长为17m，内弧长为15m，宽度为10m，混凝土强度为C40，石料最大粒径为15mm，试计算预制钢筋混凝土管片的工程量。

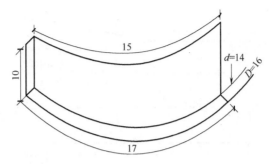

图 6-4 预制钢筋混凝土管片示意图（单位：m）

【解】

（1）清单工程量

$$预制钢筋混凝土管片工程量 = \frac{1}{2} \times \left(17 \times \frac{16}{2} - 15 \times \frac{14}{2} \right) \times 10$$

$$= \frac{1}{2} \times (136 - 105) \times 10$$

$$= 155 \ (m^3)$$

清单工程量见表 6-15。

表 6-15 第 6 章实例 4 清单工程量

项目编码	项目名称	项目特征描述	工程量合计	计量单位
040403004001	预制钢筋混凝土管片	1. 直径：外直径为 16m，内直径为 14m 2. 宽度：10m 3. 混凝土强度等级：混凝土强度为 C40，石料最大粒径为 15mm	155	m³

（2）定额工程量

由隧道盾构法掘进工程量计算规则可知：预制混凝土管片工程量按实体积加 1% 损耗计算。

$$预制钢筋混凝土管片工程量 = \frac{1}{2} \times \left(17 \times \frac{16}{2} - 15 \times \frac{14}{2} \right) \times 10 \times (1+1\%)$$

$$= \frac{1}{2} \times (136 - 105) \times 10 \times 1.01$$

$$= 156.55 \ (m^3)$$

实例 5　某隧道工程开挖旁通道的工程量计算

某市开挖一条隧道，分为两部分，一部分为沿水平方向的隧道，一部分为斜向上的隧道，如图 6-5 所示，其中挖的深度均为 750cm。施工段为三类土，试求开挖旁通道工程量。

【解】

$$开挖旁通道工程量 = 7.5 \times (28 \times 6 + 45 \times 5.5)$$

$$= 7.5 \times (168 + 247.5)$$

$$= 3116.25 \ (m^3)$$

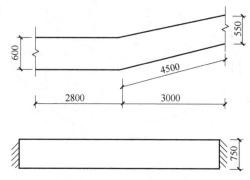

图 6-5　隧道内旁通道开挖示意图（单位：cm）

清单工程量见表 6-16。

表 6-16　第 6 章实例 5 清单工程量

项目编码	项目名称	项目特征描述	工程量合计	计量单位
040404007001	隧道内旁通道开挖	土壤类别：三类土	3116.25	m³

实例 6　某隧道安装防爆门的工程量计算

某隧道安设防爆门，已知该隧道长 2592m，且每隔 24m 设一扇门，试计算安装防爆门的工程量。

【解】

防爆门工程量 =（2592÷24-1）×2 = 214（扇）

实例 7　某市隧道工程沉井的工程量计算

某市隧道工程，采用 C25 混凝土，石粒最大粒径 15mm，沉井如图 6-6 所示，沉井下沉深度为 16m，沉井封底及底板混凝土强度为 C20，石料最大粒径为 10mm，沉井填心采用碎石（20mm）及块石（200mm）。不排水下沉，试求其工程量。

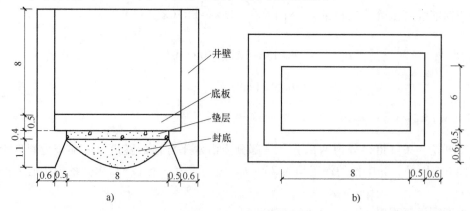

图 6-6　沉井示意图（单位：m）

a）立面图　b）平面图

【解】

（1）沉井井壁混凝土

$V_1 = 8.5×(6+0.5×2+0.6×2)×(8+0.6×2+0.5×2)+0.4×1.1×2×$
$\qquad (1+8+0.6×2+6)-(6+0.5×2)×(8+0.5×2)×8.5$

$\qquad = 8.5×8.2×10.2+14.256-7×9×8.5$

$\qquad = 710.94+14.256-535.5$

$\qquad ≈ 189.7（m^3）$

（2）沉井下沉

$V_2 = (8.2+10.2)×2×(8+0.5+0.4+1.1)×16$

$\qquad = 18.4×2×10×16$

$\qquad = 5888（m^3）$

（3）沉井混凝土封底

$V_3 = 1.1×8×6 = 52.8（m^3）$

（4）沉井混凝土底板

$V_4 = 0.5×9×(6+0.5×2)$

$\qquad = 0.5×9×7$

$\qquad = 31.5（m^3）$

（5）沉井填心

$V_5 = 8×(8+0.5×2)×(6+0.5×2)$

$\qquad = 8×9×7$

$\qquad = 504（m^3）$

清单工程量见表6-17。

表6-17 第6章实例7清单工程量

项目编码	项目名称	项目特征描述	工程量合计	计量单位
040405001001	沉井井壁混凝土	1. 石料最大粒径：15mm 2. 混凝土强度等级：C25	189.7	m^3
040405002001	沉井下沉	下沉深度：16m	5888	m^3
040405003001	沉井混凝土封底	1. 石料最大粒径：10mm 2. 混凝土强度等级：C20	52.8	m^3
040405004001	沉井混凝土底板	1. 石料最大粒径：10mm 2. 混凝土强度等级：C20	31.5	m^3
040405005001	沉井填心	材料品种：碎石（20mm）及块石（200mm）	504	m^3

实例8 某隧道混凝土地梁的工程量计算

某处隧道需要浇筑混凝土地梁，尺寸如图6-7所示，采用泵送C30商品混凝土，石料最大粒径15mm，垫层采用C20的混凝土，请根据图中给出的已知条件，试计算该混凝土地梁的工程量。

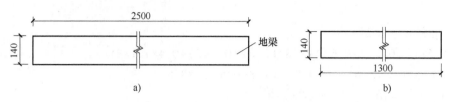

图 6-7　地梁示意图（单位：cm）

a) 侧面图　b) 剖面图

【解】

混凝土地梁工程量 = 1.4×25×13 = 455（m³）

清单工程量见表 6-18。

表 6-18　第 6 章实例 8 清单工程量

项目编码	项目名称	项目特征描述	工程量合计	计量单位
040406001001	混凝土地梁	1. 类别、部位：泵送 C30 商品混凝土、垫层 2. 混凝土强度等级：C20	455	m³

实例 9　某隧道端头钢壳的工程量计算

某隧道工程采用管段为圆形的钢壳作为永久性防水层，如图 6-8 所示，钢壳厚 1.4cm，沉管长 16000cm，试求钢壳的工程量（钢材密度为 7.78t/m³）。

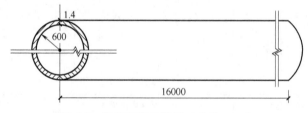

图 6-8　隧道钢壳示意图（单位：cm）

【解】

钢壳工程量 = 7.78×(6.014² − 6²)π×160 ≈ 657.76（t）

清单工程量见表 6-19。

表 6-19　第 6 章实例 9 清单工程量

项目编码	项目名称	项目特征描述	工程量合计	计量单位
040407008001	端头钢壳	材质规格：密度 7.78t/m³	657.76	t

第7章 管网工程

7.1 管网工程清单工程量计算规则

1. 管道铺设

管道铺设工程量清单项目设置、项目特征描述的内容、计量单位及工程量计算规则，应按表 7-1 的规定执行。

表 7-1 管道铺设（编码：040501）

项目编码	项目名称	项目特征	计量单位	工程量计算规则	工程内容
040501001	混凝土管	1. 垫层、基础材质及厚度 2. 管座材质 3. 规格 4. 接口方式 5. 铺设深度 6. 混凝土强度等级 7. 管道检验及试验要求			1. 垫层、基础铺筑及养护 2. 模板制作、安装、拆除 3. 混凝土拌和、运输、浇筑、养护 4. 预制管枕安装 5. 管道铺设 6. 管道接口 7. 管道检验及试验
040501002	钢管	1. 垫层、基础材质及厚度 2. 材质及规格 3. 接口方式 4. 铺设深度 5. 管道检验及试验要求 6. 集中防腐运距	m	按设计图示中心线长度以延长米计算。不扣除附属构筑物、管件及阀门等所占长度	1. 垫层、基础铺筑及养护 2. 模板制作、安装、拆除 3. 混凝土拌和、运输、浇筑、养护 4. 管道铺设 5. 管道检验及试验 6. 集中防腐运输
040501003	铸铁管				
040501004	塑料管	1. 垫层、基础材质及厚度 2. 材质及规格 3. 连接形式 4. 铺设深度 5. 管道检验及试验要求			1. 垫层、基础铺筑及养护 2. 模板制作、安装、拆除 3. 混凝土拌和、运输、浇筑、养护 4. 管道铺设 5. 管道检验及试验
040501005	直埋式预制保温管	1. 垫层材质及厚度 2. 材质及规格 3. 接口方式 4. 铺设深度 5. 管道检验及试验的要求			1. 垫层铺筑及养护 2. 管道铺设 3. 接口处保温 4. 管道检验及试验

（续）

项目编码	项目名称	项目特征	计量单位	工程量计算规则	工程内容
040501006	管道架空跨越	1. 管道架设高度 2. 管道材质及规格 3. 接口方式 4. 管道检验及试验要求 5. 集中防腐运距	m	按设计图示中心线长度以延长米计算。不扣除管件及阀门等所占长度	1. 管道架设 2. 管道检验及试验 3. 集中防腐运输
040501007	隧道（沟、管）内管道	1. 基础材质及厚度 2. 混凝土强度等级 3. 材质及规格 4. 接口方式 5. 管道检验及试验要求 6. 集中防腐运距		按设计图示中心线长度以延长米计算。不扣除附属构筑物、管件及阀门等所占长度	1. 基础铺筑、养护 2. 模板制作、安装、拆除 3. 混凝土拌和、运输、浇筑、养护 4. 管道铺设 5. 管道检测及试验 6. 集中防腐运输
040501008	水平导向钻进	1. 土壤类别 2. 材质及规格 3. 一次成孔长度 4. 接口方式 5. 泥浆要求 6. 管道检验及试验要求 7. 集中防腐运距		按设计图示长度以延长米计算。扣除附属构筑物（检查井）所占的长度	1. 设备安装、拆除 2. 定位、成孔 3. 管道接口 4. 拉管 5. 纠偏、监测 6. 泥浆制作、注浆 7. 管道检测及试验 8. 集中防腐运输 9. 泥浆、土方外运
040501009	夯管	1. 土壤类别 2. 材质及规格 3. 一次夯管长度 4. 接口方式 5. 管道检验及试验要求 6. 集中防腐运距			1. 设备安装、拆除 2. 定位、夯管 3. 管道接口 4. 纠偏、监测 5. 管道检测及试验 6. 集中防腐运输 7. 土方外运
040501010	顶（夯）管工作坑	1. 土壤类别 2. 工作坑平面尺寸及深度 3. 支撑、围护方式 4. 垫层、基础材质及厚度 5. 混凝土强度等级 6. 设备、工作台主要技术要求	座	按设计图示数量计算	1. 支撑、围护 2. 模板制作、安装、拆除 3. 混凝土拌和、运输、浇筑、养护 4. 工作坑内设备、工作台安装及拆除
040501011	预制混凝土工作坑	1. 土壤类别 2. 工作坑平面尺寸及深度 3. 垫层、基础材质及厚度 4. 混凝土强度等级 5. 设备、工作台主要技术要求 6. 混凝土构件运距			1. 混凝土工作坑制作 2. 下沉、定位 3. 模板制作、安装、拆除 4. 混凝土拌和、运输、浇筑、养护 5. 工作坑内设备、工作台安装及拆除 6. 混凝土构件运输

（续）

项目编码	项目名称	项目特征	计量单位	工程量计算规则	工程内容
040501012	顶管	1. 土壤类别 2. 顶管工作方式 3. 管道材质及规格 4. 中继间规格 5. 工具管材质及规格 6. 触变泥浆要求 7. 管道检验及试验要求 8. 集中防腐运距	m	按设计图示长度以延长米计算。扣除附属构筑物（检查井）所占的长度	1. 管道顶进 2. 管道接口 3. 中继间、工具管及附属设备安装拆除 4. 管内挖、运土及土方提升 5. 机械顶管设备调向 6. 纠偏、监测 7. 触变泥浆制作、注浆 8. 洞口止水 9. 管道检测及试验 10. 集中防腐运输 11. 泥浆、土方外运
040501013	土壤加固	1. 土壤类别 2. 加固填充材料 3. 加固方式	1. m 2. m³	1. 按设计图示加固段长度以延长米计算。 2. 按设计图示加固段体积以立方米计算	打孔、调浆、灌注
040501014	新旧管连接	1. 材质及规格 2. 连接方式 3. 带（不带）介质连接	处	按设计图示数量计算	1. 切管 2. 钻孔 3. 连接
040501015	临时放水管线	1. 材质及规格 2. 铺设方式 3. 接口形式		按放水管线长度以延长米计算，不扣除管件、阀门所占长度	管线铺设、拆除
040501016	砌筑方沟	1. 断面规格 2. 垫层、基础材质及厚度 3. 砌筑材料品种、规格、强度等级 4. 混凝土强度等级 5. 砂浆强度等级、配合比 6. 勾缝、抹面要求 7. 盖板材质及规格 8. 伸缩缝（沉降缝）要求 9. 防渗、防水要求 10. 混凝土构件运距	m	按设计图示尺寸以延长米计算	1. 模板制作、安装、拆除 2. 混凝土拌和、运输、浇筑、养护 3. 砌筑 4. 勾缝、抹面 5. 盖板安装 6. 防水、止水 7. 混凝土构件运输
040501017	混凝土方沟	1. 断面规格 2. 垫层、基础材质及厚度 3. 混凝土强度等级 4. 伸缩缝（沉降缝）要求 5. 盖板材质、规格 6. 防渗、防水要求 7. 混凝土构件运距			1. 模板制作、安装、拆除 2. 混凝土拌和、运输、浇筑、养护 3. 盖板安装 4. 防水、止水 5. 混凝土构件运输

（续）

项目编码	项目名称	项目特征	计量单位	工程量计算规则	工程内容
040501018	砌筑渠道	1. 断面规格 2. 垫层、基础材质及厚度 3. 砌筑材料品种、规格、强度等级 4. 混凝土强度等级 5. 砂浆强度等级、配合比 6. 勾缝、抹面要求 7. 伸缩缝（沉降缝）要求 8. 防渗、防水要求	m	按设计图示尺寸以延长米计算	1. 模板制作、安装、拆除 2. 混凝土拌和、运输、浇筑、养护 3. 渠道砌筑 4. 勾缝、抹面 5. 防水、止水
040501019	混凝土渠道	1. 断面规格 2. 垫层、基础材质及厚度 3. 混凝土强度等级 4. 伸缩缝（沉降缝）要求 5. 防渗、防水要求 6. 混凝土构件运距			1. 模板制作、安装、拆除 2. 混凝土拌和、运输、浇筑、养护 3. 防水、止水 4. 混凝土构件运输
040501020	警示（示踪）带铺设	规格		按铺设长度以延长米计算	铺设

注：1. 管道架空跨越铺设的支架制作、安装及支架基础、垫层应按"支架制作及安装"相关清单项目编码列项。
　　2. 管道铺设项目中的做法如为标准设计，也可在项目特征中标注标准图集号。

2. 管件、阀门及附件安装

管件、阀门及附件安装工程量清单项目设置、项目特征描述的内容、计量单位及工程量计算规则，应按表 7-2 的规定执行。

表 7-2　管件、阀门及附件安装（编码：040502）

项目编码	项目名称	项目特征	计量单位	工程量计算规则	工程内容
040502001	铸铁管管件	1. 种类 2. 材质及规格 3. 接口形式	个	按设计图示数量计算	安装
040502002	钢管管件制作、安装				制作、安装
040502003	塑料管管件	1. 种类 2. 材质及规格 3. 连接方式			
040502004	转换件	1. 材质及规格 2. 接口形式			
040502005	阀门	1. 种类 2. 材质及规格 3. 连接方式 4. 试验要求			安装
040502006	法兰	1. 材质、规格、结构形式 2. 连接方式 3. 焊接方式 4. 垫片材质			

（续）

项目编码	项目名称	项目特征	计量单位	工程量计算规则	工程内容
040502007	盲堵板制作、安装	1. 材质及规格 2. 连接方式	个	按设计图示数量计算	制作、安装
040502008	套管制作、安装	1. 形式、材质及规格 2. 管内填料材质			制作、安装
040502009	水表	1. 规格 2. 安装方式			安装
040502010	消火栓	1. 规格 2. 安装部位、方式			安装
040502011	补偿器（波纹管）	1. 规格 2. 安装方式			安装
040502012	除污器组成、安装		套		组成、安装
040502013	凝水缸	1. 材料品种 2. 型号及规格 3. 连接方式			1. 制作 2. 安装
040502014	调压器	1. 规格 2. 型号 3. 连接方式	组		安装
040502015	过滤器				
040502016	分离器				
040502017	安全水封	规格			
040502018	检漏（水）管				

注：040502013项目的"凝水井"应按"管道附属构筑物"相关清单项目编码列项。

3. 支架制作及安装

支架制作及安装工程量清单项目设置、项目特征描述的内容、计量单位及工程量计算规则，应按表7-3的规定执行。

表7-3　支架制作及安装（编码：040503）

项目编码	项目名称	项目特征	计量单位	工程量计算规则	工程内容
040503001	砌筑支墩	1. 垫层材质、厚度 2. 混凝土强度等级 3. 砌筑材料、规格、强度等级 4. 砂浆强度等级、配合比	m³	按设计图示尺寸以体积计算	1. 模板制作、安装、拆除 2. 混凝土拌和、运输、浇筑、养护 3. 砌筑 4. 勾缝、抹面
040503002	混凝土支墩	1. 垫层材质、厚度 2. 混凝土强度等级 3. 预制混凝土构件运距			1. 模板制作、安装、拆除 2. 混凝土拌和、运输、浇筑、养护 3. 预制混凝土支墩安装 4. 混凝土构件运输

（续）

项目编码	项目名称	项目特征	计量单位	工程量计算规则	工程内容
040503003	金属支架制作、安装	1. 垫层、基础材质及厚度 2. 混凝土强度等级 3. 支架材质 4. 支架形式 5. 预埋件材质及规格	t	按设计图示质量计算	1. 模板制作、安装、拆除 2. 混凝土拌和、运输、浇筑、养护 3. 支架制作、安装
040503004	金属吊架制作、安装	1. 吊架形式 2. 吊架材质 3. 预埋件材质及规格			制作、安装

4. 管道附属构筑物

管道附属构筑物工程量清单项目设置、项目特征描述的内容、计量单位及工程量计算规则，应按表 7-4 的规定执行。

表 7-4　管道附属构筑物（编码：040504）

项目编码	项目名称	项目特征	计量单位	工程量计算规则	工程内容
040504001	砌筑井	1. 垫层、基础材质及厚度 2. 砌筑材料品种、规格、强度等级 3. 勾缝、抹面要求 4. 砂浆强度等级、配合比 5. 混凝土强度等级 6. 盖板材质、规格 7. 井盖、井圈材质及规格 8. 踏步材质、规格 9. 防渗、防水要求	座	按设计图示数量计算	1. 垫层铺筑 2. 模板制作、安装、拆除 3. 混凝土拌和、运输、浇筑、养护 4. 砌筑、勾缝、抹面 5. 井圈、井盖安装 6. 盖板安装 7. 踏步安装 8. 防水、止水
040504002	混凝土井	1. 垫层、基础材质及厚度 2. 混凝土强度等级 3. 盖板材质、规格 4. 井盖、井圈材质及规格 5. 踏步材质、规格 6. 防渗、防水要求			1. 垫层铺筑 2. 模板制作、安装、拆除 3. 混凝土拌和、运输、浇筑、养护 4. 井圈、井盖安装 5. 盖板安装 6. 踏步安装 7. 防水、止水
040504003	塑料检查井	1. 垫层、基础材质及厚度 2. 检查井材质、规格 3. 井筒、井盖、井圈材质及规格			1. 垫层铺筑 2. 模板制作、安装、拆除 3. 混凝土拌和、运输、浇筑、养护 4. 检查井安装 5. 井筒、井圈、井盖安装

（续）

项目编码	项目名称	项目特征	计量单位	工程量计算规则	工程内容
040504004	砖砌井筒	1. 井筒规格 2. 砌筑材料品种、规格 3. 砌筑、勾缝、抹面要求 4. 砂浆强度等级、配合比 5. 踏步材质、规格 6. 防渗、防水要求	m	按设计图示尺寸以延长米计算	1. 砌筑、勾缝、抹面 2. 踏步安装
040504005	预制混凝土井筒	1. 井筒规格 2. 踏步规格			1. 运输 2. 安装
040504006	砌体出水口	1. 垫层、基础材质及厚度 2. 砌筑材料品种、规格 3. 砌筑、勾缝、抹面要求 4. 砂浆强度等级及配合比			1. 垫层铺筑 2. 模板制作、安装、拆除 3. 混凝土拌和、运输、浇筑、养护 4. 砌筑、勾缝、抹面
040504007	混凝土出水口	1. 垫层、基础材质及厚度 2. 混凝土强度等级	座	按设计图示数量计算	1. 垫层铺筑 2. 模板制作、安装、拆除 3. 混凝土拌和、运输、浇筑、养护
040504008	整体化粪池	1. 材质 2. 型号、规格			安装
040504009	雨水口	1. 雨水箅子及圈口材质、型号、规格 2. 垫层、基础材质及厚度 3. 混凝土强度等级 4. 砌筑材料品种、规格 5. 砂浆强度等级及配合比			1. 垫层铺筑 2. 模板制作、安装、拆除 3. 混凝土拌和、运输、浇筑、养护 4. 砌筑、勾缝、抹面 5. 雨水箅子安装

注：管道附属构筑物为标准定型附属构筑物时，在项目特征中应标注标准图集编号及页码。

5. 清单相关问题及说明

（1）清单项目所涉及土方工程的内容应按"土石方工程"中相关项目编码列项。

（2）刷油、防腐、保温工程、阴极保护及牺牲阳极应按现行国家标准《通用安装工程工程量计算规范》（GB 50856—2013）中附录 M"刷油、防腐蚀、绝热工程"中相关项目编码列项。

（3）高压管道及管件、阀门安装，不锈钢管及管件、阀门安装，管道焊缝无损探伤应按现行国家标准《通用安装工程工程量计算规范》（GB 50856—2013）附录 H"工业管道"中相关项目编码列项。

（4）管道检验及试验要求应按各专业的施工验收规范及设计要求，对已完管道工程进行的管道吹扫、冲洗消毒、强度试验、严密性试验、闭水试验等内容进行描述。

（5）阀门电动机需单独安装，应按现行国家标准《通用安装工程工程量计算规范》（GB 50856—2013）附录K"给排水、采暖、燃气工程"中相关项目编码列项。

（6）雨水口连接管应按"管道铺设"中相关项目编码列项。

7.2 管网工程定额工程量计算规则

1. 管网工程定额一般规定

（1）《市政工程消耗量》（ZYA 1—31—2021）第五册《管网工程》，包括管道铺设，管件、阀门及附件安装，管道附属构筑物，措施项目，共四章。

（2）管网工程适用于城镇范围内的新建、改建、扩建的市政给水、排水、燃气、集中供热、管道附属构筑物工程。

（3）管网工程与《通用安装工程消耗量》（TY02—31—2021）使用界限划分：

1）市政给水管道与厂、区室外给水管道以水表井为界，无水表井者，以与市政管道碰头点为界。

2）市政排水管道与厂、区室外排水管道以接入市政管道的碰头井为界。

3）市政热力、燃气管道与厂、区室外热力、燃气管道以两者的碰头点为界。

（4）管网工程是按无地下水考虑的（排泥湿井、钢筋混凝土井除外），有地下水需降水时执行《市政工程消耗量》（ZYA 1—31—2021）第十一册《措施项目》相应项目；需设排水盲沟时执行《市政工程消耗量》（ZYA 1—31—2021）第二册《道路工程》相应项目。

（5）管网工程中燃气工程、集中供热工程压力 P（MPa）划分范围如下。

1）燃气工程：

高压 A 级 $2.5\text{MPa}<P\leqslant4.0\text{MPa}$；

高压 B 级 $1.6\text{MPa}<P\leqslant2.5\text{MPa}$；

次高压 A 级 $0.8\text{MPa}<P\leqslant1.6\text{MPa}$；

次高压 B 级 $0.4\text{MPa}<P\leqslant0.8\text{MPa}$；

中压 A 级 $0.2\text{MPa}<P\leqslant0.4\text{MPa}$；

中压 B 级 $0.01\text{MPa}\leqslant P\leqslant0.2\text{MPa}$；

低压 $P<0.01\text{MPa}$。

2）集中供热工程：

低压 $P\leqslant1.6\text{MPa}$；

中压 $1.6\text{MPa}<P\leqslant2.5\text{MPa}$。

（6）管网工程中铸铁管安装是按中压 B 级及低压燃气管道、低压集中供热管道综合考虑的，如安装中压 A 级和次高压、高压燃气管道、中压集中供热管道，人工乘以系数 1.30。钢管及其管件安装是按低压、中压、高压综合考虑的。

（7）管网工程中混凝土养护是按塑料薄膜考虑的，使用土工布养护时，土工布消耗量按塑料薄膜用量乘以系数 0.40，其他不变。

（8）需要说明的有关事项：

　　1）管道沟槽和给水排水构筑物的土石方执行《市政工程消耗量》（ZYA 1—31—2021）第一册《土石方工程》相应项目，打拔工具桩、支撑工程、降水执行《市政工程消耗量》（ZYA 1—31—2021）第十一册《措施项目》相应项目。

　　2）管道刷油、防腐、保温和焊缝探伤执行《通用安装工程消耗量》（TY02—31—2021）相应项目。

　　3）防水刚性、柔性套管制作与安装、管道支架制作与安装、室外消火栓安装执行《通用安装工程消耗量》（TY 02—31—2021）相应项目。

　　4）管网工程中混凝土管的管径均指内径。

　　（9）施工用电是按市供电考虑，施工用水是按自来水考虑。

　　2. 管道铺设

　　（1）定额说明

　　1）管道铺设包括管道（渠）垫层及基础，管道铺设，水平导向钻进，顶管，新旧管连接，渠道（方沟），混凝土排水管道接口，闭水试验、试压、吹扫，其他等项目。

　　2）管道铺设工作内容除另有说明外，均包括沿沟排管、清沟底、外观检查及清扫管材。

　　3）管道铺设中管道的管节长度为综合取定。

　　4）管道安装未包括管件（三通、弯头、异径管等）、阀门的安装。管件、阀门安装执行相应项目。

　　5）管道铺设采用胶圈接口时，如管材为成套购置，即管材单价中已包括了胶圈价格，胶圈价值不再计取。

　　6）在沟槽土基上直接铺设混凝土管道时，人工、机械乘以系数1.18。

　　7）混凝土管道需满包混凝土加固时，满包混凝土加固执行现浇混凝土枕基项目，人工、机械乘以系数1.20。

　　8）钢承口混凝土管道铺设执行承插式混凝土管项目。

　　9）预制钢套钢复合保温管安装：

　　① 预制钢套钢复合保温管的管径为内管公称直径。

　　② 预制钢套钢复合保温管安装未包括接口绝热、外套钢接口制作安装和防腐工作内容。外套钢接口制作安装执行管网工程第二章相应项目，接口绝热、防腐执行《通用安装工程消耗量》（TY 02—31—2021）相应项目。

　　10）水平导向钻进是按照土壤类别综合编制的，未考虑遇障碍物或岩石层增加的费用，发生另行计算。水平导向钻进未包括施工设备场外运输、蓄水池、沟以及挖填等工作内容，应按经批准的施工组织设计计取。

　　11）顶管工程。

　　① 挖工作坑、回填执行《市政工程消耗量》（ZYA 1—31—2021）第一册《土石方工程》相应项目；支撑安装、拆除执行《市政工程消耗量》（ZYA 1—31—2021）第十一册《措施项目》相应项目。工作坑、接收坑沉井制作执行《市政工程消耗量》（ZYA 1—31—2021）第六册《水处理工程》相应项目。

　　② 工作坑垫层、基础执行管道铺设相应项目，人工乘以系数1.10，其他不变。

　　③ 顶管工程按无地下水考虑，遇地下水排（降）水费用另行计算。

④ 顶管工程中钢板内、外套环接口项目，仅适用于设计要求的永久性套环管口，不适用于顶进中为防止错口，在管内接口处设置的工具式临时性钢胀圈。

⑤ 顶进断面大于 $4m^2$ 的方（拱）涵工程，执行《市政工程消耗量》（ZYA 1—31—2021）第三册《桥涵工程》相应项目。

⑥ 单位工程中，管径 1650mm 以内敞开式顶进在 100m 以内、封闭式顶进（不分管径）在 50m 以内时，顶进相应项目人工、机械乘以系数 1.30。

⑦ 顶进指标仅包括土方出坑，未包括土方外运费用。

⑧ 顶管采用中继间顶进时，顶进指标中的人工、机械按调整系数分级计算，见表 7-5。

表 7-5 中继间顶进调整系数

序号	中继间顶进分级	人工、机械费调整系数
1	一级顶进	1.36
2	二级顶进	1.64
3	三级顶进	2.15
4	四级顶进	2.80
5	五级顶进	另计

12）泥浆制作、运输执行《市政工程消耗量》（ZYA 1—31—2021）第三册《桥涵工程》相应项目。

13）新旧管线连接管径是指新旧管中的最大管径。

14）管道铺设中石砌体均按块石考虑，如采用片石或平石时，项目中的块石和砂浆用量分别乘以系数 1.09 和 1.19，其他不变。

15）现浇混凝土方沟底板，执行管道（渠）基础中平基相应项目。

16）弧（拱）型混凝土盖板的安装，按矩形盖板相应项目执行，其中人工、机械乘以系数 1.15。

17）钢丝网水泥砂浆抹带接口按管座 120° 和 180° 编制。如管座角度为 90° 和 135°，按管座 120° 相应项目执行，项目分别乘以系数 1.33 和 0.89。

18）钢丝网水泥砂浆接口均未包括内抹口，如设计要求内抹口，按抹口周长每 100m 增加水泥砂浆 $0.042m^3$、9.22 工日计算。

19）闭水试验、试压、吹扫。

① 液压试验、气压试验、气密性试验，均考虑了管道两端所需的卡具、盲（堵）板，临时管线用的钢管、阀门、螺栓等材料的摊销量，也包括了一次试压的人工、材料和机械台班的耗用量。

② 闭水试验水源是按自来水考虑的，液压试验是按普通水考虑的，如试压介质有特殊要求，介质可按实调整。

③ 试压水如需加温，热源费用及排水设施另行计算。

④ 井、池渗漏试验注水采用电动单级离心清水泵，项目中已包括了泵的安装与拆除用工。

20）其他有关说明。

① 新旧管道连接、闭水试验、试压、消毒冲洗、井、池渗漏试验未包括排水工作内容，

排水应按批准的施工组织设计另行计算。

② 新旧管连接工作坑的土方《市政工程消耗量》（ZYA 1—31—2021）执行第一册《土石方工程》相应项目，工作坑垫层、抹灰执行管道铺设相应项目，人工乘以系数 1.10，马鞍卡子、盲板安装执行管件、阀门及附件安装相应项目。

（2）工程量计算规则

1）管道（渠）垫层和基础按设计图示尺寸以体积计算。

2）排水管道铺设工程量，按设计井中至井中的中心线长度扣除井的长度计算。每座井扣除长度见表 7-6。

表 7-6 每座井扣除长度

检查井规格/mm	扣除长度/m	检查井类型	扣除长度/m
$\phi700$	0.40	各种矩形井	1.00
$\phi1000$	0.70	各种交汇井	1.20
$\phi1250$	0.95	各种扇形井	1.00
$\phi1500$	1.20	圆形跌水井	1.60
$\phi2000$	1.70	矩形跌水井	1.70
$\phi2500$	2.20	阶梯式跌水井	按实扣

3）给水管道铺设工程量按设计管道中心线长度计算（支管长度从主管中心开始计算到支管末端交接处的中心），不扣除管件、阀门、法兰所占的长度。

4）燃气与集中供热管道铺设工程量按设计管道中心线长度计算，不扣除管件、阀门、法兰、煤气调长器所占的长度。

5）水平导向钻进项目中，钻导向孔、扩孔、回拖布管直径为管道直径，多管钻进时为最大外围直径。钻导向孔及扩孔工程量按两个工作坑之间的水平长度计算，回拖布管工程量按钻导向孔长度加 1.5m 计算。

6）顶管。

① 各种材质管道的顶管工程量，按设计顶进长度计算。

② 顶管接口应区分接口材质，分别以实际接口的个数或断面面积计算。

7）新旧管连接时，管道安装工程量计算到碰头的阀门处，阀门及与阀门相连的承（插）盘短管、法兰盘的安装均包括在新旧管连接内，不再另行计算。

8）渠道沉降缝应区分材质按设计图示尺寸以面积或铺设长度计算。

9）混凝土盖板的制作、安装按设计图示尺寸以体积计算。

10）混凝土排水管道接口区分管径和做法，按实际接口个数计算。

11）方沟闭水试验的工程量，按实际闭水长度乘以断面面积以体积计算。

12）管道闭水试验，按实际闭水长度计算，不扣除各种井所占长度。

13）各种管道试验、吹扫的工程量均按设计管道中心线长度计算，不扣除管件、阀门、法兰、煤气调长器等所占的长度。

14）井、池渗漏试验，按井、池容量以体积计算。

15）防水工程。

① 各种防水层按设计图示尺寸以面积计算，不扣除 0.3m² 以内孔洞所占面积。

② 平面与立面交接处的防水层，上卷高度超过 500mm 时，按立面防水层计算。

16）各种材质的施工缝不分断面面积按设计长度计算。

17）警示（示踪）带按铺设长度计算。

18）塑料管与检查井的连接按砂浆或混凝土的成品体积计算。

19）管道支墩（挡墩）按设计图示尺寸以体积计算。

3. 管件、阀门及附件安装

（1）定额说明

1）管件、阀门及附件安装包括管件安装，转换件安装，阀门安装，法兰安装，盲（堵）板及套管制作、安装，法兰式水表组成与安装，补偿器安装，除污器组成与安装，凝水缸制作、安装，调压器安装，鬃毛过滤器安装，萘油分离器安装，安全水封、检漏管安装，附件等项目。

2）铸铁管件安装项目中综合考虑了承口、插口、带盘的接口，但与盘连接的阀门或法兰应另行计算。

3）预制钢套钢复合保温管管件管径为内管公称直径，外套管接口制作、安装为外套管公称直径，项目中未包括接口绝热、防腐工作内容，接口绝热、防腐执行《通用安装工程消耗量》（TY 02—31—2021）相应项目。

4）法兰、阀门安装。

① 电动阀门安装未包括阀体与电动机分立组合的电动机安装。

② 阀门水压试验如设计要求其他介质，可按实调整。

③ 法兰、阀门安装以低压考虑，中压法兰、阀门安装按低压相应项目执行，其中人工乘以系数 1.20。法兰、阀门安装项目中的垫片均按橡胶板考虑，当设计与项目不同时，橡胶板可以调整。

④ 各种法兰、阀门安装，项目中只包括一个垫片，未包括螺栓，螺栓数量按表 7-7 至表 7-12 计算。

表 7-7　0.6MPa 平焊法兰安装用螺栓数量　　　　　　　　　　（单位：副）

公称直径/mm	规格	套	重量/kg	公称直径/mm	规格	套	重量/kg
50	M12×50	4	0.319	350	M20×75	16	3.906
65	M12×50	4	0.319	400	M20×80	16	5.420
80	M16×55	8	0.635	450	M20×80	20	5.420
100	M16×55	8	0.635	500	M20×85	20	5.840
125	M16×60	8	1.338	600	M22×85	20	8.890
150	M16×60	8	1.338	700	M22×90	24	10.668
200	M16×65	12	1.404	800	M27×95	24	18.9600
250	M16×70	12	2.208	900	M27×100	28	19.962
300	M16×70	16	3.747	1000	M27×105	28	24.633

表 7-8　1.0MPa 平焊法兰安装用螺栓数量　　　　　　　　　（单位：副）

公称直径/mm	规格	套	重量/kg	公称直径/mm	规格	套	重量/kg
50	M16×55	4	0.635	250	M20×75	12	3.906
65	M16×60	4	0.669	300	M20×80	12	4.065
80	M16×60	4	0.669	350	M20×80	16	5.420
100	M16×65	8	1.404	400	M22×85	16	7.112
125	M16×70	8	1.472	450	M22×85	20	8.890
150	M20×70	8	2.498	500	M22×90	20	8.890
200	M20×70	8	2.498	600	M27×105	20	17.595

表 7-9　1.6MPa 平焊法兰安装用螺栓数量　　　　　　　　　（单位：副）

公称直径/mm	规格	套	重量/kg	公称直径/mm	规格	套	重量/kg
50	M16×65	4	0.702	250	M22×90	12	5.334
65	M16×70	4	0.736	300	M22×90	12	5.334
80	M16×70	8	1.472	350	M22×95	16	7.620
100	M16×70	8	1.472	400	M27×105	16	14.076
125	M16×75	8	1.540	450	M27×115	20	18.560
150	M20×80	8	2.710	500	M30×130	20	24.930
200	M20×85	12	4.380	600	M30×140	20	26.120

表 7-10　0.6MPa 对焊法兰安装用螺栓数量　　　　　　　　　（单位：副）

公称直径/mm	规格	套	重量/kg	公称直径/mm	规格	套	重量/kg
50	M12×50	4	0.319	65	M12×50	4	0.319
80	M16×55	8	0.669	350	M20×75	16	3.906
100	M16×55	8	0.669	400	M20×75	16	5.208
125	M16×60	8	1.404	450	M20×75	20	5.208
150	M16×60	8	1.404	500	M20×80	20	5.420
200	M16×65	8	1.472	600	M22×80	20	8.250
250	M16×70	12	2.310	700	M22×80	24	9.900
300	M20×75	16	3.906	800	M27×85	24	18.804

表 7-11　1.0MPa 对焊法兰安装用螺栓数量　　　　　　　　　（单位：副）

公称直径/mm	规格	套	重量/kg	公称直径/mm	规格	套	重量/kg
50	M16×60	4	0.669	300	M20×85	12	4.380
65	M16×65	4	0.702	350	M20×85	16	5.840
80	M16×65	4	0.702	400	M22×85	16	7.112
100	M16×70	8	1.472	450	M22×90	20	8.890
125	M16×75	8	1.540	500	M22×90	20	8.890
150	M20×75	8	2.604	600	M27×95	20	16.635
200	M20×75	8	2.604	700	M27×100	24	19.962
250	M20×80	12	4.065	800	M30×110	24	27.072

表 7-12　1.6MPa 对焊法兰安装用螺栓数量　　　　　　　　（单位：副）

公称直径/mm	规格	套	重量/kg	公称直径/mm	规格	套	重量/kg
50	M16×60	4	0.669	300	M22×90	12	5.334
65	M16×65	4	0.702	350	M22×100	16	7.620
80	M16×70	8	1.472	400	M27×115	16	14.848
100	M16×70	8	1.472	450	M27×120	20	18.560
125	M16×80	8	1.608	500	M30×130	20	24.930
150	M20×80	8	2.710	600	M36×140	20	39.740
200	M20×80	12	4.065	700	M36×140	24	47.688
250	M22×85	12	5.334	800	M36×150	24	49.740

5）盲（堵）板安装未包括螺栓，螺栓数量按表 7-7 至表 7-12 计算。

6）焊接盲板（封头）执行弯头安装相应项目乘以系数 0.60。

7）法兰水表安装。

①法兰水表安装参照《市政给水管道工程及附属设施》07MS101 编制，如实际安装形式与本消耗量不同时，可按实调整。

②水表安装不分冷、热水表，均执行水表组成安装相应项目，阀门或管件材质不同时，可按实调整。

8）碳钢波纹补偿器按焊接法兰考虑，直接焊接时，应扣减法兰安装用材料，其他不变。法兰安装时螺栓数量按表 7-7 至表 7-12 计算。

9）凝水缸安装。

①碳钢、铸铁凝水缸安装如使用成品头部装置时，可按实调整材料费，其他不变。

②碳钢凝水缸安装未包括缸体、套管、抽水管的刷油、防腐工作内容，刷油、防腐工作应按设计要求执行《通用安装工程消耗量》（TY 02—31—2021）相应项目。

10）各类调压器安装均未包括过滤器、萘油分离器（脱萘筒）、安全放散装置（包括水封）安装。

11）检漏管安装是按在套管上钻眼攻丝安装考虑的，已包括小井砌筑。

12）马鞍卡子安装直径是指主管直径。

13）挖眼接管焊接加强筋已在相应项目中综合考虑。

14）钢塑过渡接头（焊接）安装未包括螺栓，螺栓数量按表 7-7~表 7-12 计算。

15）平面法兰式伸缩套、铸铁管连接套接头安装按自带螺栓考虑，如果不带螺栓，螺栓数量按表 7-7~表 7-12 计算。

16）煤气调长器。

①煤气调长器按焊接法兰考虑，直接对焊时，应扣减法兰安装用材料，其他不变。

②煤气调长器按三波考虑，安装三波以上时，人工乘以系数 1.33，其他不变。

（2）工程量计算规则

1）管件制作、安装按设计图示数量计算。

2）水表、分水栓、马鞍卡子安装按设计图示数量计算。

3）预制钢套钢复合保温管外套管接口制作安装按接口数量计算。

4）法兰、阀门安装按设计图示数量计算。

5）阀门水压试验按实际发生数量计算。

6）设备、容器具安装按设计数量计算。

7）挖眼接管以支管管径为准，按接管数量计算。

4. 管道附属构筑物

（1）定额说明

1）管道附属构筑物包括定型井、砌筑非定型井、塑料检查井、混凝土模块式排水检查井、预制装配式钢筋混凝土排水检查井、井筒、出水口、整体化粪池、雨水口等项目。

2）管道附属构筑物各类定型井按《市政给水管道工程及附属设施》07MS101、《市政排水管道工程及附属设施》06MS201编制，设计要求不同时，砌筑井执行管道附属构筑物砌筑非定型井相应项目，混凝土井执行《市政工程消耗量》（ZYA 1—31—2021）第六册《水处理工程》相应项目。

3）各类定型井的井盖、井座按重型球墨铸铁考虑，爬梯按塑钢考虑。当设计与项目不同时，井盖、井座及爬梯材料可以调整，其他不变。

4）塑料检查井是按设在非铺装路面考虑的，其他各类井均按设在铺装路面考虑。

5）跌水井跌水部位的抹灰，执行流槽抹灰相应项目。

6）抹灰项目适用于井内侧抹灰，井外壁抹灰时执行井内侧抹灰相应项目，人工乘以系数 0.80，其他不变。

7）石砌井执行非定型井相应项目，石砌体按块石考虑。采用片石或平石时，项目中的块石和砂浆用量分别乘以系数 1.09 和 1.19，其他不变。

8）混凝土模块式排水检查井、预制装配式钢筋混凝土排水检查井的管道接口包封，执行管网工程第一章现浇混凝土枕基项目，人工、机械乘以系数 1.20。

9）玻璃钢化粪池是按生产厂家运至施工现场，施工单位直接起吊、就位、安装考虑的，项目中未包括闭水试验、回填土工作内容，应按经批准的施工组织设计计取。

10）各类井的井深是指井盖顶面到井基础或混凝土底板顶面的距离，没有基础的到井垫层顶面。

11）井深大于 1.5m 的井未包括井字架的搭拆费用，井字架的搭拆费用执行《市政工程消耗量》（ZYA 1—31—2021）第十一册《措施项目》相应项目。

12）模板安装拆除执行措施项目相应项目；钢筋制作安装执行《市政工程消耗量》（ZYA 1—31—2021）第九册《钢筋工程》相应项目。

（2）工程量计算规则

1）各类定型井按设计图示数量计算。

2）非定型井各项目的工程量按设计图示尺寸计算，其中：

① 砌筑按体积计算，扣除管道所占体积。

② 抹灰、勾缝按面积计算，扣除管道所占面积。

3）井壁（墙）凿洞按实际凿洞面积计算。

4）塑料检查井按设计图示数量计算。

5）混凝土模块式排水检查井按砌筑体积计算，扣除管道所占体积。混凝土灌芯按设计图示孔洞的体积计算。

6）预制装配式钢筋混凝土排水检查井以单个井室外周体积划分，按井室设计图示尺寸混凝土体积计算，扣除管道所占体积。

7）检查井筒砌筑适用于井深不同的调整和方沟井筒的砌筑，区分高度按数量计算，高度不同时采用每增减 0.2m 计算。

8）井深及井筒调增按实际发生数量计算。

9）管道出水口区分型式、材质及管径，以"处"为单位计算。

10）整体化粪池按设计图示数量计算。

5. 措施项目

（1）定额说明

1）措施项目包括现浇混凝土模板工程、预制混凝土模板工程等项目。

2）地、胎模和砖、石拱圈的拱盔、支架执行《市政工程消耗量》（ZYA 1—31—2021）第三册《桥涵工程》相应项目。

3）模板安拆以槽（坑）深 3m 为准，超过 3m 时，人工乘以系数 1.08，其他不变。

4）现浇混凝土的支模高度按 3.6m 考虑，大于 3.6m 时，执行相应项目。

5）小型构件系指单件体积在 0.05m³ 以内项目未列出的构件。

6）墙帽分矩形墙帽和异型墙帽，矩形墙帽执行圈梁项目，异型墙帽执行异型梁项目。

（2）工程量计算规则

现浇及预制混凝土构件模板按模板与混凝土构件的接触面积计算。

7.3 管网工程工程量清单编制实例

实例 1 排水管的工程量计算

根据图 7-1，试计算排水管的工程量。

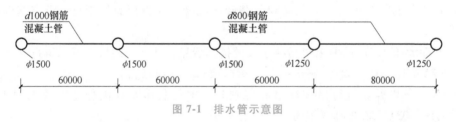

图 7-1 排水管示意图

【解】

（1）清单工程量

$d1000$ 管工程量 $= 60×3 = 180$（m）

$d800$ 管工程量 $= 80$（m）

（2）定额工程量

查表 7-6 可得，每座 $\phi1250$ 检查井应扣除长度为 0.95m，每座 $\phi1500$ 检查井应扣除长度为 1.2m。

$d1000$ 钢筋混凝土管工程量 $= 60×3 - 1.2×2 - 1.2÷2 - 0.95÷2$

$= 180 - 2.4 - 0.6 - 0.475$

$$\approx 176.53 \text{（m）}$$

$d800$ 钢筋混凝土管工程量 $= 80-0.95 = 79.05$（m）

实例2 某城市一段给水管道安装工程量计算

某城市新建了一段给水管道，如图7-2所示，管路为石棉水泥接口，内防腐为水泥砂浆。请根据图7-2中给出的已知条件，试计算其主要安装工程量。

【解】

（1）清单工程量

1）管道安装

DN400：$L=700\text{m}$

DN200：$L=5\text{m}$

DN500：$L=8\text{m}$

2）安全阀门安装

DN400：2个

DN200：1个

3）接头

DN500：1处

DN200：1处

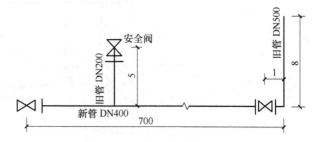

图7-2 某段给水管道布置图（单位：m）

清单工程量见表7-13。

表7-13 第7章实例2清单工程量

项目编码	项目名称	项目特征描述	工程量合计	计量单位
040501002001	钢管	1. 材质及规格：钢管 DN400 2. 接口方式：石棉水泥接口	700	m
040501002002	钢管	1. 材质及规格：钢管 DN200 2. 接口方式：石棉水泥接口	5	m
040501002003	钢管	1. 材质及规格：钢管 DN500 2. 接口方式：石棉水泥接口	8	m
040501014001	新旧管连接	1. 材质：镀锌钢管 2. 接口方式：石棉水泥接口	2	处

（2）定额工程量

1）管道安装

DN400：$L=700-1=699$（m）

DN200：$L=5\text{m}$

DN500：$L=8\text{m}$

2）安全阀门安装

DN400：2个

DN200：1个

3）接头

DN500：1处

DN200：1处

实例 3　某市政大型排水砌筑渠道的工程量计算

某一大型砌筑渠道，渠道总长为 300m，如图 7-3 所示，试计算其工程量。

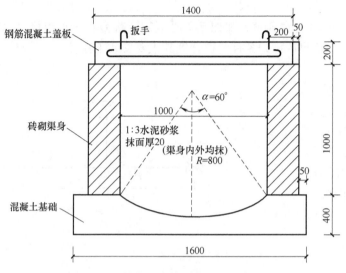

图 7-3　某大型砌筑渠道断面示意图

【解】

砌筑渠道工程量 = 300（m）

（1）渠道基础

$$\left[1.6\times0.4-\left(\frac{1}{2}\times1^2\times\frac{\pi}{3}-\frac{\sqrt{3}}{4}\times1^2\right)\right]\times300$$

$$\approx\left[0.64-\left(0.52-0.43\right)\right]\times300$$

$$=165（m^3）$$

其中 $\left(\dfrac{1}{2}\times1^2\times\dfrac{\pi}{3}-\dfrac{\sqrt{3}}{4}\times1^2\right)$ 为弓形面积。

（2）墙身砌筑

$1\times0.25\times300\times2=150（m^3）$

（3）盖板预制

$1.4\times0.2\times300=84（m^3）$

（4）抹面

$1\times300\times4=1200（m^3）$

（5）防腐：300m

清单工程量见表 7-14。

表 7-14　第 7 章实例 3 清单工程量

项目编码	项目名称	项目特征描述	工程量合计	计量单位
040501018001	砌筑渠道	砖砌，混凝土渠道	300	m

实例 4　某热力外线工程热力小室工艺安装工程量计算

某热力外线工程热力小室工艺安装如图 7-4 所示。

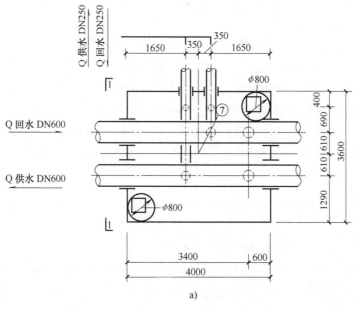

a)

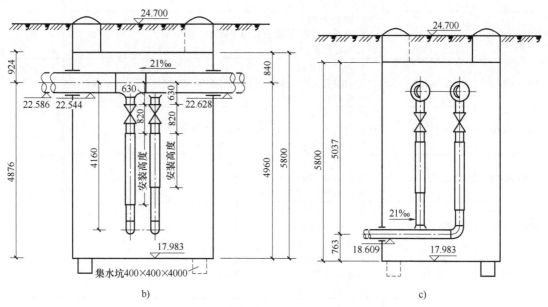

b)　　　　　　　　　　　　　c)

图 7-4　热力外线工程热力小室工艺安装示意图

a) 平面图　b) 1-1 剖面图　c) 侧立面图

小室内主要材料：横向型波纹管补偿器 FAS0502A、DN250、$T=150°$、PN1.6；横向型波纹管补偿器 FAS0501A、DN250、$T=150°$、PN1.6；球阀 DN250、PN2.5；机制弯头 90°、DN250、$R=1.00$；柱塞阀 U41S-25C、DN100、PN2.5；柱塞阀 U41S-25C、DN50、PN2.5；机制三通 DN600-250；直埋穿墙套袖 DN760（含保温）；直埋穿墙套袖 DN400（含保温）。

根据上述条件，试计算该热力小室工艺安装工程量。

【解】

（1）钢管管件制作、安装（弯头）：2个

（2）钢管管件制作、安装（三通）：2个

（3）阀门（球阀）：2个

（4）阀门（柱塞阀）U41S-25C、DN100、PN2.5：2个

（5）阀门（柱塞阀）U41S-25C、DN50、PN2.5：2个

（6）套管制作、安装（直埋穿墙套袖）DN760：8个

（7）套管制作、安装（直埋穿墙套袖）DN400：4个

（8）补偿器（波纹管）FA50502A、DN250、$T=150°$、PN1.6：1个

（9）补偿器（波纹管）FAS0501A、DN250、$T=150°$、PN1.6：1个

清单工程量见表7-15。

表7-15 第7章实例4清单工程量

项目编码	项目名称	项目特征描述	工程量合计	计量单位
040502002001	钢管管件制作、安装	1. 种类:机制弯头90° 2. 规格:DN250、$R=1.00$ 3. 连接形式:焊接	2	个
040502002002	钢管管件制作、安装	1. 种类:机制三通 2. 规格:DN600、DN250 3. 连接形式:焊接	2	个
040502005001	阀门	1. 种类:球阀 2. 材质及规格:钢制,DN250、PN2.5 3. 连接形式:焊接	2	个
040502005002	阀门	1. 种类:柱塞阀 2. 材质及规格:钢制,U41S-25C、DN100、PN2.5 3. 连接形式:焊接	2	个
040502005003	阀门	1. 种类:柱塞阀 2. 材质及规格:钢制,U41S-25C、DN50、PN2.5 3. 连接形式:焊接	2	个
040502008001	套管制作、安装	1. 种类:直埋穿墙套袖 2. 规格:DN760 3. 连接形式:焊接	8	个
040502008002	套管制作、安装	1. 种类:直埋穿墙套袖 2. 规格:DN400 3. 连接形式:焊接	4	个
040502011001	补偿器(波纹管)	1. 种类:横向型波纹管补偿器 2. 材质及规格:FA50502A、DN250、$T=150°$、PN1.6 3. 连接形式:焊接	1	个
040502011002	补偿器(波纹管)	1. 种类:横向型波纹管补偿器 2. 材质及规格:FA50501A、DN250、$T=150°$、PN1.6 3. 连接形式:焊接	1	个

实例5 某市政管网工程角钢支架的工程量计算

已知某市政管网工程，主干管安装在角钢支架上，如图7-5所示。主干管直径为600mm，角钢理论质量为2.654kg/m，根据已知条件，试计算其工程量。

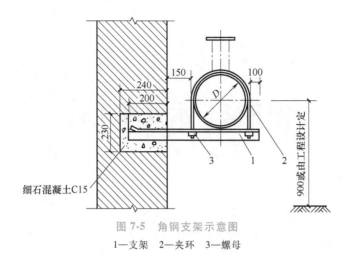

图 7-5 角钢支架示意图

1—支架 2—夹环 3—螺母

【解】

金属支架制作、安装工程量 = (0.2+0.15+0.6+0.1)×2.654

$$= 2.7867 \text{ (kg)}$$

$$\approx 0.003 \text{ (t)}$$

清单工程量见表 7-16。

表 7-16 第 7 章实例 5 清单工程量

项目编码	项目名称	项目特征描述	工程量合计	计量单位
040503003001	金属支架制作、安装	1. 混凝土强度等级：C15 2. 支架材质：角钢	0.003	t

实例 6 某排水工程砌筑井的工程量计算

某排水工程砌筑井分布示意图如图 7-6 所示，该工程有 DN400 和 DN600 两种管道，管道采用混凝土污水管，120°混凝土基础，水泥砂浆接口，共有 4 座直径为 1.5m 的圆形砌筑井，试计算砌筑井的工程量。

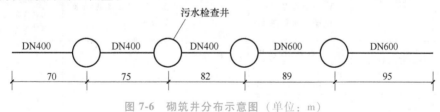

图 7-6 砌筑井分布示意图（单位：m）

【解】

砌筑井的工程量 = 4（座）

清单工程量见表 7-17。

表 7-17 第 7 章实例 6 清单工程量

项目编码	项目名称	项目特征描述	工程量合计	计量单位
040504001001	砌筑井	砌筑材料品种、规格、强度等级：120°混凝土基础，水泥砂浆接口	4	座

第8章 水处理工程

8.1 水处理工程清单工程量计算规则

1. 水处理构筑物

水处理构筑物工程量清单项目设置、项目特征描述的内容、计量单位及工程量计算规则，应按表 8-1 的规定执行。

表 8-1 水处理构筑物（编码：040601）

项目编码	项目名称	项目特征	计量单位	工程量计算规则	工程内容
040601001	现浇混凝土沉井井壁及隔墙	1. 混凝土强度等级 2. 防水、抗渗要求 3. 断面尺寸		按设计图示尺寸以体积计算	1. 垫木铺设 2. 模板制作、安装、拆除 3. 混凝土拌和、运输、浇筑 4. 养护 5. 预留孔封口
040601002	沉井下沉	1. 土壤类别 2. 断面尺寸 3. 下沉深度 4. 减阻材料种类		按自然面标高至设计垫层底标高间的高度乘以沉井外壁最大断面面积以体积计算	1. 垫木拆除 2. 挖土 3. 沉井下沉 4. 填充减阻材料 5. 余方弃置
040601003	沉井混凝土底板	1. 混凝土强度等级 2. 防水、抗渗要求	m³		
040601004	沉井内地下混凝土结构	1. 部位 2. 混凝土强度等级 3. 防水、抗渗要求		按设计图示尺寸以体积计算	1. 模板制作、安装、拆除 2. 混凝土拌和、运输、浇筑 3. 养护
040601005	沉井混凝土顶板				
040601006	现浇混凝土池底	1. 混凝土强度等级 2. 防水、抗渗要求			
040601007	现浇混凝土池壁（隔墙）				
040601008	现浇混凝土池柱				
040601009	现浇混凝土池梁				

（续）

项目编码	项目名称	项目特征	计量单位	工程量计算规则	工程内容
040601010	现浇混凝土池盖板	1. 混凝土强度等级 2. 防水、抗渗要求	m³	按设计图示尺寸以体积计算	1. 模板制作、安装、拆除 2. 混凝土拌和、运输、浇筑 3. 养护
040601011	现浇混凝土板	1. 名称、规格 2. 混凝土强度等级 3. 防水、抗渗要求		按设计图示尺寸以体积计算	
040601012	池槽	1. 混凝土强度等级 2. 防水、抗渗要求 3. 池槽断面尺寸 4. 盖板材质	m	按设计图示尺寸以长度计算	1. 模板制作、安装、拆除 2. 混凝土拌和、运输、浇筑 3. 养护 4. 盖板安装 5. 其他材料铺设
040601013	砌筑导流壁、筒	1. 砌体材料、规格 2. 断面尺寸 3. 砌筑、勾缝、抹面砂浆强度等级	m³	按设计图示尺寸以体积计算	1. 砌筑 2. 抹面 3. 勾缝
040601014	混凝土导流壁、筒	1. 混凝土强度等级 2. 防水、抗渗要求 3. 断面尺寸			1. 模板制作、安装、拆除 2. 混凝土拌和、运输、浇筑 3. 养护
040601015	混凝土楼梯	1. 结构形式 2. 底板厚度 3. 混凝土强度等级	1. m² 2. m³	1. 以平方米计量，按设计图示尺寸以水平投影面积计算 2. 以立方米计量，按设计图示尺寸以体积计算	1. 模板制作、安装、拆除 2. 混凝土拌和、运输、浇筑或预制 3. 养护 4. 楼梯安装
040601016	金属扶梯、栏杆	1. 材质 2. 规格 3. 防腐刷油材质、工艺要求	1. t 2. m	1. 以吨计量，按设计图示尺寸以质量计算 2. 以米计量，按设计图示尺寸以长度计算	1. 制作、安装 2. 除锈、防腐、刷油
040601017	其他现浇混凝土构件	1. 构件名称、规格 2. 混凝土强度等级	m³	按设计图示尺寸以体积计算	1. 模板制作、安装、拆除 2. 混凝土拌和、运输、浇筑 3. 养护
040601018	预制混凝土板	1. 图集、图纸名称 2. 构件代号、名称 3. 混凝土强度等级 4. 防水、抗渗要求			1. 模板制作、安装、拆除 2. 混凝土拌和、运输、浇筑 3. 养护 4. 构件安装 5. 接头灌浆 6. 砂浆制作 7. 运输
040601019	预制混凝土槽				
040601020	预制混凝土支墩				
040601021	其他预制混凝土构件	1. 部位 2. 图集、图纸名称 3. 构件代号、名称 4. 混凝土强度等级 5. 防水、抗渗要求			

（续）

项目编码	项目名称	项目特征	计量单位	工程量计算规则	工程内容
040601022	滤板	1. 材质 2. 规格 3. 厚度 4. 部位	m²	按设计图示尺寸以面积计算	1. 制作 2. 安装
040601023	折板				
040601024	壁板				
040601025	滤料铺设	1. 滤料品种 2. 滤料规格	m³	按设计图示尺寸以体积计算	铺设
040601026	尼龙网板	1. 材料品种 2. 材料规格	m²	按设计图示尺寸以面积计算	1. 制作 2. 安装
040601027	刚性防水	1. 工艺要求 2. 材料品种、规格			1. 配料 2. 铺筑
040601028	柔性防水				涂、贴、粘、刷防水材料
040601029	沉降（施工）缝	1. 材料品种 2. 沉降缝规格 3. 沉降缝部位	m	按设计图示尺寸以长度计算	铺、嵌沉降（施工）缝
040601030	井、池渗漏试验	构筑物名称	m³	按设计图示储水尺寸以体积计算	渗漏试验

注：1. 沉井混凝土地梁工程量，应并入底板内计算。

2. 各类垫层应按"桥涵工程"相关编码列项。

2. 水处理设备

水处理设备工程量清单项目设置、项目特征描述的内容、计量单位及工程量计算规则，应按表 8-2 的规定执行。

表 8-2　水处理设备（编码：040602）

项目编码	项目名称	项目特征	计量单位	工程量计算规则	工程内容
040602001	格栅	1. 材质 2. 防腐材料 3. 规格	1. t 2. 套	1. 以吨计量，按设计图示尺寸以质量计算 2. 以套计量，按设计图示数量计算	1. 制作 2. 防腐 3. 安装
040602002	格栅除污机	1. 类型 2. 材质 3. 规格、型号 4. 参数	台	按设计图示数量计算	1. 安装 2. 无负荷试运转
040602003	滤网清污机				
040602004	压榨机				
040602005	刮砂机				
040602006	吸砂机				
040602007	刮泥机				
040602008	吸泥机				
040602009	刮吸泥机				
040602010	撇渣机				
040602011	砂（泥）水分离器				
040602012	曝气机				
040602013	曝气器		个		

（续）

项目编码	项目名称	项目特征	计量单位	工程量计算规则	工程内容
040602014	布气管	1. 材质 2. 直径	m	按设计图示以长度计算	1. 钻孔 2. 安装
040602015	滗水器	1. 类型 2. 材质 3. 规格、型号 4. 参数	套	按设计图示数量计算	1. 安装 2. 无负荷试运转
040602016	生物转盘		套		
040602017	搅拌机		台		
040602018	推进器		台		
040602019	加药设备		套		
040602020	加氯机		套		
040602021	氯吸收装置		套		
040602022	水射器	1. 材质 2. 公称直径	个		
040602023	管式混合器		个		
040602024	冲洗装置	1. 类型 2. 材质 3. 规格、型号 4. 参数	套		
040602025	带式压滤机		台		
040602026	污泥脱水机		台		
040602027	污泥浓缩机		台		
040602028	污泥浓缩脱水一体机		台		
040602029	污泥输送机		台		
040602030	污泥切割机		台		
040602031	闸门	1. 类型 2. 材质 3. 形式 4. 规格、型号	1. 座 2. t	1. 以座计量，按设计图示数量计算 2. 以吨计量，按设计图示尺寸以质量计算	1. 安装 2. 操纵装置安装 3. 调试
040602032	旋转门				
040602033	堰门				
040602034	拍门				
040602035	启闭机		台	按设计图示数量计算	
040602036	升杆式铸铁泥阀	公称直径	座		
040602037	平底盖闸	公称直径	座		
040602038	集水槽	1. 材质 2. 厚度 3. 形式 4. 防腐材料	m²	按设计图示尺寸以面积计算	1. 制作 2. 安装
040602039	堰板		m²		
040602040	斜板	1. 材料品种 2. 厚度	m²		安装
040602041	斜管	1. 斜管材料品种 2. 斜管规格	m	按设计图示以长度计算	

（续）

项目编码	项目名称	项目特征	计量单位	工程量计算规则	工程内容
040602042	紫外线消毒设备	1. 类型 2. 材质 3. 规格、型号 4. 参数	套	按设计图示数量计算	1. 安装 2. 无负荷试运转
040602043	臭氧消毒设备				
040602044	除臭设备				
040602045	膜处理设备				
040602046	在线水质检测设备				

3. 清单相关问题及说明

（1）水处理工程中建筑物应按现行国家标准《房屋建筑和装饰工程工程量计算规范》（GB 50854—2013）中相关项目编码列项，园林绿化项目应按现行国家标准《园林绿化工程工程量计算规范》（GB 50858—2013）中相关项目编码列项。

（2）本节清单项目工作内容中均未包括土石方开挖、回填夯实等内容，发生时应按"土石方工程"中相关项目编码列项。

（3）本节设备安装工程只列了水处理工程专用设备的项目，各类仪表、泵、阀门等标准、定型设备应按现行国家标准《通用安装工程工程量计算规范》（GB 50856—2013）中相关项目编码列项。

8.2　水处理工程定额工程量计算规则

1. 水处理工程定额一般规定

（1）《市政工程消耗量》（ZYA 1—31—2021）第六册《水处理工程》，包括水处理构筑物、水处理设备、措施项目，共三章。

（2）水处理工程适用于全国城乡范围内新建、改建和扩建的净水工程的取水、净水厂、加压站；排水工程的污水处理厂、排水泵站工程及水处理专业设备安装工程。

（3）水处理工程除另有说明外，各项目中已包括材料、成品、半成品、设备机具自工地现场指定堆放地点运至操作安装地点的场内水平和垂直运输。因施工现场环境、场地条件限制不能将材料或设备直接运到施工操作安装地点，必须进行二次运输或转堆时，在施工组织设计获得批准后可计算重复装卸、运输费用。

2. 水处理构筑物

（1）定额说明

1）水处理构筑物包括沉井、混凝土池类及其他混凝土构件，滤料铺设，变形缝，防水防腐，井、池渗漏试验等构筑物项目，适用于新建、改建和扩建的以市政工程为主体的市政水处理构筑物，包括市政广场、枢纽中的水处理构筑物；以建筑工程为主体的建筑物和建筑小区中的构筑物可执行《房屋建筑与装饰工程消耗量》（TY 01—31—2021）相应项目。

2）构筑物及构筑物装饰分别执行水处理构筑物及市政桥涵工程相关项目，构筑物装饰子目不足的，可参照《房屋建筑与装饰工程消耗量》执行。水处理厂、站内的建筑物，可执行《房屋建筑与装饰工程消耗量》相应项目。凡构筑物上存在建筑物的，在建筑物水平投影范围内，包括地面装饰执行《房屋建筑与装饰工程消耗量》（TY 01—31—2021）相应项目。

在建筑物内与水处理工艺相关的池、井执行水处理构筑物相应项目。在建筑物内的各类沟、槽执行《房屋建筑与装饰工程消耗量》（TY 01—31—2021）相应项目。

构筑物上有上部建筑的，构筑物与上部建筑的划分以构筑物池结构顶设计标高为界。

3）水处理构筑物中的刚性防水、柔性防水、变形缝、防水防腐等项目执行水处理构筑物相应项目，不足项目执行《房屋建筑与装饰工程消耗量》（TY 01—31—2021）相应项目。

4）水处理构筑物其他不足项目，执行其他相应项目：

① 水泥土搅拌桩截水帷幕执行《市政工程消耗量》（ZYA 1—31—2021）第二册《道路工程》相应项目。

② 泥浆运输执行《市政工程消耗量》（ZYA 1—31—2021）第三册《桥涵工程》相应项目。

③ 钢筋、铁件执行《市政工程消耗量》（ZYA 1—31—2021）第九册《钢筋工程》相应项目。

④ 混凝土楼梯、金属扶梯、栏杆执行《房屋建筑与装饰工程消耗量》（TY 01—31—2021）相应项目。

⑤ 防水套管制作与安装执行《通用安装工程消耗量》（TY 02—31—2021）相应项目。

5）构筑物混凝土未包括外加剂，设计要求使用外加剂时，可根据其种类和设计掺量另行计算。

6）构筑物混凝土项目按照泵送混凝土编制，未包括泵管安拆、使用费用，发生时执行《市政工程消耗量》（ZYA 1—31—2021）第三册《桥涵工程》相应项目。实际采用非泵送混凝土施工时，混凝土场内运输费用另行计算。

7）各节有关说明。

① 沉井。

a. 沉井下沉区分人工、机械挖土，分别按下沉深度8m、12m以内陆上排水下沉施工方式编制，下沉期间的排水降水措施执行《市政工程消耗量》（ZYA 1—31—2021）第十一册《措施项目》相应项目。采用不排水下沉等其他施工方法及下沉深度不同时，执行《市政工程消耗量》（ZYA 1—31—2021）第四册《隧道工程》相应项目。

b. 沉井下沉项目已综合考虑了沉井下沉的纠偏因素，不另计算。

c. 沉井洞口处理采用高压旋喷水泥桩和压密注浆加固的，执行《市政工程消耗量》（ZYA 1—31—2021）第二册《道路工程》相应项目，人工、机械乘以系数1.10。

d. 钢板桩洞口处理项目适用于水处理工程的顶管工作井、接收井采用沉井方法施工顶进管涵穿越井壁洞口时的加固支护。钢板桩洞口处理项目已综合考虑土的类别和钢板桩型，钢板桩桩长按12m以内考虑，项目中已包含钢板桩打入和拔出的工作内容，不得再重复计算。

e. 深层搅拌水泥桩洞口处理项目适用于水处理工程采用沉井方法施工的给水排水管、涵顶管工作井、接收井穿越井壁洞口加固支护。搅拌桩洞口处理已综合考虑了加固施工作业特点以及在地下市政管线中施工的降效等因素。

深层搅拌水泥桩洞口处理项目桩径不论大小，均按本项目执行。本项目的水泥掺量按13%取定，设计水泥用量不同时，水泥用量可按实调整，水泥施工损耗率按2%计取，其他工料机不变。

f. 毛石混凝土按毛石占混凝土体积的 15% 计算，如设计要求毛石比例不同时，可以换算，其他工料机不变。

g. 井底填心铺设土工布执行《市政工程消耗量》（ZYA 1—31—2021）第二册《道路工程》相应项目。

h. 沉井采用混凝土干封底、水下混凝土封底时，执行《市政工程消耗量》（ZYA 1—31—2021）第四册《隧道工程》相应项目。

② 池类。

a. 格形池格数大于或等于 6 且每格长度和宽度小于或等于 3m 时，池壁执行同壁厚的直型池壁项目，人工乘以系数 1.15，其他不变。

b. 池壁挑檐是指在池壁上向外出檐作走道板用；池壁牛腿是指池壁上起承托作用的出挑结构。

c. 后浇带项目已综合钢丝网相应含量，不另计算。后浇带模板执行水处理工程第三章"措施项目"中相应后浇带模板项目。

d. 无梁盖柱包括柱帽及柱基。

e. 井字梁、框架梁均执行连续梁项目。

f. 截面尺寸在 200mm×200mm 以内的混凝土柱、梁执行小型柱、梁项目。

g. 混凝土、砖砌圆形人孔井筒附属配套的钢筋混凝土井盖、井圈制作以及铸铁、复合材料等定型成品标准件井盖、井座安装项目，执行《市政工程消耗量》（ZYA 1—31—2021）第五册《市政管网工程》相应项目；井筒壁内外防水抹面执行水处理工程防水项目。

h. 现浇混凝土滤板项目中已包含 ABS 塑料一次性模板的使用量，不得另行计算。

i. 排水盲沟执行《市政工程消耗量》（ZYA 1—31—2021）第二册《道路工程》相应项目。

j. 悬空落泥斗按落泥斗相应项目人工乘以系数 1.40，其他不变。

k. 异型填充混凝土项目适用于各类池槽底、壁板等构件由工艺设计要求所设置的特定断面形式填料层。

l. 砖砌项目按标准砖 240mm×115mm×53mm 规格编制，轻质砌块、多孔砖规格按常用规格编制。使用非标准砖时，其砌体厚度应按实际规格和设计厚度计算，按材质分类、换算。

m. 预制混凝土槽项目中已包含所需预埋的塑料集水短管的人工及材料消耗量，实际不同时，塑料集水短管消耗量可以调整，其他不变。集水槽若需留孔时，按每 10 个孔增加0.3 工日。

n. 预制混凝土滤板项目中已包含所需要预埋的 ABS 塑料滤头套箍的人工和材料消耗量，滤头套箍的数量可按实调整。

③ 防水防腐：构筑物防水防腐材料的种类、厚度、设计要求与项目取定不同时，材料可以换算，其他不变。

a. 修平涂层均按 2mm 考虑。若设计采用不同型号产品时，可以进行换算，配制损耗率 1%；厚度不同时，材料用量可以换算，人工不变。

b. 每遍漆干膜厚度均系按 0.2mm 考虑。实际防腐涂层与本项目取定不同时，材料用量可以换算，配制损耗率1%，其他不变。

④ 变形缝。

a. 各种材质填缝的断面尺寸取定见表 8-3。

表 8-3 各种材质填缝的断面尺寸取定

序号	项目名称	断面尺寸(宽×厚)/mm
1	建筑油膏、聚氯乙烯胶泥	30×20
2	油浸木丝板	150×25
3	紫铜板止水带	450(展开宽)×2
4	钢板止水带	400(展开宽)×3
5	氯丁橡胶止水带	300(展开宽)×2
6	其余	150×30

b. 如实际设计的变形缝断面与表 8-3 不同时，材料用量可以换算，其他不变。

⑤ 井、池渗漏试验。

a. 井、池渗漏试验容量 500m³ 以内项目适用于井或小型池槽。

b. 井、池渗漏试验注水按电动单级离心清水泵编制，项目中已包括了泵的安装与拆除用工，不得再另计。

（2）工程量计算规则

1）沉井。

① 沉井垫木按刃脚中心线以长度计算。

② 同一侧沉井井壁及隔墙结构设计采用变截面断面时，按平均厚度以体积计算。

③ 沉井砂石料、混凝土填心的工程量，按设计图或批准的施工组织设计计算。

④ 沉井下沉人工（机械）开挖按刃脚外壁所围面积乘以下沉深度以体积计算。

⑤ 钢板桩洞口处理依据设计图或批准的施工组织设计，按设计贯入土深度及断面以质量计算。

⑥ 搅拌桩洞口处理依据设计图或批准的施工组织设计注明的加固深度以长度计算。

2）池类。

① 各类混凝土构件按设计图示尺寸，以混凝土实际体积计算，不扣除混凝土构件内钢筋、预埋件及墙、板中单孔面积 0.3m² 以内的孔洞体积。

② 平池底的池底体积应包括池壁下与底板相连的扩大部分（腋角）；池底带有斜坡的，斜坡部分应按坡底计算；锥形底应算至壁基梁底面，无壁基梁者算至锥底坡的上口。

③ 池壁结构设计采用变截面断面时，按平均厚度以体积计算。池壁高度以自池底板顶面算至池盖底面。池壁与池壁转角处设计图加设腋角的，其体积并入池壁计算。

④ 无梁盖柱的柱高，以自池底顶面算至池盖底面，并包括柱座、柱帽的体积。

⑤ 现浇混凝土整体滤板，按板厚乘以面积以体积计算，不扣除预埋滤头套箍所占体积，与整体滤板连接的梁、柱执行梁、柱相应项目。

⑥ 无梁盖应包括与池壁相连的扩大部分（腋角）体积；肋形盖应包括主次梁及盖部分的体积，球形盖应自池壁顶面以上，包括侧梁的体积在内。

⑦ 沉淀池水槽系指池壁上的环形溢水槽及纵横 U 形水槽，不包括与水槽相连的矩形梁，

矩形梁执行梁的相应项目。

⑧ 砖砌体厚度按以下规则计算：

a. 标准砖尺寸以 240mm×115mm×53mm 为准，其砌体厚度按表 8-4 计算。

表 8-4 标准砖砌体计算厚度

砖数（厚度）	1/4	1/2	3/4	1	1.5	2	2.5	3
计算厚度/mm	53	115	180	240	365	490	615	740

b. 使用非标准砖时，其砌体厚度应按砖实际规格和设计厚度计算。

⑨ 预制钢筋混凝土滤板，按板厚乘以面积以体积计算，不扣除预埋滤头套箍所占体积。

⑩ 除预制钢筋混凝土滤板外其他预制混凝土构件均按图示尺寸以体积计算，不扣除 $0.3m^2$ 以内的孔洞体积。

⑪ 水处理构筑物中预制混凝土构件运输及安装损耗率，在预制钢筋混凝土构件项目消耗量中未列计的，按照表 8-5 规定计算后并入构件工程量内。

表 8-5 预制钢筋混凝土构件运输、安装损耗率

名　　称	运输堆放损耗率	安装损耗率
各类预制构件	0.8%	0.5%

3）滤料铺设。

① 锰砂滤料以质量计算，其他各种滤料铺设均按设计要求的铺设面积乘以厚度以体积计算。

② 尼龙网板制作与安装以面积计算。

4）防水防腐工程。

① 各种防水层、防腐涂层按设计图示尺寸以面积计算，不扣除 $0.3m^2$ 以内的孔洞所占面积。

② 平面与立面交接处的防水层，其上卷高度超过 500mm 时，按立面防水层计算。

5）变形缝：各种材质的变形缝填缝及盖缝均不分断面按设计图示尺寸以长度计算。

6）井、池渗漏试验：井、池的渗漏试验区分井、池的容量范围，按灌入井、池的水容量以体积计算。

3. 水处理设备

（1）定额说明

1）水处理设备包括水处理工程相关的格栅、格栅除污机、滤网清污机、压榨机、吸砂机、刮（吸）泥机、撇渣机、砂水分离器、曝气机、曝气器、布气管、滗水器、生物转盘等水处理工程专用设备安装项目，各类仪表、泵、阀门等标准、定型设备执行《通用安装工程消耗量》（TY 02—31—2021）相应项目。

2）水处理设备中的搬运工作内容，设备包括自安装现场指定堆放地点运到安装地点的水平和垂直搬运；机具和材料包括自施工单位现场出库点运至安装地点的水平和垂直搬运。

3）水处理设备各机械设备项目中已含单机试运转和调试工作，成套设备和分系统调试可执行《通用安装工程消耗量》（TY 02—31—2021）相应项目。

4）水处理设备中设备安装按无外围护条件下施工编制，如在有外围护的施工条件下施工，人工及机械乘以系数 1.15，其他不变。

5）水处理设备涉及轨道安装的设备，如移动式格栅除污机、桁车式刮泥机等，其轨道及相应附件安装执行《通用安装工程消耗量》（TY 02—31—2021）相应项目。

6）水处理设备中各类设备的预埋件及设备基础二次灌浆，均另外计算。

7）冲洗装置根据设计内容执行《通用安装工程消耗量》（TY 02—31—2021）相应项目。

8）水处理设备中曝气机、臭氧消毒、除臭、膜处理、氯吸收装置、转盘过滤器等设备安装项目仅设置了其主体设备的安装内容，与主体设备配套的管路系统（管道、阀门、法兰、泵）、风路系统、电气系统、控制系统等，应根据其设计或二次设计内容执行《通用安装工程消耗量》（TY 02—31—2021）相应项目。

9）水处理设备中布气钢管以及其他金属管道防腐，执行《通用安装工程消耗量》（TY 02—31—2021）相应项目。

10）各节有关说明。

① 格栅组对的胎具制作，另行计算。

② 格栅、平板格网制作安装按现场加工制作、组件拼装施工编制。采用成品格栅和成品平板格网时，执行格栅整体安装和平板格网整体安装项目。

③ 格栅、平板格网现场拼装指在设计位置处搭设拼装支架、拼装平台或采用其他悬挂操作设施，将单元构件分件（或分块）吊至设计位置，在操作平台上进行组件拼装，经过焊接、螺栓连接工序成为整体。

格栅、平板格网成品到货整体安装指将整体构件（无须现场拼装工序）进行构件加固、绑扎、翻身起吊、吊装校正就位、焊接或螺栓固定等一系列工序直至稳定。

④ 旋流沉砂器的工作内容不含工作桥安装，发生时工作桥安装执行《通用安装工程消耗量》（TY 02—31—2021）相应项目。

⑤ 桁车式刮泥机在斜管沉淀池中安装，人工、机械消耗量乘以系数1.05。

⑥ 吸泥机以虹吸式为准，如采用泵吸式时，人工、机械消耗量乘以系数1.10。

⑦ 中心传动吸泥机采用单管式编制，如采用双管式时，人工、机械消耗量乘以系数1.05。

⑧ 布气管应执行水处理设备相应项目，与布气管相连的通气管执行《通用安装工程消耗量》（TY 02—31—2021）相应项目。布气管与通气管的划分以通气立管的底端与布气管相连的弯头为界。布气管综合考虑了配套管件的安装。

⑨ 立式混合搅拌机平叶桨、折板桨、螺旋桨按桨叶外径3m以内编制，在深度超过3.5m的池内安装时，人工、机械消耗量乘以系数1.05。

⑩ 管式混合器按"两节"编制，如为"三节"时，人工、材料、机械消耗量乘以系数1.30。

⑪ 污泥脱水机械已综合考虑设备安装就位的上排、拐弯、下排，施工方法与项目不同时，不予调整。板框压滤机是按照采用大型起吊设备安装，在支承结构完成后安装板框压滤机，板框压滤机安装就位后再进行厂房土建封闭的安装施工工序编制。

⑫ 铸铁圆闸门项目已综合考虑升杆式和暗杆式等闸门机构形式，安装深度按6m以内编制，使用时除深度大于6m外，其他均不予调整。铸铁方闸门以带门框座为准，其安装深度按6m以内编制。

闸门项目含闸槽安装，已综合考虑单吊点、双吊点的因素；因闸门开启方向和进出水的方式不同时，不予调整，均执行水处理设备相应项目。

⑬ 铸铁堰门安装深度按 3m 以内编制。

⑭ 启闭机安装深度按手轮式为 3m、手摇式为 4.5m、电动为 6m 以内编制。

⑮ 集水槽制作已包括了钻孔或铣孔的用工和机械，执行时，不得再另计。

⑯ 碳钢集水槽制作和安装中已包括了除锈和刷一遍防锈漆、二遍调和漆的人工和材料消耗量，不得另计除锈、刷油费用。底漆和面漆因品种和防腐要求不同时，可作换算，其他不变。

⑰ 碳钢、不锈钢矩形堰板执行齿形堰板相应项目，其人工消耗量乘以系数 0.60。

⑱ 金属齿形堰板安装方法是按有连接板考虑的，非金属堰板安装方法是按无连接板考虑的，如实际安装方法不同，不做调整。

⑲ 金属堰板安装是按碳钢考虑的，不锈钢堰板按金属堰板相应项目消耗量乘以系数 1.20，主材另计，其他不变。

⑳ 非金属堰板安装适用于玻璃钢和塑料堰板。

㉑ 斜板、斜管安装按成品编制，不同材质的斜板不做换算。

㉒ 膜处理设备未包括膜处理系统单元以外的水泵、风机、曝气器、布气管、空压机、仪表、电气控制系统等附属配套设施的安装内容，执行水处理设备相应项目或《通用安装工程消耗量》（TY 02—31—2021）相应项目。

（2）工程量计算规则

1）格栅除污机、滤网清污机、压榨机、吸砂机、吸泥机、刮吸泥机、撇渣机、砂水分离器、曝气机、搅拌机、推进器、氯吸收装置、带式压滤机、污泥脱水机、污泥浓缩机、污泥浓缩脱水一体机、污泥输送机、污泥切割机、启闭机、臭氧消毒设备、除臭设备、转盘过滤器等区分设备类型、材质、规格、型号和参数，以"台"计算；淹水器区分不同型号及堰长，以"台"计算；巴氏计量槽槽体安装区分不同的渠道和喉宽，以"台"计算；生物转盘区分设备重量，以"台"计算，包括电动机的重量在内。

2）一体化溶药及投加设备、粉料储存投加设备粉料投加机及计量输送机、二氧化氯发生器等设备不分设备类型、规格、型号和参数，以"台"计算；粉料储存投加设备料仓区分料仓不同直径、高度、重量，以"台"计算。

3）膜处理设备区分设备类型、工艺形式、材质结构以及膜处理系统单元产水能力，以"套"计算。

4）紫外线消毒设备以模块组计算。

5）格栅、平板格网、格栅罩区分不同材质以质量计算，集水槽区分不同材质和厚度以质量计算。钢网格支架以质量计算。

6）曝气器区分不同类型按设计图示数量以"个"计算，水射器、管式混合器区分不同公称直径以"个"计算，拍门区分不同材质和公称直径以"个"计算，穿孔管钻孔区分不同材质和公称直径以"个"计算。

7）闸门、旋转门、堰门区分不同尺寸以"座"计算，升杆式铸铁泥阀、平底盖阀区分不同公称直径以"座"计算。

8）布气管区分不同材质和直径以长度计算。

9）堰板制作分别按碳钢、不锈钢区分厚度以面积计算；堰板安装分别按金属和非金属区分厚度以面积计算；斜板、斜管以面积计算。

4. 措施项目

（1）定额说明

1）措施项目包括构筑物混凝土模板、滤鼓项目。模板分别按钢模、砖模、木模、复合模板区分不同材质分别列项，其中钢模模数差部分采用木模。

2）现浇、预制项目中，均已包括了钢筋垫块或第一层底浆的工料及嵌模工日，套用时不得重复计算。

3）沉井刃脚砖模板拆除部分按机械拆除考虑，人工配合部分执行《市政工程消耗量》（ZYA 1—31—2021）第十册《拆除工程》相应项目。

4）池盖板、平板、走道板、悬空板的模板已含模板支架，消耗量综合取定，但当模板支架承重梁因现场条件、特殊要求等确不能满足模板上部混凝土重量或其他荷载组合时，可根据批准的施工组织设计调整支架消耗量。

5）有盖池体（封闭池体）（包括池内壁、隔墙、池盖、无梁盖柱）模板、支架拆除若需通过特定部位预留孔洞运出池外，增加模板、支架的池内及出洞口运输时，可根据批准的施工组织设计另行计算。

6）预制构件模板中未包括地、胎模，发生时执行《市政工程消耗量》（ZYA 1—31—2021）第三册《桥涵工程》相应项目。

7）模板安拆以槽（坑）深3m为准，超过3m时，人工乘以系数1.08，其他不变。现浇混凝土池壁（隔墙）、池盖、柱、梁、板的模板，支模高度按3.6m编制，超过3.6m时，超出部分的工程量另按相应超高项目执行。

8）小型构件是指单个体积在0.05m³以内的构件。

9）折线池壁按直形池壁和弧形池壁相应项目的平均值计算。

10）扶壁柱、小型矩形柱、小梁执行"小型构件"项目。

11）滤鼓项目中焊接钢管消耗量按一般情况综合取定，实际不同时，均按措施项目中相应项目执行。

（2）工程量计算规则

1）现浇混凝土构件模板按构件混凝土与模板的接触面以面积计算。不扣除单孔面积0.3m²以内预留孔洞的面积，洞侧壁模板亦不另行增加。

2）沉井刃脚砖模板按设计图示尺寸以体积计算。

3）预制混凝土构件模板按设计图示尺寸以体积计算。

4）池壁、池盖后浇带模板工程量按后浇部分混凝土体积计算。

5）井底流槽按浇筑的混凝土流槽与模板的接触面积计算。

6）滤鼓区分不同直径以"个"计算。

8.3 水处理工程工程量清单编制实例

实例1 某阶梯形沉井采用井壁灌砂的工程量计算

某阶梯形沉井采用井壁灌砂，如图8-1所示，沉井中心到外凸面中心的距离为5m，设计要求采用触变泥浆助沉，泥浆厚度为200mm，试计算该井壁灌砂的工程量。

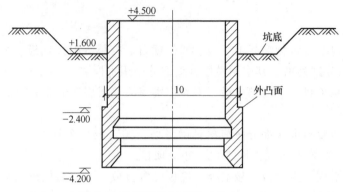

图 8-1 井壁灌砂示意图（单位：m）

【解】

井壁灌砂工程量 =（1.6+2.4）×0.2×3.14×10

                 =4×0.2×3.14×10

                 =25.12（m³）

实例 2　某圆形雨水泵站现场预制的钢筋混凝土沉井下沉的工程量计算

某圆形雨水泵站现场预制的钢筋混凝土沉井，如图 8-2 所示，试计算沉井下沉的工程量。

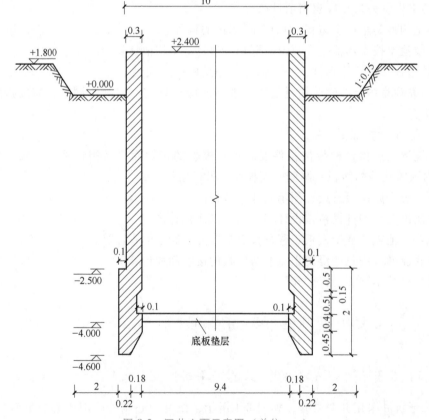

图 8-2 沉井立面示意图（单位：m）

【解】

$$沉井下沉工程量 = (1.8+4)×3.14×\left(\frac{9.4+0.18×2+0.22×2}{2}\right)^2$$
$$= 5.8×3.14×26.01$$
$$≈ 473.69 （m^3）$$

实例 3　某沉淀池中心管混凝土的工程量计算

某沉淀池，池中心设一圆形中心管，中心管以及管帽顶板的尺寸如图 8-3 所示，请根据图 8-3 中给出的已知条件，试计算中心管混凝土工程量。

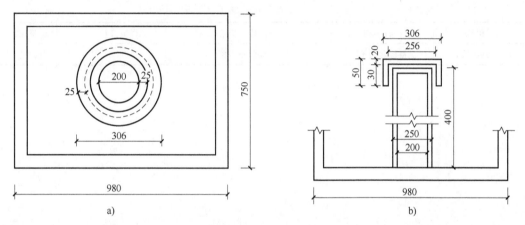

图 8-3　中心管示意图（单位：cm）

a）平面图　b）立面图

【解】

（1）管帽混凝土工程量 $= π×\frac{3.06^2}{4}×0.2+π×\frac{0.3}{4}×(3.06^2-2.56^2)$

$≈ 1.47+0.66$

$= 2.13 （m^3）$

（2）管身混凝土工程量 $= π×\frac{4}{4}×(2.5^2-2^2) ≈ 7.07 （m^3）$

（3）中心管混凝土工程量 $= 2.13+7.07 = 9.2 （m^3）$

清单工程量见表 8-6。

表 8-6　第 8 章实例 3 清单工程量

项目编码	项目名称	项目特征描述	工程量合计	计量单位
040601014001	混凝土导流壁、筒	断面尺寸：圆的中心管外径为 250cm，内径为 200cm	9.2	m³

实例 4　某市政排水工程格栅除污机的工程量计算

在市政排水工程预处理过程中，常使用格栅机拦截较大颗粒的悬浮物，如图 8-4 所示为一组格栅，试计算其工程量。

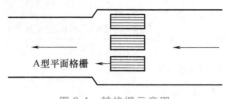

图 8-4　某格栅示意图

【解】

格栅除污机工程量 = 3（台）

清单工程量见表 8-7。

表 8-7　第 8 章实例 4 清单工程量

项目编码	项目名称	项目特征描述	工程量合计	计量单位
040602002001	格栅除污机	A 型平面格栅	3	台

第9章　生活垃圾处理工程

9.1　生活垃圾处理工程清单工程量计算规则

1. 垃圾卫生填埋

垃圾卫生填埋工程量清单项目设置、项目特征描述的内容、计量单位及工程量计算规则，应按表9-1的规定执行。

表9-1　垃圾卫生填埋（编码：040701）

项目编码	项目名称	项目特征	计量单位	工程量计算规则	工程内容
040701001	场地平整	1. 部位 2. 坡度 3. 压实度	m²	按设计图示尺寸以面积计算	1. 找坡、平整 2. 压实
040701002	垃圾坝	1. 结构类型 2. 土石种类、密实度 3. 砌筑形式、砂浆强度等级 4. 混凝土强度等级 5. 断面尺寸	m³	按设计图示尺寸以体积计算	1. 模板制作、安装、拆除 2. 地基处理 3. 摊铺、夯实、碾压、整形、修坡 4. 砌筑、填缝、铺浆 5. 浇筑混凝土 6. 沉降缝 7. 养护
040701003	压实黏土防渗层	1. 厚度 2. 压实度 3. 渗透系数	m²	按设计图示尺寸以面积计算	1. 填筑、平整 2. 压实
040701004	高密度聚乙烯（HDPD）膜	1. 铺设位置 2. 厚度、防渗系数 3. 材料规格、强度、单位重量 4. 连（搭）接方式			1. 裁剪 2. 铺设 3. 连（搭）接
040701005	钠基膨润土防水毯（GCL）				
040701006	土工合成材料				
040701007	袋装土保护层	1. 厚度 2. 材料品种、规格 3. 铺设位置			1. 运输 2. 土装袋 3. 铺设或铺筑 4. 袋装土放置

（续）

项目编码	项目名称	项目特征	计量单位	工程量计算规则	工程内容
040701008	帷幕灌浆垂直防渗	1. 地质参数 2. 钻孔孔径、深度、间距 3. 水泥浆配比	m	按设计图示尺寸以长度计算	1. 钻孔 2. 清孔 3. 压力注浆
040701009	碎（卵）石导流层	1. 材料品种 2. 材料规格 3. 导流层厚度或断面尺寸	m³	按设计图示尺寸以体积计算	1. 运输 2. 铺筑
040701010	穿孔管铺设	1. 材质、规格、型号 2. 直径、壁厚 3. 穿孔尺寸、间距 4. 连接方式 5. 铺设位置	m	按设计图示尺寸以长度计算	1. 铺设 2. 连接 3. 管件安装
040701011	无孔管铺设	1. 材质、规格 2. 直径、壁厚 3. 连接方式 4. 铺设位置			
040701012	盲沟	1. 材质、规格 2. 垫层、粒料规格 3. 断面尺寸 4. 外层包裹材料性能指标			1. 垫层、粒料铺筑 2. 管材铺设、连接 3. 粒料填充 4. 外层材料包裹
040701013	导气石笼	1. 石笼直径 2. 石料粒径 3. 导气管材质、规格 4. 反滤层材料 5. 外层包裹材料性能指标	1. m 2. 座	1. 以米计量，按设计图示尺寸以长度计算 2. 以座计量，按设计图示数量计算	1. 外层材料包裹 2. 导气管铺设 3. 石料填充
040701014	浮动覆盖膜	1. 材质、规格 2. 锚固方式	m²	按设计图示尺寸以面积计算	1. 浮动膜安装 2. 布置重力压管 3. 四周锚固
040701015	燃烧火炬装置	1. 基座形式、材质、规格、强度等级 2. 燃烧系统类型、参数	套	按设计图示数量计算	1. 浇筑混凝土 2. 安装 3. 调试
040701016	监测井	1. 地质参数 2. 钻孔孔径、深度 3. 监测井材料、直径、壁厚、连接方式 4. 滤料材质	口		1. 钻孔 2. 井筒安装 3. 填充滤料

（续）

项目编码	项目名称	项目特征	计量单位	工程量计算规则	工程内容
040701017	堆体整形处理	1. 压实度 2. 边坡坡度	m²	按设计图示尺寸以面积计算	1. 挖、填及找坡 2. 边坡整形 3. 压实
040701018	覆盖植被层	1. 材料品种 2. 厚度 3. 渗透系数			1. 铺筑 2. 压实
040701019	防风网	1. 材质、规格 2. 材料性能指标			安装
040701020	垃圾压缩设备	1. 类型、材质 2. 规格、型号 3. 参数	套	按设计图示数量计算	1. 安装 2. 调试

注：1. 边坡处理应按"桥涵工程"中相关项目编码列项。
2. 填埋场渗沥液处理系统应按"水处理工程"中相关项目编码列项。

2. 垃圾焚烧

垃圾焚烧工程量清单项目设置、项目特征描述的内容、计量单位及工程量计算规则，应按表9-2的规定执行。

表9-2 垃圾焚烧（编码：040702）

项目编码	项目名称	项目特征	计量单位	工程量计算规则	工程内容
040702001	汽车衡	1. 规格、型号 2. 精度	台	按设计图示数量计算	
040702002	自动感应洗车装置	1. 类型 2. 规格、型号 3. 参数	套		
040702003	破碎机		台		
040702004	垃圾卸料门	1. 尺寸 2. 材质 3. 自动开关装置	m²	按设计图示尺寸以面积计算	1. 安装 2. 调试
040702005	垃圾抓斗起重机	1. 规格、型号、精度 2. 跨度、高度 3. 自动称重、控制系统要求	套	按设计图示数量计算	
040702006	焚烧炉体	1. 类型 2. 规格、型号 3. 处理能力 4. 参数			

9.2 生活垃圾处理工程定额工程量计算规则

1. 生活垃圾处理工程定额一般规定

（1）《市政工程消耗量》（ZYA 1—31—2021）第七册《生活垃圾处理工程》，包括生活垃圾卫生填埋、生活垃圾焚烧,共两章。

(2)生活垃圾处理工程适用于城镇范围内的新建、扩建和改建的生活垃圾设施工程。

2. 生活垃圾卫生填埋

(1)定额说明

1)生活垃圾卫生填埋包括场地整理、垃圾坝、压实黏土防渗层、高密度聚乙烯(HDPE)土工膜敷设、钠基膨润防水毯敷设、土工合成材料敷设、防渗膜保护层、帷幕灌浆垂直防渗、导流层、高密度聚乙烯(HDPE)管道敷设、盲沟填筑、导气石笼井、调节池浮盖、填埋气体处理系统、地下水监测井、渗滤液抽排井、气体迁移监测井、封场覆盖、防飞散网、渗滤液处理设备安装等项目。

2)场地整理中未包括的填埋场土石方工程、地表土层清理执行《市政工程消耗量》(ZYA 1—31—2021)第一册《土石方工程》相应项目。

3)砌石坝已综合考虑砌镶面石和砌腹石,当设计与取定的材料规格或型号不同时,相关材料可以调整,人工、机械不调整。坝构筑物中模板工程可执行《市政工程消耗量》(ZYA 1—31—2021)第六册《水处理工程》相应项目。

4)毛石混凝土子目中毛石的投入量按22%考虑,当实际设计比例与取定比例不同时,混凝土及毛石按实际比例调整。

5)压实黏土防渗层已综合考虑了黏土的压实系数及压实遍数,实际使用时均按生活垃圾卫生填埋相应项目执行。

6)高密度聚乙烯(HDPE)土工膜厚度按1.5mm规格编制,当实际与取定的材料规格或型号不同时,材料消耗量不变,人工、机械乘以表9-3系数。

表9-3 高密度聚乙烯(HDPE)土工膜调整系数

高密度聚乙烯(HDPE)土工膜规格/mm	0.75	1	1.5	2
系数	1.10	1.05	1.00	1.33

7)钠基膨润土防水毯敷设子目中钠基膨润土防水毯(GCL)按4800g/m² 规格编制,当实际与取定的材料规格或型号不同时,材料消耗量不变,人工、机械乘以表9-4系数。

表9-4 GCL调整系数

GCL规格/(g/m²)	4800	5000	5500	6000
系数	1.00	1.05	1.10	1.20

8)土工合成材料敷设项目中土工布按600g/m² 规格编制,当实际与取定的材料规格或型号不同时,材料消耗量不变,人工、机械乘以表9-5系数。

表9-5 土工布调整系数

土工布规格/(g/m²)	200以内	300以内	400以内	600以内	600以上
系数	0.67	0.77	0.87	1.00	1.07

土工合成材料敷设项目中土工复合排水网按网芯厚度6.0mm规格编制,当实际与取定的材料规格或型号不同时,材料消耗量不变,人工、机械乘以表9-6系数。

表 9-6　土工复合排水网调整系数

土工复合排水网规格/mm	5.0	6.0	7.0	8.0
系数	0.93	1.00	1.10	1.11

9）防渗膜保护层中橡胶轮胎规格型号按 $R=415$mm 编制，当实际与取定的材料规格或型号不同时，材料按实际选用情况进行调整，但人工、机械不做调整。

土工布袋规格按 430mm×810mm 编制，当实际与取定的材料规格或型号不同时，相关材料可以按实际选用情况进行调整，但人工、机械不变。

10）帷幕灌浆垂直防渗。

① 帷幕灌浆地质钻机钻孔按露天钻垂直孔、孔径 91mm 以内、孔深 30～50m 编制，如为地下作业或钻孔角度、孔深与孔径不同时，人工、机械乘以调整系数，见表 9-7 至表 9-9。

表 9-7　地质钻机角度调整系数

调整项目	钻孔与水平夹角(向下)				角度向上
	0°～60°	60°～75°	75°～85°	85°～90°	
人工、钻机	1.19	1.05	1.02	1.00	1.25

表 9-8　地质钻机钻孔孔深调整系数

调整项目	孔深 h/m				
	≤30	30<h≤50	50<h≤70	70<h≤90	>90
人工、钻机	0.94	1.00	1.07	1.17	1.31

表 9-9　地质钻机钻孔孔径调整系数

调整项目	孔径/mm					备注
	≤91	110	130	150	200	
人工、钻机	1.00	1.05	1.25	1.52	1.82	终孔孔径≥130mm 或孔深超过 70m 时钻机换成 300 型,消耗量不变

② 钻机钻土坝（堤）灌浆孔项目按露天作业、垂直孔、孔深 50m 以内编制。

钻机钻岩石层灌浆孔-自下而上灌浆法项目按露天作业、帷幕灌浆孔、固结灌浆孔、排水孔、水位观测孔编制，发生下列情况时，调整如下：

a. 钻试验孔，人工乘以系数 1.10，机械乘以系数 1.10。

b. 钻观测孔，人工乘以系数 1.25，机械乘以系数 1.25。

③ 坝基岩帷幕灌浆-自下而上灌浆法项目按露天作业、一排帷幕、自下而上分段灌浆编制。设计为两排、三排帷幕时，按表 9-10 调整。

表 9-10　坝基岩帷幕灌浆-自下而上灌浆法调整系数

排数	人工、气动灌浆机	水泥	水
两排	0.97	0.75	0.96
三排	0.94	0.53	0.92

设计要求采用磨细水泥灌浆的，水泥品种应调整为干磨磨细水泥。

④ 土坝（堤）充填灌浆项目按垂直孔、孔深50m以内编制。

按灌注黏土浆液考虑，如采用水泥黏土浆，则水泥加上黏土的总重量等于本项目的黏土重量，水泥掺量由设计确定，一般为总重量的15%～20%；取消水玻璃用量，泥浆搅拌机台班减少20%，其他不变。

11）盲沟填筑项目中未考虑土工布包裹的工作内容，实际发生时，执行生活垃圾卫生填埋"零星土工布"敷设项目。

12）浮力垫、走道板按常用设计规格编制。当实际与取定的材料规格或型号不同时，相关材料可以按实际选用情况进行调整，人工、机械按表面积比例进行调整。

调节池浮盖施工按干法施工考虑，如现场采用带水施工时，措施费用按实际情况另行计算。

辅助系统中如各种井的设计规格与项目不同时，主材（井管）按实际情况进行调整，各种辅材及人工、机械不变。

13）填埋气体处理系统按燃烧火炬成套设备综合考虑，相应安装辅材已配套计入待安装设备本体中，项目仅包含工作内容范围内设备安装的人工与机械消耗量。火炬基础混凝土及其模板工程执行《市政工程消耗量》（ZYA 1—31—2021）第六册《水处理工程》相应项目，基础钢筋及预埋件执行《市政工程消耗量》（ZYA 1—31—2021）第九册《钢筋工程》相应项目。

14）地下水监测井钻孔执行生活垃圾卫生填埋帷幕灌浆钻孔相应项目，成井消耗量为综合考虑，如实际与生活垃圾卫生填埋主材（成井管道）不一致时，可按实际调整，但辅材、人工、机械不做调整。

15）渗滤液抽排井按照直径800mm、井深10m考虑，井壁外侧400mm范围内铺设碎石层，如实际规格与生活垃圾卫生填埋不一致时，可按实际调整。

16）气体迁移监测井按照直径150mm、井深10m考虑，如实际规格与生活垃圾卫生填埋不一致时，可按实际调整。

17）封场覆盖使用的高密度聚乙烯（HDPE）土工膜、钠基膨润土防水毯等按生活垃圾卫生填埋相应项目执行，人工乘以系数1.05、机械乘以系数1.05。

封场覆盖适用于垃圾场内倒运、整形，如垃圾需要外运，挖垃圾装车、运输执行《市政工程消耗量》（ZYA 1—31—2021）第一册《土石方工程》一、二类土相应项目，人工乘以系数1.20、机械乘以系数1.20。

封场固土土工网垫执行土工复合排水网（6.00mm）项目。

植草护坡中喷播植草的草种用量按设计另行计算。

18）渗滤液处理设备安装中氨吹脱塔项目未包括风机、氨尾气吸收装置等附属配套机械设备的安装内容，实际发生时，可执行《通用安装工程消耗量》（TY 02—31—2021）相应项目。

19）膜生物反应器（MBR）以及纳滤、反渗透膜组件与装置等未包括膜处理系统单元以外的水泵、风机、曝气器、布气管、空压机、仪表、电气控制系统等附属配套设施的安装内容，膜处理系统单元以外与主体设备装置配套的管路系统（管道、阀门、法兰、泵）、风路系统、电气系统、控制系统等，应根据其设计或二次设计内容执行《通用安装工程消耗量定额》（TY 02—31—2015）和《市政工程消耗量》（ZYA 1—31—2021）第六册《水处理工程》相应项目。

20）渗滤液主体处理构筑物中各类钢筋混凝土调节池、混合池、反应池、沉淀池、集水井（池）、滤池、厌氧池、好氧池（SBR）、氧化沟、浓缩池等现浇、预制混凝土构件及其模板工程、吸附过滤活性炭等滤料敷设工程，执行《市政工程消耗量》（ZYA 1—31—2021）第六册《水处理工程》相应项目；渗滤液主体处理构筑物现浇、预制混凝土的钢筋、预埋铁件、止水螺栓等的制作、安装执行《市政工程消耗量》（ZYA 1—31—2021）第九册《钢筋工程》相应项目；主体处理构筑物的防腐、内衬工程，金属面防腐处理执行《通用安装工程消耗量定额》（TY 02—31—2015）相应项目，非金属面执行《市政工程消耗量》（ZYA 1—31—2021）第六册《水处理工程》相应项目，其他防腐处理执行《房屋建筑与装饰工程消耗量定额》（TY 01—31—2015）相应项目。

21）渗滤液主体处理构筑物中钢制池、槽、罐、斗、塔及其他各类金属构件制作、安装及其防腐处理，渗滤液处理配套工程中的泵、风机等各类通用机械设备安装，通风管、输配水等各类工艺管道安装，供配电、自控仪表、检测仪器和报警装置等的安装，执行《通用安装工程消耗量定额》（TY 02—31—2015）相应项目。

22）渗滤液处理设备中的格栅、加药设备、曝气设施、生物转盘、压滤机、污泥浓缩机、脱水机等其他水处理专用设备安装，执行《市政工程消耗量》（ZYA 1—31—2021）第六册《水处理工程》相应项目。

（2）工程量计算规则

1）场地整理按设计图示尺寸以面积计算。

2）垃圾坝、压实黏土防渗层按设计图示尺寸以体积计算。

3）高密度聚乙烯（HDPE）土工膜、钠基膨润土防水毯、土工复合排水网、土工合成材料按设计图示尺寸以面积计算，锚固沟、盲沟等按展开面积计算。

4）导流层铺设均按设计图示尺寸以面积计算。

5）高密度聚乙烯（HDPE）管道敷设按设计图示尺寸以长度计算。

6）高密度聚乙烯（HDPE）花管敷设时，应另执行高密度聚乙烯（HDPE）管钻孔加工项目，按设计管道敷设长度区分管径以长度计算。

7）盲沟填筑按设计图示尺寸以体积计算。

8）导气石笼井钻孔区分孔深，按设计深度乘以设计井径截面面积，以体积计算。

9）浮力垫、走道板工程按设计规格数量以"块"计算。

10）渗滤液抽排井按设计图示尺寸以深度计算。

11）气体迁移监测井按设计图示尺寸以深度计算。

12）氨吹脱塔安装区分填料高度及塔体直径，按设计图示数量以"台"计算。

13）膜生物反应器（MBR）以及纳滤、反渗透膜组件与装置安装区分膜处理系统单元产水能力，按设计图示数量以"套"计算。

3. 生活垃圾焚烧

（1）定额说明

1）生活垃圾焚烧包括自动感应洗车装置安装、垃圾破碎机安装、垃圾卸料门及车辆感应器安装、垃圾抓斗桥式起重机安装、生活垃圾焚烧炉安装、烟气净化处理设备安装、除臭装置设备安装、计量设备安装等项目。

2）生活垃圾焚烧处理工程中的烟气净化处理系统、余热利用系统、灰渣处理系统、飞灰输送和储存系统、电气和自动化控制系统、热力系统汽水管道安装及油漆、防腐、炉墙砌筑，保温系统、供水系统、化学水处理系统、燃油供应、消防、通风空调等配套设备以及水压试验、风压试验、烘炉、煮炉、酸洗、蒸汽严密性试验及安全门调整等，执行《通用安装工程消耗量定额》（TY 02—31—2015）相应项目。

3）生活垃圾焚烧已包括设备单体和配合分系统试运时施工方面的人工、材料、机械的消耗量。分系统调试、整套启动调试、特殊项目测试与试验等调试工程执行《通用安装工程消耗量定额》（TY 02—31—2015）第二册《热力设备安装工程》相应项目。

4）生活垃圾焚烧脚手架搭拆费按《通用安装工程消耗量定额》（TY 02—31—2015）第二册《热力设备安装工程》的相应规定计算。

5）工程范围及未包括的工作内容。

①自动感应洗车装置安装的工程范围：设备搬运、开箱、清点、编号、分类复核、基础验收、中心线校核、垫铁配制、配合二次灌浆。

②垃圾破碎机安装的工程范围：电动或液压双轴破碎机机架底座，活动齿轮，润滑系统，液压管路，随设备供应的梯子、平台、栏杆的安装。大件垃圾破碎机底座，切断机具，润滑系统，液压管路，随设备供应的梯子、平台、栏杆安装。

未包括的工作内容：电动机检查接线。

③垃圾卸料门及车辆感应器安装的工程范围：成套卸料门及门框、电液推杆或驱动装置、预埋件、附件及紧固件的安装。车辆感应器定位切槽、下线、固定等安装。

未包括的工作内容：卸料门的指示灯、控制台、就地控制箱、动力柜、限位开关的安装，卸料门的表面涂装由厂家负责。

④垃圾抓斗桥式起重机安装的工程范围：大车、小车行走机构和垃圾抓斗的检查，车梁、行走机构、抓斗及其他附件如本体平台扶梯等安装。

未包括的工作内容：起重机设备安装脚手架搭拆、轨道安装、垃圾抓斗控制系统的安装。

⑤生活垃圾焚烧炉安装。

a. 垃圾进料斗及溜槽安装的工程范围：垃圾料斗、垃圾料斗支架、料斗盖驱动装置、架桥破解装置、垃圾溜槽的安装。

b. 液压推杆给料装置安装的工程范围：液压推杆给料装置整体安装和传动机构的检查、组合、固定、安装，推料器、液压缸、料位探测器支架的固定、安装。

未包括的工作内容：料位探测器的检查、组合、安装。

c. 垃圾焚烧炉炉排安装的工程范围：干燥炉排、燃烧炉排、燃烬炉排、炉排液压驱动装置、润滑设备配管及阀门、炉排冷却设备、炉排驱动装置（电磁阀组）及其附件的安装。

按照垃圾焚烧炉炉排散件到货、现场拼装考虑，如果厂家已经部分拼装完成，大件到货、现场组装，则材料消耗量不变，人工消耗量和机械消耗量可以相应调整。

d. 炉排下渣斗安装的工程范围：炉排下部漏渣斗、渣斗溜管、漏渣挡板、漏渣斗用气缸、一次风集管、落渣管、风室及风室下通道等的安装。

e. 除渣装置安装的工程范围：除渣机安装在焚烧炉炉后下部，采用液压驱动方式，内容包括渣机、液压油缸、控制水箱、控制水阀等的安装。

f. 液压站安装的工程范围：成套液压装置包括液压泵、油箱、液压油冷却器、温度开关、就地型温度计、液位开关、就地型液位计、设备本体管道及附件等的安装。

未包括的工作内容：设备本体以外的液压管道及阀门的安装。

g. 燃烧装置安装的工程范围：燃烧器装置包括点火燃烧器和辅助燃烧器，内容分别包括燃烧器本体及支架、高能点火装置、火焰检测装置、隔离门及其支吊架等的安装。

未包括的工作内容：管路及阀门系统、就地柜、风机、消音器、电源电缆、通信电缆及附件等的安装。

h. 清灰装置安装。

（a）振打清灰装置的工程范围：电机、减速机、转轴、振打锤、传动杆、密封装置、内部振打杆的安装。

（b）激波式清灰装置的工程范围：可燃气混合装置、放水阀、对夹止回阀、火焰导管、旋转集箱、脉冲罐等的安装。

⑥ 烟气净化处理设备安装。

a. 喷雾反应塔安装的工程范围：雾化器及其清洗装置和冷却装置、反应塔本体（含顶部蜗壳、钢结构、平台扶梯）、灰斗及其破桥装置和出灰装置、阀门、灰斗伴热装置等的安装。

未包括的工作内容：基础预埋框架、地脚螺栓、支架、底座的配制，不随设备供货而与设备连接的各种管道的安装、设备的衬里等。

b. 活性炭喷射系统安装的工程范围：活性炭仓、仓顶除尘器、破拱装置、活性炭储存和输送系统设备平台扶梯的组合、安装，随设备供货的管道、阀门、管件等。

⑦ 除臭装置设备安装的工程范围：设备、附件、底座螺栓开箱检查，吊装、找平、找正、支架的固定及安装。

未包括的工作内容：不随设备供货而与设备连接的各种管道等的安装。

⑧ 计量设备安装的工程范围：汽车衡配件的组装、安装。

未包括的工作内容：防雨罩的安装。

（2）工程量计算规则

1）生活垃圾焚烧以设备重量计算的项目，除另有规定外，应按设备本体及联体的平台、梯子、栏杆、支架、屏盘、电机、安全罩和设备本体第一个法兰以内的管道等全部重量计算。

2）生活垃圾焚烧炉本体重量以制造厂供货的金属质量为准，未包括设备的包装材料、运输加固件、炉墙及保温等的质量。

3）垃圾卸料门安装按门框外尺寸以面积计算，包括成套卸料门及门框、电液推杆或驱动装置、预埋件、附件及紧固件等。

4）除渣装置按设备重量以"t"计算，包括除渣机、液压油缸、控制水箱、控制水阀等。

5）炉排液压站按设备重量以"t"计算，包括液压泵、油箱、液压油冷却器、设备本体管道及附件等。

6）燃烧器装置按设计数量以"台"计算，包括燃烧器本体及支架、高能点火装置、火焰检测装置、隔离门及其支吊架等。

7）振打清灰装置按设计数量以"点"计算，包括电机、减速机、转轴、振打锤、传动杆、密封装置、内部振打杆等。

8）激波式清灰装置按设计数量以"点"计算，包括可燃气混合装置、放水阀、对夹止回阀、火焰导管、旋转集箱、脉冲罐等。

9）喷雾反应塔系统按设备重量以"t"计算，包括雾化器及其清洗装置和冷却装置、反应塔本体（含顶部蜗壳、钢结构、平台扶梯）、灰斗及其破桥装置和出灰装置、阀门、灰斗伴热装置等。

10）活性炭喷射系统按设备重量以"t"计算，包括活性炭仓、仓顶除尘器、破拱装置、活性炭储存和输送系统设备平台扶梯，随设备供货的管道、阀门、管件等。

11）除臭装置按设计数量以"台"计算，包括除臭装置本体及管道、支架、随设备成套的附属设备、阀门、管件等。

12）除臭剂喷雾系统按设计数量以"套"计算，包括溶液箱、高压泵等，未包括高压管道和雾化喷嘴、控制箱等。

13）汽车衡安装根据工艺系统设计流程及设备出力，按照设计安装数量以"台"计算。

9.3　生活垃圾处理工程工程量清单编制实例

实例1　某生活垃圾处理穿孔管铺设的工程量计算

某生活垃圾处理工程有 DN250 的穿孔管 900m，试计算穿孔管铺设的工程量。

【解】

穿孔管铺设工程量 = 900（m）

清单工程量见表 9-11。

表 9-11　第 9 章实例 1 清单工程量

项目编码	项目名称	项目特征描述	工程量合计	计量单位
040701010001	穿孔管铺设	DN250	900	m

实例2　某垃圾焚烧工程汽车衡工程量计算

某垃圾焚烧工程有 5 台汽车衡，宽 4m，长 8m，最大承重为 42t，试计算汽车衡的工程量。

【解】

汽车衡的工程量 = 5（台）

清单工程量见表 9-12。

表 9-12　第 9 章实例 2 清单工程量

项目编码	项目名称	项目特征描述	工程量合计	计量单位
04070200101	汽车衡	宽 4m，长 8m	5	台

实例 3 某工程垃圾卸门料的工程量计算

某工程有 50 樘垃圾卸料门，其尺寸为 6.5m×6m，试计算垃圾卸料门的工程量。

【解】

垃圾卸料门的工程量 = 50×6.5×6 = 1950（m^2）

清单工程量见表 9-13。

表 9-13 第 9 章实例 3 清单工程量

项目编码	项目名称	项目特征描述	工程量合计	计量单位
040702004001	垃圾卸料门	尺寸为 6.5m×6m	1950	m^2

第10章 路 灯 工 程

10.1 路灯工程清单工程量计算规则

1. 变配电设备工程

变配电设备工程工程量清单项目设置、项目特征描述的内容、计量单位及工程量计算规则，应按表 10-1 的规定执行。

表 10-1 变配电设备工程（编码：040801）

项目编码	项目名称	项目特征	计量单位	工程量计算规则	工程内容
040801001	杆上变压器	1. 名称 2. 型号 3. 容量（kV·A） 4. 电压（kV） 5. 支架材质、规格 6. 网门、保护门材质、规格 7. 油过滤要求 8. 干燥要求			1. 支架制作、安装 2. 本体安装 3. 油过滤 4. 干燥 5. 网门、保护门制作、安装 6. 补刷（喷）油漆 7. 接地
040801002	地上变压器	1. 名称 2. 型号 3. 容量（kV·A） 4. 电压（kV） 5. 基础形式、材质、规格 6. 网门、保护门材质、规格 7. 油过滤要求 8. 干燥要求	台	按设计图示数量计算	1. 基础制作、安装 2. 本体安装 3. 油过滤 4. 干燥 5. 网门、保护门制作、安装 6. 补刷（喷）油漆 7. 接地
040801003	组合型成套箱式变电站	1. 名称 2. 型号 3. 容量（kV·A） 4. 电压（kV） 5. 组合形式 6. 基础形式、材质、规格			1. 基础制作、安装 2. 本体安装 3. 进箱母线安装 4. 补刷（喷）油漆 5. 接地
040801004	高压成套配电柜	1. 名称 2. 型号 3. 规格 4. 母线配置方式 5. 种类 6. 基础形式、材质、规格			1. 基础制作、安装 2. 本体安装 3. 补刷（喷）油漆 4. 接地

（续）

项目编码	项目名称	项目特征	计量单位	工程量计算规则	工程内容
040801005	低压成套控制柜	1. 名称 2. 型号 3. 规格 4. 种类 5. 基础形式、材质、规格 6. 接线端子材质、规格 7. 端子板外部接线材质、规格	台	按设计图示数量计算	1. 基础制作、安装 2. 本体安装 3. 附件安装 4. 焊、压接线端子 5. 端子接线 6. 补刷（喷）油漆 7. 接地
040801006	落地式控制箱	1. 名称 2. 型号 3. 规格 4. 基础形式、材质、规格 5. 回路 6. 附件种类、规格 7. 接线端子材质、规格 8. 端子板外部接线材质、规格			
040801007	杆上控制箱	1. 名称 2. 型号 3. 规格 4. 回路 5. 附件种类、规格 6. 支架材质、规格 7. 进出线管管架材质、规格、安装高度 8. 接线端子材质、规格 9. 端子板外部接线材质、规格			1. 支架制作、安装 2. 本体安装 3. 附件安装 4. 焊、压接线端子 5. 端子接线 6. 进出线管管架安装 7. 补刷（喷）油漆 8. 接地
040801008	杆上配电箱	1. 名称 2. 型号 3. 规格 4. 安装方式 5. 支架材质、规格 6. 接线端子材质、规格 7. 端子板外部接线材质、规格			1. 支架制作、安装 2. 本体安装 3. 焊、压接线端子 4. 端子接线 5. 补刷（喷）油漆 6. 接地
040801009	悬挂嵌入式配电箱				
040801010	落地式配电箱	1. 名称 2. 型号 3. 规格 4. 基础形式、材质、规格 5. 接线端子材质、规格 6. 端子板外部接线材质、规格			

（续）

项目编码	项目名称	项目特征	计量单位	工程量计算规则	工程内容
040801011	控制屏				1. 基础制作、安装 2. 本体安装 3. 端子板安装 4. 焊、压接线端子 5. 盘柜配线、端子接线 6. 小母线安装 7. 屏边安装 8. 补刷（喷）油漆 9. 接地
040801012	继电、信号屏				
040801013	低压开关柜（配电屏）	1. 名称 2. 型号 3. 规格 4. 种类 5. 基础形式、材质、规格 6. 接线端子材质、规格 7. 端子板外部接线材质、规格 8. 小母线材质、规格 9. 屏边规格	台		1. 基础制作、安装 2. 本体安装 3. 端子板安装 4. 焊、压接线端子 5. 盘柜配线、端子接线 6. 屏边安装 7. 补刷（喷）油漆 8. 接地
040801014	弱电控制返回屏			按设计图示数量计算	1. 基础制作、安装 2. 本体安装 3. 端子板安装 4. 焊、压接线端子 5. 盘柜配线、端子接线 6. 小母线安装 7. 屏边安装 8. 补刷（喷）油漆 9. 接地
040801015	控制台	1. 名称 2. 型号 3. 规格 4. 种类 5. 基础形式、材质、规格 6. 接线端子材质、规格 7. 端子板外部接线材质、规格 8. 小母线材质、规格			1. 基础制作、安装 2. 本体安装 3. 端子板安装 4. 焊、压接线端子 5. 盘柜配线、端子接线 6. 小母线安装 7. 补刷（喷）油漆 8. 接地
040801016	电力电容器	1. 名称 2. 型号 3. 规格 4. 质量	个		1. 本体安装、调试 2. 接线 3. 接地
040801017	跌落式熔断器	1. 名称 2. 型号 3. 规格 4. 安装部位	组		

（续）

项目编码	项目名称	项目特征	计量单位	工程量计算规则	工程内容
040801018	避雷器	1. 名称 2. 型号 3. 规格 4. 电压(kV) 5. 安装部位	组	按设计图示数量计算	1. 本体安装、调试 2. 接线 3. 补刷(喷)油漆 4. 接地
040801019	低压熔断器	1. 名称 2. 型号 3. 规格 4. 接线端子材质、规格	个		1. 本体安装 2. 焊、压接线端子 3. 接线
040801020	隔离开关	1. 名称 2. 型号 3. 容量(A) 4. 电压(kV) 5. 安装条件 6. 操作机构名称、型号 7. 接线端子材质、规格	组		1. 本体安装、调试 2. 接线 3. 补刷(喷)油漆 4. 接地
040801021	负荷开关		组		
040801022	真空断路器		台		
040801023	限位开关	1. 名称 2. 型号 3. 规格 4. 接线端子材质、规格	个		1. 本体安装 2. 焊、压接线端子 3. 接线
040801024	控制器		台		
040801025	接触器				
040801026	磁力启动器				
040801027	分流器	1. 名称 2. 型号 3. 规格 4. 容量(A) 5. 接线端子材质、规格	个		
040801028	小电器	1. 名称 2. 型号 3. 规格 4. 接线端子材质、规格	个 (套、台)		
040801029	照明开关	1. 名称 2. 材质 3. 规格 4. 安装方式	个		1. 本体安装 2. 接线
040801030	插座		个		
040801031	线缆断线报警装置	1. 名称 2. 型号 3. 规格 4. 参数	套		1. 本体安装、调试 2. 接线
040801032	铁构件制作、安装	1. 名称 2. 材质 3. 规格	kg	按设计图示尺寸以质量计算	1. 制作 2. 安装 3. 补刷(喷)油漆

（续）

项目编码	项目名称	项目特征	计量单位	工程量计算规则	工程内容
040801033	其他电器	1. 名称 2. 型号 3. 规格 4. 安装方式	个 （套、台）	按设计图示数量计算	1. 本体安装 2. 接线

注：1. 小电器包括按钮、测量表计、继电器、电磁锁、屏上辅助设备、辅助电压互感器、小型安全变压器等。
  2. 其他电器安装指未列的电器项目，必须根据电器实际名称确定项目名称。明确描述项目特征、计量单位、工程量计算规则、工作内容。
  3. 铁构件制作、安装适用于路灯工程的各种支架、铁构件的制作、安装。
  4. 设备安装未包括地脚螺栓安装、浇筑（二次灌浆、抹面），如需安装应按现行国家标准《房屋建筑与装饰工程工程量计算规范》（GB 50854—2013）中相关项目编码列项。
  5. 盘、箱、柜的外部进出电线预留长度见表 10-2。

表 10-2 盘、箱、柜的外部进出电线预留长度

序号	项目	预留长度/（m/根）	说明
1	各种箱、柜、盘、板、盒	高+宽	盘面尺寸
2	单独安装的铁壳开关、自动开关、刀开关、启动器、箱式电阻器、变阻器	0.5	从安装对象中心算起
3	继电器、控制开关、信号灯、按钮、熔断器等小电器	0.3	
4	分支接头	0.2	分支线预留

2. 10kV 以下架空线路工程

10kV 以下架空线路工程工程量清单项目设置、项目特征描述的内容、计量单位及工程量计算规则，应按表 10-3 的规定执行。

表 10-3 10kV 以下架空线路工程（编码：040802）

项目编码	项目名称	项目特征	计量单位	工程量计算规则	工程内容
040802001	电杆组立	1. 名称 2. 规格 3. 材质 4. 类型 5. 地形 6. 土质 7. 底盘、拉盘、卡盘规格 8. 拉线材质、规格、类型 9. 引下线支架安装高度 10. 垫层、基础：厚度、材料品种、强度等级 11. 电杆防腐要求	根	按设计图示数量计算	1. 工地运输 2. 垫层、基础浇筑 3. 底盘、拉盘、卡盘安装 4. 电杆组立 5. 电杆防腐 6. 拉线制作、安装 7. 引下线支架安装
040802002	横担组装	1. 名称 2. 规格 3. 材质 4. 类型 5. 安装方式 6. 电压（kV） 7. 瓷瓶型号、规格 8. 金具型号、规格	组		1. 横担安装 2. 瓷瓶、金具组装

（续）

项目编码	项目名称	项目特征	计量单位	工程量计算规则	工程内容
040802003	导线架设	1. 名称 2. 型号 3. 规格 4. 地形 5. 导线跨越类型	km	按设计图示尺寸另加预留量以单线长度计算	1. 工地运输 2. 导线架设 3. 导线跨越及进户线架设

注：导线架设预留长度见表10-4。

表 10-4　导线架设预留长度

项目		预留长度/（m/根）
高压	转角	2.5
	分支、终端	2.0
低压	分支、终端	0.5
	交叉跳线转角	1.5
与设备连线		0.5
进户线		2.5

3. 电缆工程

电缆工程工程量清单项目设置、项目特征描述的内容、计量单位及工程量计算规则，应按表10-5的规定执行。

表 10-5　电缆工程（编码：040803）

项目编码	项目名称	项目特征	计量单位	工程量计算规则	工程内容
040803001	电缆	1. 名称 2. 型号 3. 规格 4. 材质 5. 敷设方式、部位 6. 电压（kV） 7. 地形		按设计图示尺寸另加预留及附加量以长度计算	1. 揭（盖）盖板 2. 电缆敷设
040803002	电缆保护管	1. 名称 2. 型号 3. 规格 4. 材质 5. 敷设方式 6. 过路管加固要求	m		1. 保护管敷设 2. 过路管加固
040803003	电缆排管	1. 名称 2. 型号 3. 规格 4. 材质 5. 垫层、基础：厚度、材料品种、强度等级 6. 排管排列形式		按设计图示尺寸以长度计算	1. 垫层、基础浇筑 2. 排管敷设
040803004	管道包封	1. 名称 2. 规格 3. 混凝土强度等级			1. 灌注 2. 养护

（续）

项目编码	项目名称	项目特征	计量单位	工程量计算规则	工程内容
040803005	电缆终端头	1. 名称 2. 型号 3. 规格 4. 材质、类型 5. 安装部位 6. 电压（kV）	个	按设计图示数量计算	1. 制作 2. 安装 3. 接地
040803006	电缆中间头	1. 名称 2. 型号 3. 规格 4. 材质、类型 5. 安装方式 6. 电压（kV）			
040803007	铺砂、盖保护板（砖）	1. 种类 2. 规格	m	按设计图示尺寸以长度计算	1. 铺砂 2. 盖保护板（砖）

注：1. 电缆穿刺线夹按电缆中间头编码列项。

2. 电缆保护管敷设方式清单项目特征描述时应区分直埋保护管、过路保护管。

3. 顶管敷设应按"管道铺设"中相关项目编码列项。

4. 电缆井应按"管道附属构筑物"中相关项目编码列项，如有防盗要求的应在项目特征中描述。

5. 电缆敷设预留量及附加长度见表10-6。

表 10-6 电缆敷设预留量及附加长度

序号	项目	预留（附加）长度/m	说明
1	电缆敷设弛度、波形弯度、交叉	2.5%	按电缆全长计算
2	电缆进入建筑物	2.0	规范规定最小值
3	电缆进入沟内或吊架时引上（下）预留	1.5	规范规定最小值
4	变电所进线、出线	1.5	规范规定最小值
5	电力电缆终端头	1.5	检修余量最小值
6	电缆中间接头盒	两端各留2.0	检修余量最小值
7	电缆进控制、保护屏及模拟盘等	高+宽	按盘面尺寸
8	高压开关柜及低压配电盘、箱	2.0	盘上进出线
9	电缆至电动机	0.5	从电动机接线盒算起
10	厂用变压器	3.0	从地坪算起
11	电缆绕过梁柱等增加长度	按实计算	按被绕物的断面情况计算增加长度

4. 配管、配线工程

配管、配线工程工程量清单项目设置、项目特征描述的内容、计量单位及工程量计算规则，应按表10-7的规定执行。

表 10-7 配管、配线工程（编码：040804）

项目编码	项目名称	项目特征	计量单位	工程量计算规则	工程内容
040804001	配管	1. 名称 2. 材质 3. 规格 4. 配置形式 5. 钢索材质、规格 6. 接地要求	m	按设计图示尺寸以长度计算	1. 预留沟槽 2. 钢索架设（拉紧装置安装） 3. 电线管路敷设 4. 接地
040804002	配线	1. 名称 2. 配线形式 3. 型号 4. 规格 5. 材质 6. 配线部位 7. 配线线制 8. 钢索材质、规格		按设计图示尺寸另加预留量以单线长度计算	1. 钢索架设（拉紧装置安装） 2. 支持体（绝缘子等）安装 3. 配线
040804003	接线箱	1. 名称 2. 规格 3. 材质 4. 安装形式	个	按设计图示数量计算	本体安装
040804004	接线盒				
040804005	带形母线	1. 名称 2. 型号 3. 规格 4. 材质 5. 绝缘子类型、规格 6. 穿通板材质、规格 7. 引下线材质、规格 8. 伸缩节、过渡板材质、规格 9. 分相漆品种	m	按设计图示尺寸另加预留量以单相长度计算	1. 支持绝缘子安装及耐压试验 2. 穿通板制作、安装 3. 母线安装 4. 引下线安装 5. 伸缩节安装 6. 过渡板安装 7. 拉紧装置安装 8. 刷分相漆

注：1. 配管安装不扣除管路中间的接线箱（盒）、灯头盒、开关盒所占长度。

2. 配管名称指电线管、钢管、塑料管等。

3. 配管配置形式指明配、暗配、钢结构支架、钢索配管、埋地敷设、水下敷设、砌筑沟内敷设等。

4. 配线名称指管内穿线、塑料护套配线等。

5. 配线形式指照明线路、木结构、砖、混凝土结构、沿钢索等。

6. 配线进入箱、柜、板的预留长度见表 10-8，母线配置安装的预留长度见表 10-9。

表 10-8 配线进入箱、柜、板的预留长度（每一根线）

序号	项目	预留长度/m	说明
1	各种开关箱、柜、板	高+宽	盘面尺寸
2	单独安装(无箱、盘)的铁壳开关、闸刀开关、启动器、线槽进出线盒等	0.3	从安装对象中心算起
3	由地面管子出口引至动力接线箱	1.0	从管口计算
4	电源与管内导线连接(管内穿线与软、硬、母线接点)	1.5	从管口计算

表 10-9　母线配置安装预留长度

序号	项目	预留长度/m	说明
1	带形母线终端	0.3	从最后一个支持点算起
2	带形母线与分支线连接	0.5	分支线预留
3	带形母线与设备连接	0.5	从设备端子接口算起
4	接地母线、引下线附加长度	3.9%	按接地母线、引下线全长计算

5. 照明器具安装工程

照明器具安装工程工程量清单项目设置、项目特征描述的内容、计量单位及工程量计算规则，应按表 10-10 的规定执行。

表 10-10　照明器具安装工程（编码：040805）

项目编码	项目名称	项目特征	计量单位	工程量计算规则	工程内容
040805001	常规照明灯	1. 名称 2. 型号 3. 灯杆材质、高度 4. 灯杆编号 5. 灯架形式及臂长 6. 光源数量 7. 附件配置 8. 垫层、基础：厚度、材料品种、强度等级 9. 杆座形式、材质、规格 10. 接线端子材质、规格 11. 编号要求 12. 接地要求	套	按设计图示数量计算	1. 垫层铺筑 2. 基础制作、安装 3. 立灯杆 4. 杆座制作、安装 5. 灯架制作、安装 6. 灯具附件安装 7. 焊、压接线端子 8. 接线 9. 补刷（喷）油漆 10. 灯杆编号 11. 接地 12. 试灯
040805002	中杆照明灯				
040805003	高杆照明灯				1. 垫层铺筑 2. 基础制作、安装 3. 立灯杆 4. 杆座制作、安装 5. 灯架制作、安装 6. 灯具附件安装 7. 焊、压接线端子 8. 接线 9. 补刷（喷）油漆 10. 灯杆编号 11. 升降机构接线调试 12. 接地 13. 试灯
040805004	景观照明灯	1. 名称 2. 型号 3. 规格 4. 安装形式 5. 接地要求	1. 套 2. m	1. 以套计量，按设计图示数量计算 2. 以米计量，按设计图示尺寸以延长米计算	1. 灯具安装 2. 焊、压接线端子 3. 接线 4. 补刷（喷）油漆 5. 接地 6. 试灯

（续）

项目编码	项目名称	项目特征	计量单位	工程量计算规则	工程内容
040805005	桥栏杆照明灯	1. 名称 2. 型号 3. 规格 4. 安装形式 5. 接地要求	套	按设计图示数量计算	1. 灯具安装 2. 焊、压接线端子 3. 接线 4. 补刷（喷）油漆 5. 接地 6. 试灯
040805006	地道涵洞照明灯				

注：1. 常规照明灯是指安装在高度≤15m 的灯杆上的照明器具。

　　2. 中杆照明灯是指安装在高度≤19m 的灯杆上的照明器具。

　　3. 高杆照明灯是指安装在高度>19m 的灯杆上的照明器具。

　　4. 景观照明灯是指利用不同的造型、相异的光色与亮度来造景的照明器具。

6. 防雷接地装置工程

防雷接地装置工程工程量清单项目设置、项目特征描述的内容、计量单位及工程量计算规则，应按表 10-11 的规定执行。

表 10-11　防雷接地装置工程（编码：040506）

项目编码	项目名称	项目特征	计量单位	工程量计算规则	工程内容
040506001	接地极	1. 名称 2. 材质 3. 规格 4. 土质 5. 基础接地形式	根（块）	按设计图示数量计算	1. 接地极（板、桩）制作、安装 2. 补刷（喷）油漆
040506002	接地母线	1. 名称 2. 材质 3. 规格	m	按设计图示尺寸另加附加量以长度计算	1. 接地母线制作、安装 2. 补刷（喷）油漆
040506003	避雷引下线	1. 名称 2. 材质 3. 规格 4. 安装高度 5. 安装形式 6. 断接卡子、箱材质、规格			1. 避雷引下线制作、安装 2. 断接卡子、箱制作、安装 3. 补刷（喷）油漆
040506004	避雷针	1. 名称 2. 材质 3. 规格 4. 安装高度 5. 安装形式	套（基）	按设计图示数量计算	1. 本体安装 2. 跨接 3. 补刷（喷）油漆
040506005	降阻剂	名称	kg	按设计图示数量以质量计算	施放降阻剂

注：接地母线、引下线附加长度见表 10-9。

7. 电气调整工程

电气调整试验工程量清单项目设置、项目特征描述的内容、计量单位及工程量计算规则，应按表 10-12 的规定执行。

表 10-12　电气调整试验 （编码：040807）

项目编码	项目名称	项目特征	计量单位	工程量计算规则	工程内容
040807001	变压器系统调试	1. 名称 2. 型号 3. 容量（kV·A）	系统	按设计图示数量计算	系统调试
040807002	供电系统调试	1. 名称 2. 型号 3. 电压（kV）			
040807003	接地装置调试	1. 名称 2. 类别	系统（组）		接地电阻测试
040807004	电缆试验	1. 名称 2. 电压（kV）	次（根、点）		试验

8. 清单相关问题及说明

（1）路灯工程清单项目工作内容中均未包括土石方开挖及回填、破除混凝土路面等，发生时应按"土石方工程"及"拆除工程"中相关项目编码列项。

（2）路灯工程清单项目工作内容中均未包括除锈、刷漆（补刷漆除外），发生时应按现行国家标准《通用安装工程工程量计算规范》（GB 50856—2013）中相关项目编码列项。

（3）路灯工程清单项目工作内容包含补漆的工序，可不进行特征描述，由投标人根据相关规范标准自行考虑报价。

（4）路灯工程中的母线、电线、电缆、架空导线等，按表 10-2、表 10-4、表 10-6、表 10-8、表 10-9 的规定计算附加长度（波形长度或预留量）计入工程量中。

10.2　路灯工程定额工程量计算规则

1. 路灯工程定额一般规定

（1）《市政工程消耗量》（ZYA 1—31—2021）第八册《路灯工程》，包括变配电设备工程、10kV 以下架空线路工程、电缆工程、配管配线工程、照明器具安装工程、防雷接地装置工程，共六章。

（2）路灯工程适用于新建、扩建的城镇道路、市政地下通道的照明工程，不适用于维修改造及庭院（园）内的照明工程。

（3）路灯工程与通用安装工程相关项目的界线划分，以路灯系统与城市供电系统相交为界，界限以内执行路灯工程项目。

（4）路灯工程不包括线路参数的测定、运行和系统调试工作，如发生，执行《通用安装工程消耗量》（TY 02—31—2021）第四册《电气设备安装工程》相应项目。

（5）路灯工程电压等级按 10kV 以下考虑。

（6）路灯工程除另有说明外，均不含土石方项目，如发生，执行《市政工程消耗量》（ZYA 1—31—2021）第一册《土石方工程》相应项目。

（7）路灯设施迁移、迁改的保护性拆除费用按相应新建项目子目人工费加机械费之和乘以系数 0.50。

2. 变配电设备工程

（1）定额说明

1）变配电设备工程包括变压器安装，组合型成套箱式变电站安装，电力电容器安装，配电柜、箱安装，铁构件制作、安装及箱、盒制作，成套配电箱安装，熔断器、限位开关安装，控制器、启动器安装，盘、柜配线，接线端子安装，控制继电器保护屏安装，控制台安装，仪表、电器、小母线、分流器安装等项目。

2）变压器油按设备自带考虑，但施工中变压器油的过滤损耗及操作损耗已包括在有关项目中。

3）干式变压器安装执行《通用安装工程消耗量》（TY 02—31—2021）第四册《电气设备安装工程》相应项目。

4）地埋变压器混凝土基础部分执行《房屋建筑与装饰工程消耗量》（TY 01—31—2021）相应项目。

5）高压成套配电柜安装项目是综合考虑编制的，执行中不做调整。

6）配电及控制设备安装，均未包括支架制作和基础型钢制作、安装，也未包括设备元器件安装及端子板外部接线，应另按相应项目执行。

7）铁构件制作、安装适用于本消耗量范围内的各种支架制作、安装，但铁构件制作、安装均未包括无损探伤、除锈、防腐工程，如发生执行《通用安装工程消耗量》（TY 02—31—2021）相应项目。轻型铁构件是指铁钩件主体结构厚度在 3mm 以内的铁构件。

8）各项设备安装均未包括接线端子及二次接线。

9）配电箱、控制箱按功能分别列项编制，如实际配电、控制在同一箱中，则执行配电箱项目。配电箱、控制箱按设备整体供货考虑，如现场配置控制元件，执行变配电设备工程相应项目。

10）开关扩展模块、智能照明控制器在 9 路以上时，人工乘以系数 1.15。

11）变配电设备工程中如涉及信号传输配线，执行《通用安装工程消耗量》（TY 02—31—2021）第五册《建筑智能化工程》相应项目。

（2）工程量计算规则

1）变压器安装，按不同容量以"台"为单位计算。一般情况下不需要变压器干燥，如确实需要干燥，执行《通用安装工程消耗量》（TY 02—31—2021）相应项目。

2）变压器油过滤，不论过滤多少次，直到过滤合格为止。以"t"为单位计算，变压器油的过滤量可按制造厂提供的油量计算。

3）高压成套配电柜和组合箱式变电站安装，以"台"为单位计算，均未包括基础槽钢、母线及引下线的安装。

4）各种配电箱、柜安装均按不同半周长以"套"为单位计算。

5）铁构件制作、安装按施工图示以"100kg"为单位计算。

6）盘、柜配线按不同截面、长度按表 10-13 计算。

表 10-13 盘、柜配线

序号	项目	预留长度/m	说明
1	各种开关柜、箱、板	高+宽	盘面尺寸
2	单独安装（无箱、盘）的铁壳开关、闸刀开关、启动器等	0.3	以安装对象中心计算

7）各种接线端子按不同导线截面积，以"10个"为单位计算。

3. 10kV 以下架空线路工程

（1）定额说明

1）10kV 以下架空线路工程包括底盘、卡盘、拉盘安装及电杆焊接、防腐，立杆，引下线支架安装，10kV 以下横担安装，1kV 以下横担安装，进户线横担安装，拉线制作、安装，导线架设，导线跨越架设，路灯设施编号，基础工程，绝缘子安装等项目。

2）10kV 以下架空线路工程按平原条件编制，如在丘陵、山地施工时，其人工和机械乘以表 10-14 的地形系数。

表 10-14　地形系数

地形类型	高山	丘陵(市区)	一般山地
调整系数	2.20	1.20	1.60

3）地形划分。

① 平地：指地形比较平坦、开阔，地面土质含水率小于或等于 40% 的地带。

② 丘陵：指地形有起伏，水平距离小于或等于 1km，地形起伏小于或等于 50m 的地带。

③ 一般山地：指一般山岭或沟谷地带、高原台地，水平距离小于或等于 250m，地形起伏在 50~150m 的地带。

④ 高山：指人力、牲畜攀登困难，水平距离小于或等于 250m，地形起伏在 150~250m 的地带。

4）线路一次施工工程量按 5 根以上电杆考虑，如 5 根以内者，人工乘以系数 1.20，机械乘以系数 1.20。

5）金属杆组立工程是按预埋基础带法兰连接方式考虑的，如采用现浇混凝土基础预埋地脚螺栓安装形式，按预埋螺栓项目子目计算，并扣除金属杆组立项目中的螺栓消耗量，其他不变。

6）导线跨越。

① 在同一跨越档内，有两种以上跨越物时，则每一跨越物视为"一处"跨越，分别按相应项目执行。

② 单线广播线不算跨越物。

7）横担安装已包括金具及绝缘子安装人工。

8）10kV 以下架空线路工程基础项目适用于路灯杆塔、金属灯柱、控制箱安置基础工程。

（2）工程量计算规则

1）底盘、卡盘、拉线盘接设计用量以"块"为单位计算。

2）各种电线杆组立分材质与高度，按设计数量以"根"为单位计算。

3）拉线制作、安装按施工图设计规定，分不同形式以"组"为单位计算。

4）横担安装按施工图设计规定，分不同线数和电压等级以"组"为单位计算。

5）导线架设分导线类型与截面，按 1km/单线计算，导线预留长度规定见表 10-4。

6）导线跨越架设指越线架的搭设、拆除和运输以及因跨越施工难度而增加的工作量，以"处"为单位计算，每个跨越间距按 50m 以内考虑，大于 50m 小于 100m 时，按 2 处计算。

7）路灯设施编号按"100个"为单位计算；开关箱号、路灯编号、钉粘贴号牌不足10个的，按10个计算。

8）混凝土基础制作以体积计算，如有钢筋工程，执行《市政工程消耗量》（ZYA 1—31—2021）第九册《钢筋工程》相关项目。

9）绝缘子安装以"10个"为单位计算。

4. 电缆工程

（1）定额说明

1）电缆工程包括电缆沟铺砂盖板、揭盖板，电缆保护管敷设，铜芯电缆敷设，电缆终端头制作、安装，电缆中间头制作、安装，电缆穿刺线夹安装，电缆井设置等项目。未考虑在河流和水区、水底、井下等条件的电缆敷设等项目。

2）电缆保护管钢管、塑料管执行配管配线相应项目。

3）电缆敷设消耗量是按照三芯（包括三芯连地）编制的，电缆每增加一芯相应消耗量增加15%。单芯电力电缆敷设按照同截面电缆敷设消耗量乘以系数0.70，两芯电缆按照三芯电缆项目执行。截面$400mm^2$至$800mm^2$的单芯电力电缆敷设，按照截面$400mm^2$电力电缆敷设消耗量乘以系数1.35。截面$800mm^2$至$1600mm^2$的单芯电力电缆敷设，按照截面$400mm^2$电力电缆敷设消耗量乘以系数1.85。电缆终端头、中间头适用此条规定。

4）竖直通道敷设电缆适用于单段高度大于3.6m的布放段。在单段高度小于或等于3.6m的竖向敷设电缆时，应执行"水平敷设电缆"相应项目。

5）铝芯电缆执行铜芯电缆项目。

6）电缆在山地丘陵地区直埋敷设时，人工乘以系数1.30。该地段所需的材料如固定桩、夹具等按实计算。

7）电缆敷设中均未考虑波形增加长度及预留等富余长度，该长度应计入工程量之内。

8）顶管工程执行《市政工程消耗量》（ZYA 1—31—2021）第五册《市政管网工程》相关项目。

9）电缆井塑料井盖执行铸铁井盖项目。

10）本消耗量未包括下列工作内容：

① 隔热层、保护层的制作、安装。

② 电缆的冬季施工加温工作。

（2）工程量计算规则

1）直埋电缆的挖、填土（石）方，除特殊要求外，可按表10-15计算土方量。

表 10-15　土方量

项目	电缆根数	
	1~2	每增加1根
每米沟长土方量/（m^3/m）	0.45	0.153

2）电缆沟盖板揭、盖项目，按每揭、盖一次以长度计算。如又揭又盖，则按两次计算。

3）电缆保护管长度，除按设计规定长度计算外，遇有下列情况，应按以下规定增加保护管长度：

① 横穿道路时，按路基宽度两端各加2m。

② 垂直敷设时，按管口离地面加2m。

③ 穿过建筑物外墙时，按基础外缘以外加2m。

④ 穿过排水沟，按沟壁外缘以外加1m。

4）电缆保护管埋地敷设时，其土方量有施工图注明的，按施工图计算；无施工图的，一般按沟深0.9m，沟宽按最外边的保护管两侧边缘外各加0.3m工作面计算。

5）电缆敷设按单根长度计算。

6）电缆敷设长度应根据敷设路径的水平和垂直敷设长度，另加表10-6规定的预留长度。

7）电缆终端头及中间头均以"个"为单位计算。一根电缆按两个终端头，中间头设计有图示的，按图示确定；没有图示的，按实际计算。

5. 配管配线工程

（1）定额说明

1）配管配线工程包括电线管敷设，钢管敷设，塑料管敷设，管内穿线，塑料护套线明敷设，钢索架设，母线拉紧装置及钢索拉紧装置制作、安装，接线箱安装，接线盒安装，开关、按钮、插座安装，带形母线安装，带形母线引下线安装等项目。

2）配管配线工程未包括钢索架设及拉紧装置，接线箱（盒），支架的制作、安装，其费用另行计算。

3）配管配线工程控制柜、箱进出线管安装适用于杆上、落地等各种形式。

4）配管配线工程接线盒适用于各种形式接线盒安装，安装费用综合考虑，执行时换算主材价格，其他不变。

（2）工程量计算规则

1）管内穿线工程量计算应区别线路性质、导线材质、导线截面积，按单线路长度计算。线路的分支接头线的长度已综合考虑，不再计算接头长度。

2）塑料护套线明敷设工程量计算应区别导线截面积、导线芯数、敷设位置，按单线路长度计算。

3）各种配管的工程量计算应区别不同敷设方式、敷设位置、管材材质和规格，以"m"为单位计算。不扣除管路中间的接线箱（盒）、灯盒、开关盒所占长度。

4）钢索架设工程量计算应区分圆钢、钢索直径，按图示设计尺寸以长度计算，不扣除拉紧装置所占长度。

5）母线拉紧装置及钢索拉紧装置制作、安装工程量计算应区别母线截面积、花篮螺栓直径以"10套"为单位计算。

6）带形母线安装工程量计算应区分母线材质、母线截面积、安装位置，按长度计算。

7）接线盒安装工程量计算应区别安装形式，以及接线盒类型，以"10个"为单位计算。

8）开关、插座、按钮等的预留线已分别综合在相应项目内，不另行计算。

6. 照明器具安装工程

（1）定额说明

1）照明器具安装工程包括单臂挑灯架安装、双臂悬挑灯架安装、广场灯架安装、高杆灯架安装、其他灯具安装、照明器件安装、太阳能电池板及蓄电池安装、杆座安装等项目。

2）各种灯柱、灯架、元器具件配线执行管内穿线相关项目。

3）灯架安装工程中高度 18m 以上为高杆灯架。

4）灯架安装不包括灯杆安装，灯杆安装执行"10kV 以下架空线路工程"电杆组立相应项目。

5）照明器具安装工程已包括利用仪表测量绝缘及一般灯具的试亮工作。

6）照明器具安装工程未包括电缆接头的制作及导线的焊压接线端子。如实际使用时，执行相应项目。

7）照明器具安装工程未包括灯光调试费用，按实际发生计算。

（2）工程量计算规则

1）各种悬挑灯、广场灯、高杆灯灯架分别以"10 套""套"为单位计算。

2）各种灯具、照明器件安装分别以"10 套""套"为单位计算。

3）灯杆座安装以"10 只"为单位计算。

7. 防雷接地装置工程

（1）定额说明

1）防雷接地装置工程包括接地极（板）制作、安装，接地母线敷设，接地跨接线安装，避雷针安装，避雷引下线敷设等项目。

2）防雷接地装置工程适用于高杆灯杆防雷接地、变配电系统接地及避雷针接地装置。

3）接地母线敷设是按自然地坪和一般土质考虑，包括地沟的挖填土和夯实工作，执行时不应再计算土方量。如遇有石方、矿渣、积水、障碍物等情况，执行《市政工程消耗量》（ZYA 1—31—2021）第一册《土石方工程》相应项目。

4）防雷接地装置工程不适用于采用爆破法施工敷设接地线、安装接地极，也不包括高土壤电阻率地区采用换土或化学处理的接地装置及接地电阻的测试工作。

5）避雷针安装、避雷引下线的安装均已考虑了高空作业的因素。

6）避雷针按成品件考虑。

（2）工程量计算规则

1）接地极制作、安装以"根"为单位计算，其长度按设计长度计算，设计无规定时，按每根 2.5m 计算，若设计有管帽时，管帽另按加工件计算。

2）接地母线、避雷线敷设，均按施工图设计水平和垂直图示长度另加 3.9% 的附加长度（包括转弯、上下波动、避绕障碍物、搭接头所占长度）及 2% 的损耗量。

3）接地跨接线以"10 处"为单位计算。凡需做接地跨接线的工作内容，每跨接一次按一处计算。

10.3　路灯工程工程量清单编制实例

实例 1　某路灯工程落地式配电箱的工程量计算

某路灯工程中有 10 台高度为 1.8m、宽度为 0.7m 的落地式配电箱，试计算落地式配电箱的工程量。

【解】

落地式配电箱工程量 = 10（台）

清单工程量见表 10-16。

表 10-16　第 10 章实例 1 清单工程量

项目编码	项目名称	项目特征描述	工程量合计	计量单位
040801001001	落地式配电箱	高度为 1.8m、宽度为 0.7m	10	台

实例 2　某新建工厂电杆组立、横担组装、导线架设以及避雷针的工程量计算

有一新建工厂，需架设 380/220V 三相四线线路，导线使用裸铜绞线（3×120+1×70），需 11m 高水泥杆 12 根，杆距为 70m，杆上铁横担水平安装 1 根，末根杆上有阀型避雷针 5 组，试计算电杆组立、横担组装、导线架设以及避雷针的工程量（导线架设预留长度按 2.5m/根考虑）。

【解】

（1）电杆组立工程量 = 12（根）

（2）横担组装工程量 = 12（组）

（3）导线架设工程量

1）120mm^2 导线架设工程量 = （11×70+2.5）×3 = 2317.5（m）≈ 2.32（km）

2）70mm^2 导线架设工程量 = 11×70+2.5 = 772.5（m）≈ 0.77（km）

（4）避雷针工程量 = 5（组）

清单工程量见表 10-17。

表 10-17　第 10 章实例 2 清单工程量

项目编码	项目名称	项目特征描述	工程量合计	计量单位
040802001001	电杆组立	材质：水泥电杆	12	根
040802002001	横担组装	材质：铁横担	12	组
040802003001	导线架设	1. 名称：裸铜绞线 2. 型号：380/220V 三相四线线路 3. 规格：3×120mm^2	2.32	km
040802003002	导线架设	1. 名称：裸铜绞线 2. 型号：380/220V 三相四线线路 3. 规格：1×70mm^2	0.77	km
040806004001	避雷针	名称：阀型避雷针	5	组

实例 3　某电缆敷设工程的工程量计算

某电缆敷设工程如图 10-1 所示，采用电缆沟铺砂盖砖直埋并列敷设 7 根 XV29（3×35+1×10）电力电缆，变电所配电柜到室内部分电缆穿 φ40 钢管保护，共 9m 长，室外电缆敷设共 110m 长，在配电间有 12m 穿 φ40 钢管保护，试计算其工程量（变电所进线、出线需预留 1.5m）。

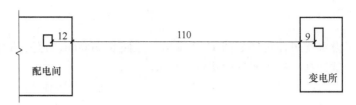

图 10-1　电缆敷设示意图（单位：m）

【解】

（1）电缆敷设工程量=（9+110+12+1.5×2）×7=938（m）

（2）电缆保护管工程量=9+12=21（m）

清单工程量见表 10-18。

表 10-18　第 10 章实例 3 清单工程量

项目编码	项目名称	项目特征描述	工程量合计	计量单位
040803001001	电缆敷设	1. 型号：XV29（3×35+1×10） 2. 敷设方式、部位：直埋并列敷设	938	m
040803002001	电缆保护管	1. 规格：ϕ40 2. 材质：钢管	21	m

实例 4　某工程照明线路管内穿线工程量计算

某工程照明线路设计图规定采用 BV-500-4mm² 铜芯电线穿直径为 DN32 重型硬塑料管沿墙、沿顶棚暗敷设，管内穿线 6 根，塑料管敷设长度为 465m，试计算管内穿线工程量。

【解】

（1）电气配管工程量=配管长度×导线根数

　　　　　　　　　　=465×6

　　　　　　　　　　=2790（m）

（2）管内穿线工程量=（配管长度+预留长度）×导线根数

　　　　　　　　　　=（465+1.5×2）×6

　　　　　　　　　　=2808（m）

清单工程量见表 10-19。

表 10-19　第 10 章实例 4 清单工程量

项目编码	项目名称	项目特征描述	工程量合计	计量单位
040804001001	电气配管	1. 材质：硬质聚氯乙烯管 2. 规格：DN32 3. 配置形式：砖混结构暗配	2790	m
040804002001	管内穿线	1. 名称：铜芯聚氯乙烯绝缘电线 2. 规格：截面面积 4mm² 3. 配线部位：管内穿电线	2808	m

实例 5　某道路两侧架设双臂中杆照明灯的工程量计算

某道路两侧架设双臂中杆路灯如图 10-2 所示，道路长 2000m，道路两侧每隔 20m 架设一套这样的路灯，试计算中杆照明灯的清单工程量。

【解】

中杆照明灯工程量 = (2000÷20+1)×2 = 202（套）

实例 6　某电气调试系统的工程量计算

某电气调试系统如图 10-3 所示，调试电压为 1kV，试计算其调试工程量。

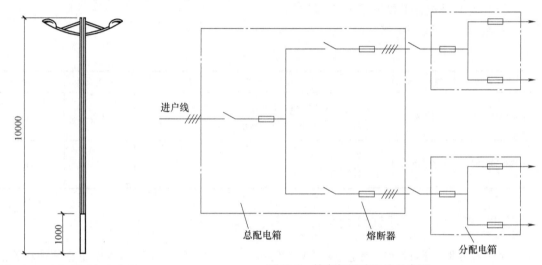

图 10-2　中杆照明灯示意图　　　　　图 10-3　某电气调试系统示意图

【解】

电气调试系统工程量 = 1（个）

清单工程量见表 10-20。

表 10-20　第 10 章实例 6 清单工程量

项目编码	项目名称	项目特征描述	工程量合计	计量单位
040807002001	供电系统调试	1. 名称:供电系统 2. 电压:1kV	1	个

第11章 钢筋工程

11.1 钢筋工程清单工程量计算规则

钢筋工程工程量清单项目设置、项目特征描述的内容、计量单位及工程量计算规则，应按表 11-1 的规定执行。

表 11-1　钢筋工程（编码：040901）

项目编码	项目名称	项目特征	计量单位	工程量计算规则	工程内容
040901001	现浇构件钢筋	1. 钢筋种类 2. 钢筋规格	t	按设计图示尺寸以质量计算	1. 制作 2. 运输 3. 安装
040901002	预制构件钢筋				
040901003	钢筋网片				
040901004	钢筋笼				
040901005	先张法预应力钢筋（钢丝、钢绞线）	1. 部位 2. 预应力筋种类 3. 预应力筋规格			1. 张拉台座制作、安装、拆除 2. 预应力筋制作、张拉
040901006	后张法预应力钢筋（钢丝束、钢绞线）	1. 部位 2. 预应力筋种类 3. 预应力筋规格 4. 锚具种类、规格 5. 砂浆强度等级 6. 压浆管材质、规格			1. 预应力筋孔道制作、安装 2. 锚具安装 3. 预应力筋制作、张拉 4. 安装压浆管道 5. 孔道压浆
040901007	型钢	1. 材料种类 2. 材料规格			1. 制作 2. 运输 3. 安装、定位
040901008	植筋	1. 材料种类 2. 材料规格 3. 植入深度 4. 植筋胶品种	根	按设计图示数量计算	1. 定位、钻孔、清孔 2. 钢筋加工成型 3. 注胶、植筋 4. 抗拔试验 5. 养护

（续）

项目编码	项目名称	项目特征	计量单位	工程量计算规则	工程内容
040901009	预埋铁件		t	按设计图示尺寸以质量计算	1. 制作 2. 运输 3. 安装
040901010	高强螺栓	1. 材料种类 2. 材料规格	1. t 2. 套	1. 按设计图示尺寸以质量计算 2. 按设计图示数量计算	

注：1. 现浇构件中伸出构件的锚固钢筋、预制构件的吊钩和固定位置的支撑钢筋等，应并入钢筋工程量内。除设计标明的搭接外，其他施工搭接不计算工程量，由投标人在报价中综合考虑。

2. "钢筋工程"所列"型钢"是指劲性骨架的型钢部分。

3. 凡型钢与钢筋组合（除预埋铁件外）的钢格栅，应分别列项。

11.2 钢筋工程定额工程量计算规则

1. 钢筋工程定额一般规定

（1）《市政工程消耗量》（ZYA 1—31—2021）第九册《钢筋工程》，包括普通钢筋、预应力钢筋和钢筋运输，共三章。

（2）钢筋工程适用范围：

1）道路工程。

2）桥涵工程。

3）隧道工程。

4）市政管网工程。

5）水处理工程。

6）生活垃圾处理工程。

（3）隧道工程采用本消耗量项目时，人工、机械消耗量应乘以系数1.20。

（4）预应力构件中的非预应力钢筋执行普通钢筋相应项目。

（5）现场钢筋运距150m以内的水平运输包含在项目中，运距超过150m或加工的钢筋由附属工厂至工地的水平运输应另列项，执行钢筋水平运输项目。

（6）以设计地坪为界（无设计地坪以自然地面为界），±3.000m以内构筑物不计垂直运输费。超过+3.000m的构筑物，±0.000m以上部分钢筋全部计算垂直运输费；低于−3.000m以下构筑物，±0.000m以下部分钢筋全部计算垂直运输费。

（7）现浇构件和预制构件均执行钢筋工程。

（8）地下连续墙钢筋笼制作执行钢筋工程"普通钢筋"相应项目，地下连续墙钢筋制作平台费用按经批准的施工组织设计计算。

2. 普通钢筋

（1）定额说明

1）普通钢筋包括普通钢筋、钢筋连接和铁件、拉杆、植筋等项目。

2）钢筋工作内容包括制作、绑扎、安装以及浇灌混凝土时维护钢筋用工。

3）现场构件中双层钢筋用"铁马"（钢筋、型钢）、伸出构件的锚固钢筋、预制构件的吊筋、固定位置的支撑钢筋和设计标明的搭接钢筋应区别种类和规格执行相应项目。当采用其他材料时，另行计算。

4）普通钢筋未包括冷拉、冷拔，当设计要求冷拉、冷拔时，费用另行计算。

5）传力杆按φ22编制，当实际不同时，人工和机械消耗量应按表11-2系数调整。

表 11-2 传力杆人工和机械消耗量调整系数

传力杆直径/mm	φ28	φ25	φ22	φ20	φ18	φ16
调整系数	0.62	0.78	1.00	1.21	1.49	1.89

6）植筋增加费工作内容包括钻孔和装胶。钢筋埋深按以下规定计算：

① 钢筋直径规格为20mm以下，按钢筋直径的15倍计算，并大于或等于100mm。

② 钢筋直径规格为20mm以上，按钢筋直径的20倍计算。

当设计埋深长度与消耗量取定不同时，消耗量中的人工和材料综合考虑，不予调整。

植筋用钢筋的制作、安装，执行普通钢筋相应项目。

7）钢筋挤压套筒消耗量按成品编制。当实际为现场加工时，挤压套筒按加工铁件予以换算，套筒质量可参考表11-3计算。

表 11-3 套筒质量

规格	φ22	φ25	φ28	φ32
质量/（kg/个）	0.62	0.78	1.00	1.21

注：表内套筒内径按钢筋规格加2mm、壁厚8mm、长300mm计算质量。当不同时，质量予以调整。

8）混凝土灌注桩钢筋笼吊焊和安放、地下连续墙钢筋笼安放项目，不包括钢筋笼制作。

9）措施钢筋应区别种类和规格执行相应项目。当采用其他材料时，另行计算。

10）砌体内加固钢筋执行建筑工程相应项目。

11）预埋螺栓执行建筑工程相应项目。

（2）工程量计算规则

1）钢筋工程量应区别不同钢筋种类和规格，分别按设计长度乘以单位理论质量计算。

2）电渣压力焊接、套筒挤压、直螺纹接头按设计图示个数计算，不再计算该处钢筋搭接长度。

3）铁件、拉杆、传力杆按设计图示质量计算。

4）植筋增加费按个数计算，植入钢筋按外露和植入部分长度之和乘以单位理论质量计算。

5）现场构件中双层钢筋用"铁马"（钢筋、型钢）、伸出构件的锚固钢筋、预制构件的吊筋、固定位置的支撑钢筋、设计标明的搭接钢筋和措施钢筋等应按设计图示或施工规范计算。设计图示或施工规范未标明的，不另计算。

6）钢筋的搭接（接头）数量应按设计图示或施工规范计算，设计图示或施工规范未标明的，按以下规定计算：

① φ10以内（含φ10）的长钢筋按每12m计算一个搭接（接头）。

② φ10以上的长钢筋按每9m计算一个搭接（接头）。

7）混凝土灌注桩钢筋笼制作、安放、吊焊均按设计图示质量计算。

8）地下连续墙钢筋笼制作、安放均按设计图示质量计算。

3. 预应力钢筋

（1）定额说明

1）预应力钢筋包括低合金预应力钢筋和预应力钢绞线项目。

2）预应力钢筋项目未包括时效处理，设计要求时效处理时，费用另行计算。

3）后张法预应力钢筋孔道成型钢管包含在相应项目中，预应力钢绞线孔道成型执行相应项目。

4）后张法预应力钢筋项目中已包含锚具。后张法预应力钢绞线张拉项目中未包含锚具，锚具按设计数量增列。锚具安装的费用已包含在项目中，不再另行计算。

5）固定钢绞线的钢筋包含在钢绞线制作、安装项目中。若设计有要求按设计要求计算，设计无要求执行相应项目。

6）孔道注浆项目按素水泥浆计算，若设计注浆材料不同时可调整。

7）预应力钢绞线用锚板按加工铁件另计。

8）有粘结钢绞线张拉项目，扣除穴模消耗量。

9）单端张拉或双端张拉应按设计规定确定，如设计未规定，可按以下规则执行：

① 直线 20m 以内的，执行单端张拉。

② 直线 20m 以上和曲线的，均执行双端张拉。

（2）工程量计算规则

1）预应力钢筋应区别不同钢筋种类和规格，分别按规定长度乘以单位理论质量计算。

2）先张法钢筋长度按构件外形尺寸长度计算。

3）后张法钢筋按设计图示的预应力钢筋孔道长度，并区别不同锚具类型，分别按下列规定计算：

① 低合金钢筋两端采用螺杆锚具时，预应力钢筋按孔道长度共减少 0.35m 计算，螺杆按加工铁件另列项计算。

② 低合金钢筋一端采用镦头插片，另一端采用螺杆锚具时，预应力钢筋长度按预留孔道长度计算，螺杆按加工铁件另行列项计算。

③ 低合金钢筋一端采用镦头插片，另一端采用帮条锚具时，预应力钢筋按孔道长度增加 0.15m 计算；两端均采用帮条锚具时，预应力钢筋按共增加 0.3m 计算。

④ 低合金钢筋采用后张混凝土自锚时，预应力钢筋按长度增加 0.35m 计算。

4）钢绞线采用 JM、XM、OVM、QM 型锚具，孔道长度在 20m 以内（包含 20m）时，预应力钢绞线增加 1m；孔道长度在 20m 以上时，预应力钢绞线增加 1.8m。

5）预应力构件孔道成孔和孔道灌浆按孔道长度计算。

6）后张法预应力钢绞线张拉应区分单根设计长度，按图示根数计算。

7）无粘结预应力钢绞线端头封闭，按图示张拉端头个数计算。

8）临时钢丝束拆除按设计图示质量计算。

4. 钢筋运输

（1）定额说明

1）钢筋运输包括水平及垂直运输项目，该项目适用于半成品钢筋的水平及垂直运输。

2）场外运输适用于施工企业因施工场地限制，租用施工场地加工钢筋的情况。

3）钢筋场内水平运输项目已综合考虑，运输方式不同时不得调整。

4）垂直运输按 20m 以内考虑，超过 20m 时，各省自行确定。

（2）工程量计算规则

钢筋水平及垂直运输均按设计图示质量计算。

11.3 钢筋工程工程量清单编制实例

实例 1　某预制大型钢筋混凝土平面板钢筋网片的工程量计算

某预制大型钢筋混凝土平面板，其钢筋布置如图 11-1 所示，采用绑扎连接。其中 $\phi8$ 钢筋 $\rho = 0.395\text{kg/m}$，$\phi14$ 钢筋 $\rho = 1.208\text{kg/m}$。试计算其钢筋网片工程量。

【解】

（1）①号钢筋 $\phi8$

$$\left(\frac{3500}{200}+1\right)\times2.2\times0.395$$

$$= 18.5\times2.2\times0.395$$

$$\approx 16.08 \text{（kg）}$$

$$\approx 0.016 \text{（t）}$$

（2）②号钢筋 $\phi14$

$$\left(\frac{2200}{150}+1\right)\times3.5\times1.208$$

$$\approx 15.67\times3.5\times1.208$$

$$\approx 66.25 \text{（kg）}$$

$$\approx 0.066 \text{（t）}$$

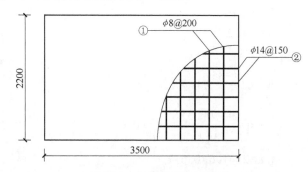

图 11-1　平面板配筋示意图

实例 2　某现浇钢筋混凝土圆桩钢筋工程量计算

某现浇钢筋混凝土圆桩，其配筋如图 11-2 所示，其中 $\phi8$ 钢筋 $\rho = 0.395\text{kg/m}$，$\phi20$ 钢筋 $\rho = 2.466\text{kg/m}$。混凝土保护层厚度为 25mm。试计算其钢筋工程量。

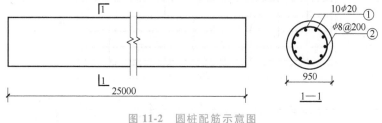

图 11-2　圆桩配筋示意图

【解】

（1）①号钢筋 $\phi20$

$25\times10\times2.466 = 616.5$（kg）$\approx 0.617$（t）

（2）②号钢筋 $\phi 8$

$$\left(\frac{25000}{200}+1\right)\times 3.14\times(0.95-0.025\times 2)\times 0.395$$

$$=126\times 3.14\times 0.9\times 0.395$$

$$\approx 140.65 \text{（kg）}$$

$$\approx 0.141 \text{（t）}$$

实例3 某排水箱涵底板钢筋工程量计算

某排水箱涵如图11-3所示，底板钢筋为 $\phi 10$ 钢筋，总长 $L=300\text{m}$，共分四段，有三个检查井每座 2m，保护层 $\delta=0.03\text{m}$，每段长度 $l_0=4.8\text{m}$，钢筋间距 $d=0.1\text{m}$，$\phi 10$ 钢筋每米重量 $P_0=0.617\text{kg}$。试计算底板钢筋工程量。

【解】

$$l=L-3\times 2$$

$$=300-3\times 2$$

$$=294 \text{（m）}$$

$$W=l_0\left(\frac{l-8\delta}{d}+4\right)\cdot P_0$$

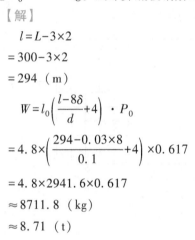

$$=4.8\times\left(\frac{294-0.03\times 8}{0.1}+4\right)\times 0.617$$

图11-3 排水箱涵底板钢筋配筋简图（单位：m）

$$=4.8\times 2941.6\times 0.617$$

$$\approx 8711.8 \text{（kg）}$$

$$\approx 8.71 \text{（t）}$$

实例4 某市政排水工程盖板钢筋工程量计算

某市政排水工程，有非定型检查井共计6座，其中：2m深检查井1座，每座有盖板6块；1.8m深的检查井3座，每座有盖板5块；1.3m深的检查井2座，每座有盖板3块。预制盖板的盖板配筋尺寸如图11-4所示，钢筋保护层厚度为 2.5cm。试计算盖板钢筋用量。

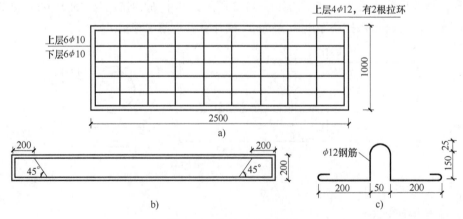

图11-4 盖板配筋布置图

a）平面图 b）下层弯起钢筋 c）拉环钢筋

【解】

（1）ϕ10 钢筋

1）盖板

$2\times3+3\times5+1\times6=27$ （块）

2）单根钢筋长度

$1-0.025\times2=0.95$ （m）

3）每米钢筋重

$0.00617\times10^2=0.617$ （kg）

$m=12\times27\times0.95\times0.617\approx189.91$（kg）$\approx0.19$ （t）

（2）ϕ12 钢筋

1）盖板钢筋

$4\times27=108$ （根）

每根钢筋长 L_1

$L_1=2.5-0.025\times2=2.45$ （m）

$m_1=108\times2.45\times0.00617\times12^2\approx235.09$ （kg）

2）拉环钢筋

$2\times27=54$ （根）

每根钢筋长 L_2

$L_2=0.2\times2+6.25\times0.012\times2+(0.15-0.012\times0.5)\times2+3.14\times0.025$

$\quad=0.4+0.15+0.288+0.0785$

$\quad\approx0.92$ （m）

$m_2=54\times0.92\times0.00617\times12^2\approx44.14$ （kg）

3）ϕ12 钢筋总重

$235.09+44.14=279.23$（kg）≈0.279 （t）

第12章 拆 除 工 程

12.1 拆除工程清单工程量计算规则

拆除工程工程量清单项目设置、项目特征描述的内容、计量单位及工程量计算规则，应按表 12-1 的规定执行。

表 12-1 拆除工程（编码：041001）

项目编码	项目名称	项目特征	计量单位	工程量计算规则	工程内容
041001001	拆除路面	1. 材质 2. 厚度	m²	按拆除部位以面积计算	1. 拆除、清理 2. 运输
041001002	拆除人行道				
041001003	拆除基层	1. 材质 2. 厚度 3. 部位			
041001004	铣刨路面	1. 材质 2. 结构形式 3. 厚度			
041001005	拆除侧、平（缘）石	材质	m	按拆除部位以延长米计算	
041001006	拆除管道	1. 材质 2. 管径			
041001007	拆除砖石结构	1. 结构形式 2. 强度等级	m³	按拆除部位以体积计算	
041001008	拆除混凝土结构				
041001009	拆除井	1. 结构形式 2. 规格尺寸 3. 强度等级	座	按拆除部位以数量计算	
041001010	拆除电杆	1. 结构形式 2. 规格尺寸	根		
041001011	拆除管片	1. 材质 2. 部位	处		

注：1. 拆除路面、人行道及管道清单项目的工作内容中均不包括基础及垫层拆除，发生时按本书相应清单项目编码列项。

2. 伐树、挖树蔸应按现行国家标准《园林绿化工程工程量计算规范》（GB 50858—2013）中相应清单项目编码列项。

12.2 拆除工程定额工程量计算规则

1. 定额说明

（1）《市政工程消耗量》（ZYA 1—31—2021）第十册《拆除工程》包括拆除旧路、拆除人行道、拆除侧缘石、拆除混凝土管道、拆除金属管道、拆除塑料管道、拆除砖砌构筑物、拆除混凝土障碍物、路面凿毛、路面铣刨机铣刨沥青路面以及液压岩石破碎锤破碎混凝土及钢筋混凝土等项目。

（2）拆除未包括挖土石方，挖土石方执行《市政工程消耗量》（ZYA 1—31—2021）第一册《土石方工程》相应项目。

（3）小型机械拆除项目中包括人工配合作业。

（4）拆除人行道和拆除侧缘石项目未包括拆除基础及垫层，发生时，执行拆除工程相应项目。

（5）液压岩石破碎锤破碎后的废料，其清理费用另行计算；人工及小型机械拆除后的旧料应整理干净就近堆放整齐。如需运至指定地点回收利用或弃置，则另行计算运费和回收价值。

（6）管道拆除项目。

1）拆除管道要求拆除后的旧管保持基本完好，破坏性拆除不得套用本消耗量。

2）拆除管道未包括拆除基础及垫层用工，基础及垫层拆除按拆除工程相应项目执行。

3）拆除金属管道，焊接钢管拆除的氧气、乙炔气费用另计。若为法兰接口，则人工乘以系数1.30。

（7）拆除砖砌构筑物项目中：

1）拆除井深在4m以上的检查井时，人工乘以系数1.31。

2）拆除石砌检查井时，人工乘以系数1.10。

3）拆除石砌构筑物时，人工乘以系数1.17。

（8）拆除工程中未考虑地下水因素，若发生则另行计算。

（9）人工拆除石灰土、二碴、三碴、二灰结石基层应根据材料组成情况执行拆除无骨料多合土基层或拆除有骨料多合土基层项目。小型机械拆除石灰土执行小型机械拆除无筋混凝土面层项目乘以系数0.70，小型机械拆除二碴、三碴、二灰结石等其余半刚性基层执行小型机械拆除无筋混凝土面层项目乘以系数0.80。

（10）大型机械拆除道路面层、基层、底层按液压岩石破碎锤破碎混凝土及钢筋混凝土项目执行。

（11）液压岩石破碎锤破碎混凝土及钢筋混凝土构筑物项目中：

1）液压岩石破碎锤破碎坑、槽混凝土及钢筋混凝土构筑物按破碎混凝土及钢筋混凝土构筑物项目乘以系数1.30。

2）液压岩石破碎锤破碎道路混凝土及钢筋混凝土路面按破碎混凝土及钢筋混凝土构筑物项目乘以系数0.40。

3）液压岩石破碎锤破碎道路的沥青混凝土面层、半刚性材料按破碎混凝土构筑物项目乘以系数0.30。

（12）沥青混凝土路面切边执行《市政工程消耗量》（ZYA 1—31—2021）第二册《道

路工程》锯缝机锯缝项目。

（13）拆除工程未包括植物的拆除和移植，发生时，执行《园林绿化工程消耗量定额》（ZYA 2—31—2018）相应项目。

2. 工程量计算规则

（1）拆除旧路及人行道按面积计算。

（2）拆除侧缘石及各类管道按长度计算。

（3）拆除构筑物及障碍物按体积计算。

（4）路面凿毛、路面铣刨按设计图或施工组织设计以面积计算。铣刨路面厚度大于5cm时需分层铣刨。

12.3 拆除工程工程量清单编制实例

实例 1 某市政工程拆除路面的工程量计算

某市政工程在施工中需要拆除一段路面，该路面为沥青路面，厚度为 550mm，路宽 15m，长度为 1200m，试计算拆除路面的工程量。

【解】

拆除路面工程量 = 15×1200 = 18000（m^2）

实例 2 某污水管道工程拆除路面、基层、管道铺设的工程量计算

某污水管道工程，全长为 280m，DN400 混凝土管，设检查井（ϕ1000）9 座，管线上部原地面为 10cm 厚沥青混凝土路面，50cm 厚多合土，外径为 2m，挡土板示意图如图 12-1 所示。试计算拆除路面、基层、混凝土管的工程量（多合土每增厚 5cm 为一层）。

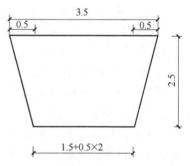

【解】

（1）拆除路面工程量 = 280×3.5 = 980（m^2）

（2）拆除基层工程量 = 280×3.5 = 980（m^2）

（3）拆除混凝土管 = 280（m）

图 12-1　挡土板示意图（单位：m）

实例 3 某埋管工程拆除沟槽的工程量计算

某埋管工程有单管沟槽排管和双管沟槽排管两种，单管管径为 DN300，排管长度为 500m，双管沟槽排管管径分别为 DN300 和 DN400，两管中心距为 1.00m，排管长度为 700m。其中，DN300 的管道，沟槽底宽为 0.90m，DN400 的管道沟槽底宽为 1.20m。试计算拆除面积。

【解】

单管沟槽的拆除面积 = 0.9×500 = 450（m^2）

双管沟槽的拆除面积 = $\left(\dfrac{0.9}{2}+\dfrac{1.2}{2}+1\right)$×700 = 1435（m^2）

第13章 措施项目工程

13.1 措施项目工程清单工程量计算规则

1. 脚手架工程

脚手架工程工程量清单项目设置、项目特征描述的内容、计量单位及工程量计算规则，应按表 13-1 的规定执行。

表 13-1 脚手架工程（编码：041101）

项目编码	项目名称	项目特征	计量单位	工程量计算规则	工程内容
041101001	墙面脚手架	墙高	m²	按墙面水平边线长度乘以墙面砌筑高度计算	1. 清理场地 2. 搭设、拆除脚手架、安全网 3. 材料场内外运输
041101002	柱面脚手架	1. 柱高 2. 柱结构外围周长		按柱结构外围周长乘以柱砌筑高度计算	
041101003	仓面脚手架	1. 搭设方式 2. 搭设高度		按仓面水平面积计算	
041101004	沉井脚手架	沉井高度		按井壁中心线周长乘以井高计算	
041101005	井字架	井深	座	按设计图示数量计算	1. 清理场地 2. 搭、拆井字架 3. 材料场内外运输

注：各类井的井深按井底基础以上至井盖顶的高度计算。

2. 混凝土模板及支架

混凝土模板及支架工程量清单项目设置、项目特征描述的内容、计量单位及工程量计算规则，应按表 13-2 的规定执行。

表 13-2 混凝土模板及支架（编码：041102）

项目编码	项目名称	项目特征	计量单位	工程量计算规则	工程内容
041102001	垫层模板	构件类型	m²	按混凝土与模板接触面的面积计算	1. 模板制作、安装、拆除、整理、堆放 2. 模板粘结物及模内杂物清理、刷隔离剂 3. 模板场内外运输及维修
041102002	基础模板				
041102003	承台模板				

（续）

项目编码	项目名称	项目特征	计量单位	工程量计算规则	工程内容
041102004	墩（台）帽模板	1. 构件类型 2. 支模高度	m²	按混凝土与模板接触面的面积计算	1. 模板制作、安装、拆除、整理、堆放 2. 模板粘结物及模内杂物清理、刷隔离剂 3. 模板场内外运输及维修
041102005	墩（台）身模板				
041102006	支撑梁及横梁模板				
041102007	墩（台）盖梁模板				
041102008	拱桥拱座模板				
041102009	拱桥拱肋模板				
041102010	拱上构件模板				
041102011	箱梁模板				
041102012	柱模板				
041102013	梁模板				
041102014	板模板				
041102015	板梁模板				
041102016	板拱模板				
041102017	挡墙模板				
041102018	压顶模板	构件类型			
041102019	防撞护栏模板				
041102020	楼梯模板				
041102021	小型构件模板				
041102022	箱涵滑（底）板模板	1. 构件类型 2. 支模高度			
041102023	箱涵侧墙模板				
041102024	箱涵顶板模板				
041102025	拱部衬砌模板	1. 构件类型 2. 衬砌厚度 3. 拱跨径			
041102026	边墙衬砌模板				
041102027	竖井衬砌模板	1. 构件类型 2. 壁厚			
041102028	沉井井壁（隔墙）模板	1. 构件类型 2. 支模高度			
041102029	沉井顶板模板				
041102030	沉井底板模板	构件类型			
041102031	管（渠）道平基模板				
041102032	管（渠）道管座模板				
041102033	井顶（盖）板模板				
041102034	池底模板				
041102035	池壁（隔墙）模板	1. 构件类型 2. 支模高度			
041102036	池盖模板				

（续）

项目编码	项目名称	项目特征	计量单位	工程量计算规则	工程内容
041102037	其他现浇构件模板	构件类型	m²	按混凝土与模板接触面的面积计算	1. 模板制作、安装、拆除、整理、堆放 2. 模板粘结物及模内杂物清理、刷隔离剂 3. 模板场内外运输及维修
041102038	设备螺栓套	螺栓套孔深度	个	按设计图示数量计算	
041102039	水上桩基础支架、平台	1. 位置 2. 材质 3. 桩类型	m²	按支架、平台搭设的面积计算	1. 支架、平台基础处理 2. 支架、平台的搭设、使用及拆除 3. 材料场内外运输
041102040	桥涵支架	1. 部位 2. 材质 3. 支架类型	m³	按支架搭设的空间体积计算	1. 支架地基处理 2. 支架的搭设、使用及拆除 3. 支架预压 4. 材料场内外运输

注：原槽浇灌的混凝土基础、垫层不计算模板。

3. 围堰

围堰工程量清单项目设置、项目特征描述的内容、计量单位及工程量计算规则，应按表 13-3 的规定执行。

表 13-3　围堰（编码：041103）

项目编码	项目名称	项目特征	计量单位	工程量计算规则	工程内容
041103001	围堰	1. 围堰类型 2. 围堰顶宽及底宽 3. 围堰高度 4. 填心材料	1. m³ 2. m	1. 以立方米计量，按设计图示围堰体积计算 2. 以米计量，按设计图示围堰中心线长度计算	1. 清理基底 2. 打、拔工具桩 3. 堆筑、填心、夯实 4. 拆除清理 5. 材料场内外运输
041103002	筑岛	1. 筑岛类型 2. 筑岛高度 3. 填心材料	m³	按设计图示筑岛体积计算	1. 清理基底 2. 堆筑、填心、夯实 3. 拆除清理

4. 便道及便桥

便道及便桥工程量清单项目设置、项目特征描述的内容、计量单位及工程量计算规则，应按表 13-4 的规定执行。

表 13-4　便道及便桥（编码：041104）

项目编码	项目名称	项目特征	计量单位	工程量计算规则	工程内容
041104001	便道	1. 结构类型 2. 材料种类 3. 宽度	m²	按设计图示尺寸以面积计算	1. 平整场地 2. 材料运输、铺设、夯实 3. 拆除、清理
041104002	便桥	1. 结构类型 2. 材料种类 3. 跨径 4. 宽度	座	按设计图示数量计算	1. 清理基底 2. 材料运输、便桥搭设 3. 拆除、清理

5. 洞内临时设施

洞内临时设施工程量清单项目设置、项目特征描述的内容、计量单位及工程量计算规则，应按表13-5的规定执行。

表 13-5　洞内临时设施（编码：041105）

项目编码	项目名称	项目特征	计量单位	工程量计算规则	工程内容
041105001	洞内通风设施	1. 单孔隧道长度 2. 隧道断面尺寸 3. 使用时间 4. 设备要求	m	按设计图示隧道长度以延长米计算	1. 管道铺设 2. 线路架设 3. 设备安装 4. 保养维护 5. 拆除、清理 6. 材料场内外运输
041105002	洞内供水设施				
041105003	洞内供电及照明设施				
041105004	洞内通信设施				
041105005	洞内外轨道铺设	1. 单孔隧道长度 2. 隧道断面尺寸 3. 使用时间 4. 轨道要求		按设计图示轨道铺设长度以延长米计算	1. 轨道及基础铺设 2. 保养维护 3. 拆除、清理 4. 材料场内外运输

注：设计注明轨道铺设长度的，按设计图示尺寸计算；设计未注明时可按设计图示隧道长度以延长米计算，并注明洞外轨道铺设长度由投标人根据施工组织设计自定。

6. 大型机械设备进出场及安拆

大型机械设备进出场及安拆工程量清单项目设置、项目特征描述的内容、计量单位及工程量计算规则，应按表13-6的规定执行。

表 13-6　大型机械设备进出场及安拆（编码：041106）

项目编码	项目名称	项目特征	计量单位	工程量计算规则	工程内容
041106001	大型机械设备进出场及安拆	1. 机械设备名称 2. 机械设备规格型号	台·次	按使用机械设备的数量计算	1. 安拆费包括施工机械、设备在现场进行安装拆卸所需人工、材料、机械和试运转费用以及机械辅助设施的折旧、搭设、拆除等费用 2. 进出场费包括施工机械、设备整体或分体自停放地点运至施工现场或由一施工地点运至另一施工地点所发生的运输、装卸、辅助材料等费用

7. 施工排水、降水

施工排水、降水工程量清单项目设置、项目特征描述的内容、计量单位及工程量计算规则，应按表13-7的规定执行。

表 13-7 施工排水、降水（编码：041107）

项目编码	项目名称	项目特征	计量单位	工程量计算规则	工程内容
041107001	成井	1. 成井方式 2. 地层情况 3. 成井直径 4. 井（滤）管类型、直径	m	按设计图示尺寸以钻孔深度计算	1. 准备钻孔机械、埋设护筒、钻机就位；泥浆制作、固壁；成孔、出渣、清孔等 2. 对接上、下井管（滤管），焊接，安放，下滤料，洗井，连接试抽等
041107002	排水、降水	1. 机械规格型号 2. 降排水管规格	昼夜	按排、降水日历天数计算	1. 管道安装、拆除，场内搬运等 2. 抽水、值班、降水设备维修等

注：相应专项设计不具备时，可按暂估量计算。

8. 处理、监测、监控

处理、监测、监控工程量清单项目设置、工作内容及包含范围，应按表 13-8 的规定执行。

表 13-8 处理、监测、监控（编码：041108）

项目编码	项目名称	工作内容及包含范围
041108001	地下管线交叉处理	1. 悬吊 2. 加固 3. 其他处理措施
041108002	施工监测、监控	1. 对隧道洞内施工时可能存在的危害因素进行检测 2. 对明挖法、暗挖法、盾构法施工的区域等进行周边环境监测 3. 对明挖基坑围护结构体系进行监测 4. 对隧道的围岩和支护进行监测 5. 盾构法施工进行监控测量

注：地下管线交叉处理指施工过程中对现有施工场地范围内各种地下交叉管线进行加固及处理所发生的费用，但不包括地下管线或设施改、移发生的费用。

9. 安全文明施工及其他措施项目

安全文明施工及其他措施项目工程量清单项目设置、工作内容及包含范围，应按表 13-9 的规定执行。

表 13-9 安全文明施工及其他措施项目（编码：041109）

项目编码	项目名称	工作内容及包含范围
041109001	安全文明施工	1. 环境保护：施工现场为达到环保部门要求所需要的各项措施。包括施工现场保持工地清洁、控制扬尘、废弃物与材料运输的防护、保证排水设施通畅、设置密闭式垃圾站、实现施工垃圾与生活垃圾分类存放等环保措施；其他环境保护措施 2. 文明施工：根据相关规定在施工现场设置企业标志、工程项目简介牌、工程项目责任人员姓名牌、安全六大纪律牌、安全生产记数牌、十项安全技术措施牌、防火须知牌、卫生须知牌及工地施工总平面布置图、安全警示标志牌，施工现场围挡以及为符合场容场貌、材料堆放、现场防火等要求采取的相应措施；其他文明施工措施 3. 安全施工：根据相关规定设置安全防护设施、现场物料提升架与卸料平台的安全防护设施、垂直交叉作业与高空作业安全防护设施、现场设置安防监控系统设施、现场机械设备（包括电动工具）的安全保护与作业场所和临时安全疏散通道的安全照明与警示设施等；其他安全防护措施 4. 临时设施：施工现场临时宿舍、文化福利及公用事业房屋与构筑物。物、仓库、办公室、加工厂、工地实验室以及规定范围内的道路、水、电、管线等临时设施和小型临时设施等的搭设、维修、拆除、周转；其他临时设施的搭设、维修、拆除

（续）

项目编码	项目名称	工作内容及包含范围
041109002	夜间施工	1. 夜间固定照明灯具和临时可移动照明灯具的设置、拆除 2. 夜间施工时，施工现场交通标志、安全标牌、警示灯等的设置、移动、拆除 3. 夜间照明设备及照明用电、施工人员夜班补助、夜间施工劳动效率降低等
041109003	二次搬运	由于施工场地条件限制而发生的材料、成品、半成品一次运输不能到达堆积地点，必须进行的二次或多次搬运
041109004	冬雨期施工	1. 冬雨期施工时增加的临时设施（防寒保温、防雨设施）的搭设、拆除 2. 冬雨期施工时对砌体、混凝土等采用的特殊加温、保温和养护措施 3. 冬雨期施工时施工现场的防滑处理、对影响施工的雨雪的清除 4. 冬雨期施工时增加的临时设施、施工人员的劳动保护用品、冬雨期施工劳动效率降低等
041109005	行车、行人干扰	1. 由于施工受行车、行人干扰的影响，导致人工、机械效率降低而增加的措施 2. 为保证行车、行人的安全，现场增设维护交通与疏导人员而增加的措施
041109006	地上、地下设施、建筑物的临时保护设施	在工程施工过程中，对已建成的地上、地下设施和建筑物进行的遮盖、封闭、隔离等必要保护措施所发生的人工和材料
041109007	已完工程及设备保护	对已完工程及设备采取的覆盖、包裹、封闭、隔离等必要保护措施所发生的人工和材料

注：本表所列项目应根据工程实际情况计算措施项目费用，需分摊的应合理计算摊销费用。

13.2 措施项目工程定额工程量计算规则

1. 打拔工具桩

（1）定额说明

1）打拔工具桩适用于市政各专业册的打、拔工具桩。

2）消耗量中所指的水上作业是以距岸线 1.5m 以外或者水深在 2m 以上的打拔桩。距岸线 1.5m 以内时，水深在 1m 以内的，按陆上作业考虑；如水深在 1m 以上 2m 以内，其工程量则按水、陆各 50% 计算。

3）水上打拔工具桩按两艘驳船捆扎成船台作业，驳船捆扎和拆除费用执行《市政工程消耗量》（ZYA 1—31—2021）第三册《桥涵工程》相应项目。

4）打拔工具桩均以直桩为准，如遇打斜桩（斜度 ≤1:6，包括俯打、仰打），按相应项目人工、机械乘以系数 1.35。

5）桩及导桩夹木的制作、安装、拆除已包含在相应消耗量中。

6）圆木桩按疏打计算，钢板桩按密打计算，如钢板桩需要疏打时，执行相应项目，人工乘以系数 1.05。

7）打拔桩架 90° 调面及超运距移动已综合考虑。

8）竖、拆柴油打桩机架费用另行计算。

9）钢板桩和木桩的防腐费用等已包含在其他材料费用中。

10）打桩根据桩入土深度不同和土壤类别所占比例，分别执行相应项目。

11）水上打拔工具桩如发生水上短驳，则另行计算其短驳费。

12）打拔钢板桩（槽型、拉森钢板桩），仅考虑打、拔费用，未包含钢板桩的使用费，其使用费另计。

（2）工程量计算规则

1）圆木桩按设计桩长（检尺长）L 和圆木桩小头直径（检尺径）D 查《木材·立木材积速算表》以体积计算。

2）打、拔槽型钢板桩或拉森钢板桩按设计图示数量或施工组织设计数量以质量计算。

3）凡打断、打弯的桩，均需拔出重打，但不重复计算工程量。

4）如需计算竖、拆打拔桩架费用，竖、拆打拔桩架次数按施工组织设计规定计算。如无规定，则按打桩的进行方向，双排桩每100延长米、单排桩每200延长米计算一次，不足一次者均各计算一次。

2. 围堰工程

（1）定额说明

1）围堰工程适用于人工筑、拆的围堰项目。

2）围堰消耗量未包括施工期内发生潮汛冲刷后所需的养护工料。潮汛养护工料另行计算如遇特大潮汛发生人力所不能抗拒的损失时，应根据实际情况另行处理。

3）围堰工程50m范围以内取土、砂、砂砾，均不计土方和砂、砂砾的材料价格。取50m范围以外的土、砂、砂砾，应计算土方和砂、砂砾材料的挖、运或外购费用，但应扣除消耗量中土方现场挖运黏土的人工20.192工日/100m³。消耗量括号中所列黏土数量为取自然土方数量，结算中可按取土的实际情况调整。

4）围堰消耗量中的各种木桩、钢桩的打、拔均执行措施项目第一章"打拔工具桩"相应项目，数量按实际计算。消耗量括号中所列打拔工具桩数量仅供参考。

5）草袋围堰如使用麻袋、尼龙袋装土围筑，应根据麻袋、尼龙袋的规格调整材料的用量，但人工、机械应按消耗量规定执行。

6）围堰施工中若未使用驳船，而是搭设了栈桥，则应扣除消耗量中驳船费用执行相应项目。

7）围堰尺寸的取定：

① 土草围堰的堰顶宽为1~2m，堰高为4m以内。

② 土石混合围堰的堰顶宽为2m，堰高为6m以内。

③ 圆木桩围堰的堰顶宽为2~2.5m，堰高为5m以内。

④ 钢桩围堰的堰顶宽为2.5~3m，堰高为6m以内。

⑤ 钢板桩围堰的堰顶宽为2.5~3m，堰高为6m以内。

⑥ 竹笼围堰竹笼间黏土填心的宽度为2~2.5m，堰高为5m以内。

8）筑岛填心项目是指围堰围成的区域内填土、砂及砂砾石。

9）双层竹笼围堰竹笼间黏土填心的宽度超过2.5m时，超出部分执行筑岛填心项目。

10）施工围堰的尺寸按有关设计施工规范确定。堰内坡脚至堰内基坑边缘距离根据河床土质及基坑深度确定，但不得小于1m。

（2）工程量计算规则

1）围堰工程分别按体积和长度计算。

2）以体积计算的围堰，工程量按围堰的施工断面乘以围堰中心线的长度计算。

3）以长度计算的围堰，工程量按围堰中心线的长度计算。

4）围堰高度按施工期内的最高临水面加0.5m计算。

3. 支撑工程

（1）定额说明

1）支撑工程适用于沟槽、基坑、工作坑、检查井及大型基坑的支撑。

2）挡土板间距不同时，不做调整。

3）除槽钢挡土板外，本章消耗量均按横板、竖撑计算；如采用竖板、横撑时，其人工工日乘以系数1.20。

4）消耗量中挡土板支撑按槽坑两侧同时支撑挡土板考虑，支撑面积为两侧挡土板面积之和，支撑宽度为4.1m以内。槽坑宽度超过4.1m时，其两侧均按一侧支挡土板考虑，按槽坑一侧支撑挡土板面积计算时，工日数乘以系数1.33，除挡土板外，其他材料乘以系数2.00。

5）放坡开挖不得再计算挡土板，如遇上层放坡、下层支撑，则按实际支撑面积计算。

6）钢桩挡土板中的槽钢桩按设计数量以质量计算，执行措施项目第一章"打拔工具桩"相应项目。

7）如采用井字支撑时，按疏撑乘以系数0.61。

（2）工程量计算规则

1）大型基坑支撑安装及拆除工程量按设计质量计算，其余支撑工程按施工组织设计确定的支撑面积计算。

2）大型基坑支撑使用费＝设计使用量×使用天数×使用费标准［元/（t·d）］。

大型基坑支撑的使用费标准由各地区、部门自行制订调整办法。

4. 脚手架工程

（1）定额说明

1）脚手架工程中钢管脚手架已包括斜道及拐弯平台的搭设。

2）砌筑物高度超过1.2m时可计算脚手架搭拆费用。

3）仓面脚手架不包括斜道，若发生则另按《房屋建筑与装饰工程消耗量》（TY 01—31—2021）相应项目计算，但采用溜槽、井字架或吊扒杆转运施工材料时，不再计算斜道费用。双层布筋或单层布筋在上部的顶板基础计算仓面脚手架；无筋或单层布筋在下部的不计算仓面脚手架。

（2）工程量计算规则

1）脚手架工程量按墙面水平边线长度乘以墙面砌筑高度以面积计算。

2）柱形砌体按图示柱结构外围周长另加3.6m乘以砌筑高度以面积计算。

3）井字架区分材质和搭设高度按搭设数量计算。

4）浇混凝土用仓面脚手架按仓面的水平面积计算。

5. 施工排水、降水

（1）定额说明

1）轻型井点以50根为一套，喷射井点以30根为一套，使用时累计根数轻型井点少于25根，喷射井点少于15根，使用费按相应消耗量乘以系数0.70。

2）井点（管）间距应根据地质条件和施工降水要求，按施工组织设计确定，施工组织设计未考虑时，可按轻型井点管距1.2m、喷射井点管距2.5m确定。

3）直流深井降水成孔直径不同时，只调整相应的黄砂含量，其余不变；PVC-U加筋管直径不同时，调整管材价格的同时，按管子周长的比例调整相应的密目网及铁丝。

4）排水井分集水井和无砂混凝土管井点两种。集水井项目按基坑内设置考虑，井深在4m以内，按本消耗量计算；如井深超过4m，按比例调整。无砂混凝土管井点按井管直径分两种规格，抽水结束时回填大口井的人工和材料未包括在用量内，实际发生时应另行计算。

5）施工排水、降水的成井费用中，不包括出水连接管安拆费用，发生时按批准的施工组织设计另计。

（2）工程量计算规则

1）轻型井点、喷射井点排水的井管安装、拆除以"根"为单位计算，使用以"套·d"计算；真空深井、自流深井排水的安装拆除以每口井"座"计算，使用以每口"座·d"计算。

2）使用天数以每昼夜（24h）为一天，并按施工组织设计要求的使用天数计算。

3）集水井按设计图示数量以"座"计算，无砂混凝土管井点按累计井深以长度计算。

6. 便道及栈桥

（1）定额说明

1）便道及栈桥适用于市政工程施工现场临时便道铺筑和临时施工栈桥工程。

2）施工栈桥是为运输材料、设备、人员而修建的临时简易桥梁。按照贝雷片制作钢栈桥、水中基础进行编制，桥宽4m，水深分为3~10m和10m以上。施工便桥是为社会车辆服务的，费用另计。

（2）工程量计算规则

1）施工便道按设计图示尺寸面积乘以实铺厚度以体积计算。

2）施工便道基层执行《市政工程消耗量》（ZYA 1—31—2021）第二册《道路工程》中道路基层相应项目。

3）施工栈桥按施工组织设计确定的钢便桥的长度计算。

7. 大型机械设备安拆及场外运输费

（1）定额说明

1）大型机械设备安拆及进出场费是指机械整体或分体自停放场地运至施工现场或由一个施工地点运至另一个施工地点，所发生的机械进出场运输和转移费用，以及机械在施工现场进行安装、拆卸所需的人工费、材料费、机械费、试运转费和安装所需的辅助设施的费用。

2）大型机械设备安拆费：

① 机械安拆费是安装、拆卸的一次性费用。

② 机械安拆费中包括机械安装完毕后的试运转费用。

③ 柴油打桩机的安拆费中已包括轨道的安拆费用。

3）大型机械设备进出场费：

① 进出场费中已包括往返一次的费用，其中回程费按单程运费的25%考虑。

② 进出场费中已包括了臂杆、铲斗及附件、道木、道轨的运费。

③ 机械运输路途中的台班费不另计取。

4）大型机械设备现场的行驶路线需修整铺垫时，其人工修整可按实际计算。同一施工现场各建筑物之间的运输，按100m以内综合考虑，如转移距离超过100m，在300m以内的，按相应场外运输费用乘以系数 0.30；在 500m 以内的，按相应场外运输费用乘以系数 0.60。使用道木铺垫按 15 次摊销，使用碎石零星铺垫按一次摊销。

（2）工程量计算规则

1）大型机械设备安拆费按"台·次"计算。

2）大型机械设备进出场费按"台·次"计算。

13.3 措施项目工程工程量清单编制实例

实例 1 某市政桥梁工程独立基础模板的工程量计算

某市政桥梁工程设有钢筋混凝土柱 34 根，柱下独立基础形式如图 13-1 所示，请根据图 13-1 中给出的已知条件，试计算该工程独立基础模板的工程量。

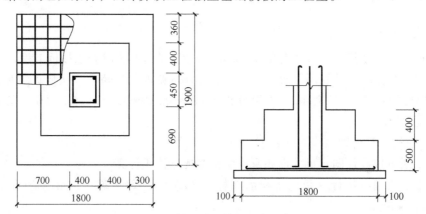

图 13-1 柱下独立基础形式示意图

【解】

独立基础模板总工程量 = [（1.2+1.18）×2×0.4+（1.8+1.9）×2×0.5]×34

$$= （1.904+3.7）×34$$

$$\approx 190.54 （m^2）$$

实例 2 某河道围堰的工程量计算

某河道横断面如图 13-2 所示，试计算围堰高度。

【解】

围堰高度 $H_1 = 8-4+1 = 5$（m）

如果河底有淤泥，厚 1m，则堰高应为：

$H_2 = 5+1 = 6$（m）

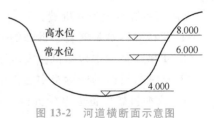

图 13-2 河道横断面示意图

实例 3 某管道井点管使用套天数的工程量计算

某管道开槽施工采用轻型井点降水，井点管间距为 1.2m，开槽埋管管径、长度如下：$D_1 = 1500$、$L_1 = 150m$，使用了 16 天；$D_2 = 1000$、$L_2 = 180m$，使用了 13 天；$D_3 = 900$、$L_3 = 90m$ 使用了 12 天。试求井点管使用套天数。

【解】

$\sum L = L_1 + L_2 + L_3 = 150 + 180 + 90 = 420$ （m）

井点根数 = 420÷1.2 = 350 （根）

井点使用 = 350÷50 = 7 （套）

井点使用套天数的计算为：

$D_3 = 900$ 90÷60 = 1.5 套，1.5×12 = 18 （套天）

$D_2 = 1000$ 180÷60 = 3 套，3×13 = 39 （套天）

$D_1 = 1500$ 7-1.5-3 = 2.5 套，2.5×16 = 40 （套天）

合计井点使用套天 = 18+39+40 = 97 （套天）

第14章 市政工程工程量清单计价编制实例

14.1 市政工程工程量清单编制实例

现以某市主干道路改造工程为例介绍工程量清单编制（由委托工程造价咨询人编制）。

1. 封面（图 14-1）

<u>　　某市道路改造　　</u>工程

招 标 工 程 量 清 单

招　标　人：<u>　　　　某市委办公室　　　　</u>

（单位盖章）

造价咨询人：<u>　　　××工程造价咨询企业　　</u>

（单位盖章）

××年×月×日

图 14-1　招标工程量清单封面

2. 扉页（图 14-2）

某市道路改造　工程

招 标 工 程 量 清 单

招标人：　**某市委办公室**　　　　造价咨询人：　**××工程造价咨询企业**

　　　　　（单位盖章）　　　　　　　　　　　　（单位资质专用章）

法定代表人　　　××单位　　　　法定代表人　　　××工程造价咨询企业

或其授权人：　　　×××　　　　 或其授权人：　　　　×××

　　　　　（签字或盖章）　　　　　　　　　　　（签字或盖章）

编制人：　　　　×××　　　　　　复核人：　　　　×××

　　（造价人员签字盖专用章）　　　　　（造价工程师签字盖专用章）

编制时间：××年×月×日　　　　　　复核时间：××年×月×日

图 14-2　招标工程量清单扉页

3. 总说明（图 14-3）

工程名称：某市道路改造工程　　　　　　　　　　　　　　第 1 页　共 1 页

---

1. 工程概况：某市道路全长 6km，路宽 70m。8 车道，其中有大桥上部结构为预应力混凝土 T 形梁，梁高为 1.2m，跨境为 1×22m+6×20m，桥梁全长 164m。下部结构，中墩为桩接柱，柱顶盖梁；边墩为重力桥台。墩柱直径为 1.2m，转孔桩直径为 1.3m。施工工期为 1 年。

2. 招标范围：道路工程、桥梁工程和排水工程。

3. 清单编制依据：本工程依据《建设工程工程量清单计价规范》（GB 50500—2013）中规定的工程量清单计价的办法，依据××单位设计的施工设计图、施工组织设计等计算实物工程量。

4. 工程质量应达优良标准。

5. 考虑施工中可能发生的设计变更或清单有误，预留金 1500000 万元。

6. 投标人在投标文件应按《建设工程工程量清单计价规范》（GB 50500—2013）规定的统一格式，提供"分部分项工程和单价措施项目清单与计价表""措施项目清单与计价表"。

7. 其他（略）。

图 14-3　总说明

4. 分部分项工程和单价措施项目清单与计价表（表 14-1～表 14-5）

表 14-1　分部分项工程和单价措施项目清单与计价表（一）

工程名称：某市道路改造工程　　　　　标段：　　　　　　　　第 1 页　共 5 页

序号	项目编码	项目名称	项目特征描述	计量单位	工程量	综合单价	合价	其中暂估价
			0401 土石方工程					
1	040101001001	挖一般土方	1. 土壤类别：一、二类土 2. 挖土深度：4m 以内	m³	142100.00			
2	040101002001	挖沟槽土方	1. 土壤类别：三、四类土 2. 挖土深度：4m 以内	m³	2493.00			
3	040101002002	挖沟槽土方	1. 土壤类别：三、四类土 2. 挖土深度：3m 以内	m³	837.00			
4	040101002003	挖沟槽土方	1. 土壤类别：三、四类土 2. 挖土深度：6m 以内	m³	2837.00			
5	040103001001	回填方	密实度：90% 以上	m³	8500.00			
6	040103001002	回填方	1. 密实度：90% 以上 2. 填方材料品种：二灰土 12∶35∶53	m³	7700.00			
7	040103001003	回填方	填方材料品种：砂砾石	m³	208.00			
8	040103001004	回填方	1. 密实度：≥96% 2. 填方粒径：粒径 5～80cm 3. 填方材料品种：砂砾石	m³	3631.00			
9	040103002001	余方弃置	1. 废弃料品种：松土 2. 运距：100mm	m³	46000.00			
10	040103002002	余方弃置	运距：10km	m³	1497.00			
			分部小计					
			0402 道路工程					
11	040201004001	掺石灰	含灰量：10%	m³	1800.00			
12	040202002001	石灰稳定土	1. 含灰量：10% 2. 厚度：15cm	m²	84060.00			
13	040202002002	石灰稳定土	1. 含灰量：11% 2. 厚度：30cm	m²	57320.00			
14	040202006001	石灰、粉煤灰、碎（砾）石	1. 配合比：10∶20∶70 2. 二灰碎石厚度：12cm	m²	84060.00			
15	040202006002	石灰、粉煤灰、碎（砾）石	1. 配合比：10∶20∶71 2. 二灰碎石厚度：20cm	m²	57320.00			
16	040204002001	人行道块料铺设	1. 材料品种：普通人行道板 2. 块料规格：25×2cm	m²	5850.00			
			分部小计					
			本页小计					
			合计					

表 14-2　分部分项工程和单价措施项目清单与计价表（二）

工程名称：某市道路改造工程　　　　标段：　　　　　　　　第 2 页　共 5 页

序号	项目编码	项目名称	项目特征描述	计量单位	工程量	金额/元		
						综合单价	合价	其中
								暂估价
			0402 道路工程					
17	040204002002	人行道块料铺设	1. 材料品种：异型彩色花砖，D 型砖 2. 垫层材料：1∶3 石灰砂浆	m²	20590.00			
18	040205005001	人（手）孔井	1. 材料品种：接线井 2. 规格尺寸：100cm×100cm×100cm	座	5			
19	040205005002	人（手）孔井	1. 材料品种：接线井 2. 规格尺寸：50cm×50cm×100cm	座	55			
20	040205012001	隔离护栏	材料品种：钢制人行道护栏	m	1440.00			
21	040205012002	隔离护栏	材料品种：钢制机非分隔栏	m	200.00			
22	040203005001	黑色碎石	1. 材料品种：石油沥青 2. 厚度：6cm	m²	91360.00			
23	040203006001	沥青混凝土	厚度：5cm	m²	3383.00			
24	040203006002	沥青混凝土	厚度：4cm	m²	91360.00			
25	040203006003	沥青混凝土	厚度：3cm	m²	125190.00			
26	040202015001	水泥稳定碎（砾）石	1. 石料规格：$d7$，≥2.0MPa 2. 厚度：18cm	m²	793.00			
27	040202015002	水泥稳定碎（砾）石	1. 石料规格：$d7$，≥3.0MPa 2. 厚度：17cm	m²	793.00			
28	040202015003	水泥稳定碎（砾）石	1. 石料规格：$d7$，≥3.0MP 2. 厚度：18cm	m²	793.00			
29	040202015004	水泥稳定碎（砾）石	1. 石料规格：$d7$，≥2.0MPa 2. 厚度：21cm	m²	728.00			
30	040202015005	水泥稳定碎（砾）石	1. 石料规格：$d7$，≥2.0MPa 2. 厚度：22cm	m²	364.00			
31	040204004001	安砌侧（平、缘）石	1. 材料品种：花岗岩剁斧平石 2. 材料规格：12cm×25cm×49.5cm	m²	673.00			
32	040204004002	安砌侧（平、缘）石	1. 材料品种：甲 B 型机切花岗岩路缘石 2. 材料规格：15cm×32cm×99.5cm	m²	1015.00			
33	040204004003	安砌侧（平、缘）石	1. 材料品种：甲 B 型机切花岗岩路缘石 2. 材料规格：15cm×25cm×74.5cm	m²	340.00			
			分部小计					
			本页小计					
			合计					

表 14-3　分部分项工程和单价措施项目清单与计价表（三）

工程名称：某市道路改造工程　　　　　　标段：　　　　　　　　第 3 页　共 5 页

序号	项目编码	项目名称	项目特征描述	计量单位	工程量	金额/元		其中
						综合单价	合价	暂估价
			0403 桥涵护岸工程					
34	040301006001	干作业成孔灌注桩	1. 桩径：直径 1.3cm 2. 混凝土强度等级：C25	m	1036.00			
35	040301006002	干作业成孔灌注桩	1. 桩径：直径 1cm 2. 混凝土强度等级：C25	m	1680.00			
36	040303003001	混凝土承台	混凝土强度等级：C10	m³	1015.00			
37	040303005001	混凝土墩（台）身	1. 部位：墩柱 2. 混凝土强度等级：C35	m³	384.00			
38	040303005002	混凝土墩（台）身	1. 部位：墩柱 2. 混凝土强度等级：C30	m³	1210.00			
39	040303006001	混凝土支撑梁及横梁	1. 部位：简支梁湿接头 2. 混凝土强度等级：C30	m³	937.00			
40	040303007001	混凝土墩（台）盖梁	混凝土强度等级：C35	m³	748.00			
41	040303019001	桥面铺装	1. 沥青品种：改性沥青、玛琋脂、玄武石、碎石混合料 2. 厚度：4cm	m²	7550.00			
42	040303019002	桥面铺装	1. 沥青品种：改性沥青、玛琋脂、玄武石、碎石混合料 2. 厚度：5cm	m²	7560.00			
43	040303019003	桥面铺装	混凝土强度等级：C30	m²	281.00			
44	040304001001	预制混凝土梁	1. 部位：墩柱连系梁 2. 混凝土强度等级：C30	m²	205.00			
45	040304001002	预制混凝土梁	1. 部位：预应力混凝土简支梁 2. 混凝土强度等级：C30	m²	781.00			
46	040304001003	预制混凝土梁	1. 部位：预应力混凝土简支梁 2. 混凝土强度等级：C45	m²	2472.00			
47	040305003001	浆砌块料	1. 部位：河道浸水挡墙、墙身 2. 材料品种：M10 浆砌片石 3. 泄水孔品种、规格：塑料管，φ100	m³	593.00			
48	040303002001	混凝土基础	1. 部位：河道浸水挡墙基础 2. 混凝土强度等级：C25	m³	1027.00			
49	040303016001	混凝土挡墙压顶	混凝土强度等级：C25	m³	32.00			
			分部小计					
			本页小计					
			合计					

表 14-4　分部分项工程和单价措施项目清单与计价表（四）

工程名称：某市道路改造工程　　　　　标段：　　　　　　　　　第 4 页　共 5 页

序号	项目编码	项目名称	项目特征描述	计量单位	工程量	金额/元		
						综合单价	合价	其中
								暂估价
			0403 桥涵护岸工程					
50	040309004001	橡胶支座	规格：20cm×35cm×4.9cm	m³	32.00			
51	040309008001	桥梁伸缩装置	材料品种：毛勒伸缩缝	m	180.00			
52	040309010001	防水层	材料品种：APP 防水层	m²	10194.00			
			分部小计					
			0405 市政管网工程					
53	040504001001	砌筑井	1. 规格：1.4×1.0 2. 埋深：3m	座	32			
54	040504001002	砌筑井	1. 规格：1.2×1.0 2. 埋深：2m	座	82			
55	040504001003	砌筑井	1. 规格：φ900 2. 埋深：1.5m	座	42			
56	040504001004	砌筑井	1. 规格：0.6×0.6 2. 埋深：1.5m	座	52			
57	040504001005	砌筑井	1. 规格：0.48×0.48 2. 埋深：1.5m	座	104			
58	040504009001	雨水口	1. 类型：单平箅 2. 埋深：3m	座	11			
59	040504009002	雨水口	1. 类型：双平箅 2. 埋深：2m	座	300			
60	040501001001	混凝土管	1. 规格：DN1650 2. 埋深：3.5m	m	456.00			
61	040501001002	混凝土管	1. 规格：DN1000 2. 埋深：3.5m	m	430.00			
62	040501001003	混凝土管	1. 规格：DN1000 2. 埋深：2.5m	m	1746.00			
63	040501001004	混凝土管	1. 规格：DN1000 2. 埋深：2m	m	1196.00			
64	040501001005	混凝土管	1. 规格：DN800 2. 埋深：1.5m	m	766.00			
65	040501001006	混凝土管	1. 规格：DN600 2. 埋深：1.5m	m	2904.00			
66	040501001007	混凝土管	1. 规格：DN600 2. 埋深：3.5m	m	457.00			
			分部小计					
			本页小计					
			合计					

表 14-5　分部分项工程和单价措施项目清单与计价表（五）

工程名称：某市道路改造工程　　　　　标段：　　　　　　　　第 5 页　共 5 页

序号	项目编码	项目名称	项目特征描述	计量单位	工程量	金额/元		
						综合单价	合价	其中
								暂估价
			0409 钢筋工程					
30	040901001001	现浇混凝土钢筋	钢筋规格：φ10 以上	t	283.00			
31	040901001002	现浇混凝土钢筋	钢筋规格：φ11 以内	t	1195.00			
32	040901006001	后张法预应力钢筋	1. 钢筋种类：钢绞线（高强低松弛）$R=1860MPa$ 2. 锚具种类：预应力锚具 3. 压浆管材质、规格：金属波纹管内径 6.2cm，长 17108m 4. 砂浆强度等级：C40	t	138.00			
			分部小计					
			本页小计					
			合　计					

5. 总价措施项目清单与计价表（表 14-6）

表 14-6　总价措施项目清单与计价表

工程名称：某市道路改造工程　　　　　标段：　　　　　　　　第 1 页　共 1 页

序号	项目编码	项目名称	计算基础	费率（%）	金额/元	调整费率（%）	调整后金额/元	备注
1	041109001001	安全文明施工费						
2	041109002001	夜间施工增加费						
3	041109003001	二次搬运费						
4	041109004001	冬雨期施工增加费						
5	041109007001	已完工程及设备保护费						
		合　计						

编制人（造价人员）：　　　　　　　　　　复核人（造价工程师）：

注：1. "计算基础"中安全文明施工费可为"定额基价""定额人工费"或"定额人工费+定额机械费"，其他项目可为"定额人工费"或"定额人工费+定额机械费"。

　　2. 按施工方案计算的措施费，若无"计算基础"和"费率"的数值，也可只填"金额"数值，但应在备注栏说明施工方案出处或计算方法。

6. 其他项目清单与计价表（表 14-7）

表 14-7　其他项目清单与计价汇总表

工程名称：某市道路改造工程　　　　　标段：　　　　　　　　第 1 页　共 1 页

序号	项目名称	金额/元	结算金额/元	备注
1	暂列金额	1500000.00		明细详见（1）
2	暂估价	600000.00		
2.1	材料暂估价	400000.00		明细详见（2）
2.2	专业工程暂估价	200000.00		明细详见（3）
3	计日工			明细详见（4）
4	总承包服务费			明细详见（5）
5				
	合　　计	2100000.00		—

注：材料（工程设备）暂估价计入清单项目综合单价，此处不汇总。

（1）暂列金额明细表（表 14-8）

表 14-8　暂列金额明细表

工程名称：某市道路改造工程　　　　　标段：　　　　　　　　第 1 页　共 1 页

序号	项目名称	计量单位	暂定金额/元	备注
1	政策性调整和材料价格波动	项	1000000.00	
2	其他	项	500000.00	
3				
	合　　计		1500000.00	—

注：此表由招标人填写，如不能详列，也可只列暂定金额总额，投标人应将上述暂列金额计入投标总价中。

（2）材料（工程设备）暂估单价及调整表（表 14-9）

表 14-9　材料（工程设备）暂估单价及调整表

工程名称：某市道路改造工程　　　　　标段：　　　　　　　　第 1 页　共 1 页

序号	材料（工程设备）名称、规格、型号	计量单位	数量		暂估/元		确认/元		差额±/元		备注
			暂估	确认	单价	合价	单价	合价	单价	合价	
1	钢筋（规格、型号综合）	t	100		4000	400000					用在部分钢筋混凝土项目中
2											
	合　　计					400000					

注：此表由招标人填写"暂估单价"，并在备注栏说明暂估价的材料、工程设备拟用在哪些清单项目上，投标人应将上述材料、工程设备暂估单价计入工程量清单综合单价报价中。

（3）专业工程暂估价及结算价表（表 14-10）

表 14-10 专业工程暂估价及结算价表

工程名称：某市道路改造工程　　　　标段：　　　　　　　　第 1 页　共 1 页

序号	工程名称	工程内容	暂估金额/元	结算金额/元	差额±/元	备注
1	消防工程	合同图纸中标明的以及消防工程规范和技术说明中规定的各系统中的设备、管道、阀门、线缆等的供应、安装和调试工作	200000			
	合　计		200000			

注：此表"暂估金额"由招标人填写，投标人应将"暂估金额"计入投标总价中，结算时按合同约定结算金额填写。

（4）计日工表（表 14-11）

表 14-11 计日工表

工程名称：某市道路改造工程　　　　标段：　　　　　　　　第 1 页　共 1 页

编号	项目名称	单位	暂定数量	实际数量	综合单价/元	合价/元 暂定	合价/元 实际
一	人工						
1	技工	工日	100				
2	壮工	工日	80				
	人工小计						
二	材料						
1	水泥 42.5	t	30.00				
2	钢筋	t	10.00				
	材料小计						
三	施工机械						
1	履带式推土机 105kW	台班	3				
2	汽车起重机 25t	台班	3				
	施工机械小计						
四、企业管理费和利润							
	总　计						

注：此表项目名称、暂定数量由招标人填写，编制招标控制价时，单价由招标人按有关计价规定确定；投标时，单价由投标人自主报价，按暂定数量计算合价计入投标总价中。结算时，按发承包双方确认的实际数量计算合价。

（5）总承包服务费计价表（表14-12）

表14-12 总承包服务费计价表

工程名称：某市道路改造工程　　　　　标段：　　　　　　　　　第1页 共1页

序号	项目名称	项目价值/元	服务内容	计算基础	费率(%)	金额/元
1	发包人发包专业工程	500000	1. 按专业工程承包人的要求提供施工工作面并对施工现场进行统一整理汇总 2. 为专业工程承包人提供垂直运输机械和焊接电源接入点,并承担垂直运输费和电费			
合　计		—	—		—	

注：此表项目名称、服务内容由招标人填写，编制招标控制价时，费率及金额由招标人按有关计价规定确定；投标时，费率及金额由投标人自主报价，计入投标总价中。

7. 规费、税金项目计价表（表14-13）

表14-13 规费、税金项目计价表

工程名称：某市道路改造工程　　　　　标段：　　　　　　　　　第1页 共1页

序号	项目名称	计算基础	计算基数	计算费率(%)	金额/元
1	规费	定额人工费			
1.1	社会保险费	定额人工费			
(1)	养老保险费	定额人工费			
(2)	失业保险费	定额人工费			
(3)	医疗保险费	定额人工费			
(4)	工伤保险费	定额人工费			
(5)	生育保险费	定额人工费			
1.2	住房公积金	定额人工费			
1.3	工程排污费	按工程所在地环境保护部门收取标准,按实计入			
2	税金	分部分项工程费+措施项目费+其他项目费+规费-按规定不计税的工程设备金额			
合　计					

编制人（造价人员）：　　　　　　　　　复核人（造价工程师）：

8. 主要材料、工程设备一览表（表14-14）

表14-14　承包人提供主要材料和工程设备一览表

（适用于造价信息差额调整法）

工程名称：某市道路改造工程　　　　　　　标段：　　　　　　　　　　第1页　共1页

序号	名称、规格、型号	单位	数量	风险系数(%)	基准单价/元	投标单价/元	发承包人确认单价/元	备注
1	预拌混凝土 C20	m³	25	≤5	310			
2	预拌混凝土 C25	m³	560	≤5	323			
3	预拌混凝土 C30	m³	3120	≤5	340			

注：1. 此表由招标人填写除"投标单价"栏的内容，投标人在投标时自主确定投标单价。

　　2. 投标人应优先采用工程造价管理机构发布的单价作为基准单价，未发布的，通过市场调查确定其基准单价。

14.2　市政工程招标控制价编制实例

现以某市主干道路改造工程为例介绍招标控制价编制（由委托工程造价咨询人编制）。

1. 封面（图14-4）

　　　　　　　　　　　某市道路改造　**工程**

招 标 控 制 价

招　标　人：　　　　**某市委办公室**

（单位盖章）

造价咨询人：　　　　**××工程造价咨询企业**

（单位盖章）

××年×月×日

图14-4　招标控制价封面

2. 扉页（图 14-5）

__某市道路改造__ 工程

招 标 控 制 价

招标控制价（小写）：　　　　　　　**55315501.55 元**

（大写）：　　**伍仟伍佰叁拾壹万伍仟伍佰零壹元伍角伍分**

招标人：　　**某市委办公室**　　　　造价咨询人：　　**××工程造价咨询企业**

　　　　（单位盖章）　　　　　　　　　　　（单位资质专用章）

法定代表人　　　**××单位**　　　　法定代表人　　**××工程造价咨询企业**

或其授权人：　　**×××**　　　　　或其授权人：　　　**×××**

　　　　（签字或盖章）　　　　　　　　　　（签字或盖章）

编制人：　　　**×××**　　　　　　复核人：　　　　**×××**

　　　（造价人员签字盖专用章）　　　　　（造价工程师签字盖专用章）

　　编制时间：××年×月×日　　　　　复核时间：××年×月×日

图 14-5　招标控制价扉页

3. 总说明（图 14-6）

工程名称：某市道路改造工程　　　　　　　　　　　　　　　　　第 1 页　共 1 页

---

1. 工程概况：某市道路全长 6km，路宽 70m。8 车道，其中有大桥上部结构为预应力混凝土 T 形梁，梁高为 1.2m，跨境为 1×22m+6×20m，桥梁全长 164m。下部结构，中墩为桩接柱，柱顶盖梁；边墩为重力桥台。墩柱直径为 1.2m，转孔桩直径为 1.3m。施工工期为 1 年。

2. 招标范围：道路工程、桥梁工程和排水工程。

3. 清单编制依据：本工程依据《建设工程工程量清单计价规范》（GB 50500—2013）中规定的工程量清单计价的办法，依据××单位设计的施工设计图、施工组织设计等计算实物工程量。

4. 考虑施工中可能发生的设计变更或清单有误，预留金 1500000 万元。

5. 投标人在投标文件应按《建设工程工程量清单计价规范》（GB 50500—2013）规定的统一格式，提供"分部分项工程和单价措施项目清单与计价表""措施项目清单与计价表"。

6. 其他（略）。

图 14-6　招标控制价总说明

4. 招标控制价汇总表（表 14-15～表 14-17）

表 14-15　建设项目招标控制价汇总表

工程名称：某市道路改造工程　　　　　　　　　　　　　　　　　第 1 页　共 1 页

序号	单项工程名称	金额/元	其中：/元		
			暂估价	安全文明施工费	规费
1	某市道路改造工程	55315501.55	6000000.00	1533898.79	2161838.59
	合　　计	55315501.55	6000000.00	1533898.79	2161838.59

说明：本工程为单项工程，故单项工程即为建设项目。

表 14-16　单项工程招标控制价汇总表

工程名称：某市道路改造工程　　　　　　　　　　　　　　　　　第 1 页　共 1 页

序号	单位工程名称	金额/元	其中：/元		
			暂估价	安全文明施工费	规费
1	某市道路改造工程	55315501.55	6000000.00	1533898.79	2161838.59
	合　　计	55315501.55	6000000.00	1533898.79	2161838.59

注：暂估价包括分部分项工程中的暂估价和专业工程暂估价。

表 14-17　单位工程招标控制价汇总表

工程名称：某市道路改造工程　　　　　　　　　　　　　　　　　　第 1 页　共 1 页

序号	汇总内容	金额/元	其中:暂估价/元
1	分部分项工程	47914887.39	6000000.00
0401	土石方工程	2275844.14	
0402	道路工程	25413244.16	
0403	桥涵护岸工程	11529583.71	
0405	市政管网工程	1352977.34	
0409	钢筋工程	7343238.04	6000000.00
2	措施项目	1625225.57	—
0411	其中:安全文明施工费	1533898.79	—
3	其他项目	1787940.00	—
3.1	其中:暂列金额	1500000.00	—
3.2	其中:专业工程暂估价	200000.00	—
3.3	其中:计日工	62940.00	—
3.4	其中:总承包服务费	25000.00	—
4	规费	2161838.59	—
5	税金	1825610.03	—
招标控制价合计 = 1+2+3+4+5		55315501.58	6000000.00

注：本表适用于单位工程招标控制价或投标报价的汇总，单项工程也使用本表汇总。

5. 分部分项工程和单价措施项目清单与计价表（表 14-18～表 14-22）

表 14-18　分部分项工程和单价措施项目清单与计价表（一）

工程名称：某市道路改造工程　　　　标段：　　　　　　　　　　第 1 页　共 5 页

序号	项目编码	项目名称	项目特征描述	计量单位	工程量	金额/元		其中暂估价
						综合单价	合价	
			0401 土石方工程					
1	040101001001	挖一般土方	1. 土壤类别:一、二类土 2. 挖土深度:4m 以内	m³	142100.00	10.70	1520470.00	
2	040101002001	挖沟槽土方	1. 土壤类别:三、四类土 2. 挖土深度:4m 以内	m³	2493.00	11.81	29442.33	
3	040101002002	挖沟槽土方	1. 土壤类别:三、四类土 2. 挖土深度:3m 以内	m³	837.00	60.18	50370.66	
4	040101002003	挖沟槽土方	1. 土壤类别:三、四类土 2. 挖土深度:6m 以内	m³	2837.00	17.85	50640.45	
5	040103001001	回填方	密实度:90%以上	m³	8500.00	8.30	70550.00	
6	040103001002	回填方	1. 密实度:90%以上 2. 填方材料品种:二灰土 12:35:53	m³	7700.00	7.02	54054.00	

（续）

序号	项目编码	项目名称	项目特征描述	计量单位	工程量	金额/元		
						综合单价	合价	其中暂估价
			0401 土石方工程					
7	040103001003	回填方	填方材料品种:砂砾石	m³	208.00	65.61	13646.88	
8	040103001004	回填方	1. 密实度:≥96% 2. 填方粒径:粒径 5~80cm 3. 填方材料品种:砂砾石	m³	3631.00	31.22	113359.82	
9	040103002001	余方弃置	1. 废弃料品种:松土 2. 运距:100mm	m³	46000.00	7.79	358340.00	
10	040103002002	余方弃置	运距:10km	m³	1497.00	10.00	14970.00	
			分部小计				2275844.14	
			0402 道路工程					
11	040201004001	掺石灰	含灰量:10%	m³	1800.00	57.45	103410.00	
12	040202002001	石灰稳定土	1. 含灰量:10% 2. 厚度:15cm	m²	84060.00	16.21	1362612.60	
13	040202002002	石灰稳定土	1. 含灰量:11% 2. 厚度:30cm	m²	57320.00	12.05	690706.00	
14	040202006001	石灰、粉煤灰、碎（砾）石	1. 配合比:10:20:70 2. 二灰碎石厚度:12cm	m²	84060.00	30.78	2587366.80	
15	040202006002	石灰、粉煤灰、碎（砾）石	1. 配合比:10:20:71 2. 二灰碎石厚度:20cm	m²	57320.00	26.46	1516687.20	
16	040204002001	人行道块料铺设	1. 材料品种:普通人行道板 2. 块料规格:25×2cm	m²	5850.00	0.64	3744.00	
			分部小计				6264526.60	
			本页小计				8540370.74	
			合计				8540370.74	

表 14-19　分部分项工程和单价措施项目清单与计价表（二）

工程名称:某市道路改造工程　　　　　标段:　　　　　　　　第 2 页　共 5 页

序号	项目编码	项目名称	项目特征描述	计量单位	工程量	金额/元		
						综合单价	合价	其中暂估价
			0402 道路工程					
17	040204002002	人行道块料铺设	1. 材料品种:异型彩色花砖,D 型砖 2. 垫层材料:1:3 石灰砂浆	m²	20590.00	13.15	270758.50	

（续）

序号	项目编码	项目名称	项目特征描述	计量单位	工程量	金额/元		其中
						综合单价	合价	暂估价
			0402 道路工程					
18	040205005001	人（手）孔井	1. 材料品种：接线井 2. 规格尺寸：100cm×100cm×100cm	座	5	716.43	3582.15	
19	040205005002	人（手）孔井	1. 材料品种：接线井 2. 规格尺寸：50cm×50cm×100cm	座	55	494.05	27172.75	
20	040205012001	隔离护栏	材料品种：钢制人行道护栏	m	1440.00	15.66	22550.40	
21	040205012002	隔离护栏	材料品种：钢制机非分隔栏	m	200.00	15.66	3132.00	
22	040203005001	黑色碎石	1. 材料品种：石油沥青 2. 厚度：6cm	m²	91360.00	50.97	4656619.20	
23	040203006001	沥青混凝土	厚度：5cm	m²	3383.00	115.65	391243.95	
24	040203006002	沥青混凝土	厚度：4cm	m²	91360.00	103.54	9459414.40	
25	040203006003	沥青混凝土	厚度：3cm	m²	125190.00	32.74	4098720.60	
26	040202015001	水泥稳定碎（砾）石	1. 石料规格：d7，≥2.0MPa 2. 厚度：18cm	m²	793.00	21.96	17414.28	
27	040202015002	水泥稳定碎（砾）石	1. 石料规格：d7，≥3.0MPa 2. 厚度：17cm	m²	793.00	20.81	16502.33	
28	040202015003	水泥稳定碎（砾）石	1. 石料规格：d7，≥3.0MPa 2. 厚度：18cm	m²	793.00	21.21	16819.53	
29	040202015004	水泥稳定碎（砾）石	1. 石料规格：d7，≥2.0MPa 2. 厚度：21cm	m²	728.00	17.38	12652.64	
30	040202015005	水泥稳定碎（砾）石	1. 石料规格：d7，≥2.0MPa 2. 厚度：22cm	m²	364.00	17.90	6515.60	
31	040204004001	安砌侧（平、缘）石	1. 材料品种：花岗岩剁斧平石 2. 材料规格：12cm×25cm×49.5cm	m²	673.00	53.66	36113.18	
32	040204004002	安砌侧（平、缘）石	1. 材料品种：甲B型机切花岗岩路缘石 2. 材料规格：15cm×32cm×99.5cm	m²	1015.00	85.91	87198.65	
33	040204004003	安砌侧（平、缘）石	1. 材料品种：甲B型机切花岗岩路缘石 2. 材料规格：15cm×25cm×74.5cm	m²	340.00	65.61	22307.40	
			分部小计				25413244.16	
			本页小计				19148717.56	
			合计				27689088.3	

表 14-20　分部分项工程和单价措施项目清单与计价表（三）

工程名称：某市道路改造工程　　　　　　　　标段：　　　　　　　　第 3 页　共 5 页

序号	项目编码	项目名称	项目特征描述	计量单位	工程量	综合单价	合价	其中 暂估价
			0403 桥涵护岸工程					
34	040301006001	干作业成孔灌注桩	1. 桩径：直径 1.3cm 2. 混凝土强度等级：C25	m	1036.00	1251.09	1296129.24	
35	040301006002	干作业成孔灌注桩	1. 桩径：直径 1cm 2. 混凝土强度等级：C25	m	1680.00	1692.81	2843920.80	
36	040303003001	混凝土承台	混凝土强度等级：C10	m³	1015.00	299.98	304479.70	
37	040303005001	混凝土墩（台）身	1. 部位：墩柱 2. 混凝土强度等级：C35	m³	384.00	434.93	167013.12	
38	040303005002	混凝土墩（台）身	1. 部位：墩柱 2. 混凝土强度等级：C30	m³	1210.00	318.49	385372.90	
39	040303006001	混凝土支撑梁及横梁	1. 部位：简支梁湿接头 2. 混凝土强度等级：C30	m³	937.00	401.74	376430.38	
40	040303007001	混凝土墩（台）盖梁	混凝土强度等级：C35	m³	748.00	390.63	292191.24	
41	040303019001	桥面铺装	1. 沥青品种：改性沥青、玛琋脂、玄武石、碎石混合料 2. 厚度：4cm	m²	7550.00	37.71	284710.50	
42	040303019002	桥面铺装	1. 沥青品种：改性沥青、玛琋脂、玄武石、碎石混合料 2. 厚度：5cm	m²	7560.00	44.10	333396.00	
43	040303019003	桥面铺装	混凝土强度等级：C30	m²	281.00	621.94	174765.14	
44	040304001001	预制混凝土梁	1. 部位：墩柱连系梁 2. 混凝土强度等级：C30	m²	205.00	227.72	46682.60	
45	040304001002	预制混凝土梁	1. 部位：预应力混凝土简支梁 2. 混凝土强度等级：C30	m²	781.00	1249.00	975469.00	
46	040304001003	预制混凝土梁	1. 部位：预应力混凝土简支梁 2. 混凝土强度等级：C45	m²	2472.00	1249.75	3089382.00	
47	040305003001	浆砌块料	1. 部位：河道浸水挡墙、墙身 2. 材料品种：M10 浆砌片石 3. 泄水孔品种、规格：塑料管，φ100	m³	593.00	160.98	95461.14	
48	040303002001	混凝土基础	1. 部位：河道浸水挡墙基础 2. 混凝土强度等级：C25	m³	1027.00	82.39	84614.53	

（续）

序号	项目编码	项目名称	项目特征描述	计量单位	工程量	金额/元		其中
						综合单价	合价	暂估价
			0403 桥涵护岸工程					
49	040303016001	混凝土挡墙压顶	混凝土强度等级：C25	m³	32.00	173.51	5552.32	
			分部小计				10755570.61	
			本页小计				10755570.61	
			合计				38444658.91	

表 14-21　分部分项工程和单价措施项目清单与计价表（四）

工程名称：某市道路改造工程　　　　标段：　　　　　　　　第 4 页　共 5 页

序号	项目编码	项目名称	项目特征描述	计量单位	工程量	金额/元		其中
						综合单价	合价	暂估价
			0403 桥涵护岸工程					
50	040309004001	橡胶支座	规格：20cm×35cm×4.9cm	m³	32.00	173.51	552.32	
51	040309008001	桥梁伸缩装置	材料品种：毛勒伸缩缝	m	180.00	2067.35	372123.00	
52	040309010001	防水层	材料品种：APP 防水层	m²	10194.00	39.37	401337.78	
			分部小计				11529583.71	
			0405 市政管网工程					
53	040504001001	砌筑井	1. 规格：1.4×1.0 2. 埋深：3m	座	32	1790.97	57311.04	
54	040504001002	砌筑井	1. 规格：1.2×1.0 2. 埋深：2m	座	82	1661.53	136245.46	
55	040504001003	砌筑井	1. 规格：φ900 2. 埋深：1.5m	座	42	1057.79	44427.18	
56	040504001004	砌筑井	1. 规格：0.6×0.6 2. 埋深：1.5m	座	52	700.43	36422.36	
57	040504001005	砌筑井	1. 规格：0.48×0.48 2. 埋深：1.5m	座	104	689.79	71738.16	
58	040504009001	雨水口	1. 类型：单平箅 2. 埋深：3m	座	11	458.90	5047.90	
59	040504009002	雨水口	1. 类型：双平箅 2. 埋深：2m	座	300	788.33	236499.00	
60	040501001001	混凝土管	1. 规格：DN1650 2. 埋深：3.5m	m	456.00	387.61	176750.16	
61	040501001002	混凝土管	1. 规格：DN1000 2. 埋深：3.5m	m	430.00	125.09	53788.70	
62	040501001003	混凝土管	1. 规格：DN1000 2. 埋深：2.5m	m	1746.00	86.20	150505.20	

（续）

序号	项目编码	项目名称	项目特征描述	计量单位	工程量	金额/元		其中
						综合单价	合价	暂估价
			0405 市政管网工程					
63	040501001004	混凝土管	1. 规格：DN1000 2. 埋深：2m	m	1196.00	86.20	103095.20	
64	040501001005	混凝土管	1. 规格：DN800 2. 埋深：1.5m	m	766.00	38.20	29261.20	
65	040501001006	混凝土管	1. 规格：DN600 2. 埋深：1.5m	m	2904.00	29.97	87045.88	
66	040501001007	混凝土管	1. 规格：DN600 2. 埋深：3.5m	m	457.00	360.70	164839.90	
			分部小计				1352977.34	
			本页小计				2126990.44	
			合计				40571649.35	

表 14-22　分部分项工程和单价措施项目清单与计价表（五）

工程名称：某市道路改造工程　　　　标段：　　　　　　　第 5 页　共 5 页

序号	项目编码	项目名称	项目特征描述	计量单位	工程量	金额/元		其中
						综合单价	合价	暂估价
			0409 钢筋工程					
30	040901001001	现浇混凝土钢筋	钢筋规格：φ10 以上	t	283.00	3801.12	1075716.96	700000
31	040901001002	现浇混凝土钢筋	钢筋规格：φ11 以内	t	1195.00	3862.24	4615376.80	4300000
32	040901006001	后张法预应力钢筋	1. 钢筋种类：钢绞线（高强低松弛）$R=1860MPa$ 2. 锚具种类：预应力锚具 3. 压浆管材质、规格：金属波纹管内径 6.2cm，长 17108m 4. 砂浆强度等级：C40	t	138.00	11972.06	1652144.28	1000000
			分部小计				7343238.04	6000000
			本页小计				7343238.04	6000000
			合计				47914887.39	6000000

6. 综合单价分析表（表 14-23、表 14-24）

以某市道路改造工程石灰、粉煤灰、碎（砾）石，人行道块料铺设工程量综合单价分析表介绍招标控制价中综合单价分析表的编制。

表 14-23　综合单价分析表（一）

工程名称：某市道路改造工程　　　　　　标段：　　　　　　　　　第 1 页　共 2 页

项目编码	040202006001	项目名称	石灰、粉煤灰、碎（砾）石	计量单位	m²	工程量	84060.00

清单综合单价组成明细

定额编号	定额项目名称	定额单位	数量	单价				合价			
				人工费	材料费	机械费	管理费和利润	人工费	材料费	机械费	管理费和利润
2-62	石灰：粉煤灰：碎石=10：20：70	100m²	0.01	315	2164.89	131.48	566.50	3.15	20.65	1.31	5.67
人工单价			小计					3.15	20.65	1.31	5.67
22.47 元/工日			未计价材料费								
清单项目综合单价								30.78			

材料费明细	主要材料名称、规格、型号	单位	数量	单价/元	合价/元	暂估单价/元	暂估合价/元
	生石灰	t	0.0396	115.00	4.55		
	粉煤灰	m³	0.1056	78.00	8.24		
	碎石 25~40mm	m³	0.1891	41.15	7.78		
	水	m³	0.063	0.45	0.03		
	其他材料费			—	0.05		
	材料费小计			—	20.65		

注：1. 如不使用省级或行业建设主管部门发布的计价依据，可不填定额编号、名称等。

　　2. 招标文件提供了暂估单价的材料，按暂估的单价填入表内"暂估单价"栏及"暂估合价"栏。

表 14-24　综合单价分析表（二）

工程名称：某市道路改造工程　　　　　　标段：　　　　　　　　　第 2 页　共 2 页

项目编码	040204002002	项目名称	人行道块料铺设	计量单位	m²	工程量	20590.00

清单综合单价组成明细

定额编号	定额项目名称	定额单位	数量	单价				合价			
				人工费	材料费	机械费	管理费和利润	人工费	材料费	机械费	管理费和利润
2-322	D 型砖	10m²	0.1	68.31	48.16	—	15.03	6.83	4.82	—	1.50
人工单价			小计					6.83	4.82	—	1.50
22.47 元/工日			未计价材料费								
清单项目综合单价								13.15			

材料费明细	主要材料名称、规格、型号	单位	数量	单价/元	合价/元	暂估单价/元	暂估合价/元
	生石灰	t	0.006	115.00	0.69		
	粗砂	m³	0.024	44.23	1.06		
	水	m³	0.089	0.45	0.04		
	D 型砖	m³	30.30	0.10	3.03		
	其他材料费			—			
	材料费小计			—	4.82		

注：1. 如不使用省级或行业建设主管部门发布的计价依据，可不填定额编号、名称等。

　　2. 招标文件提供了暂估单价的材料，按暂估的单价填入表内"暂估单价"栏及"暂估合价"栏。

7. 总价措施项目清单与计价表（表 14-25）

表 14-25 总价措施项目清单与计价表

工程名称：某市道路改造工程　　　　　　标段：　　　　　　　　　第 1 页　共 1 页

序号	项目编码	项目名称	计算基础	费率（%）	金额/元	调整费率（%）	调整后金额/元	备注
1	041109001001	安全文明施工费	定额人工费	30	1533898.79			
2	041109002001	夜间施工增加费	定额人工费	3	54223.18			
3	041109003001	二次搬运费	定额人工费	2	11791.02			
4	041109004001	冬雨期施工增加费	定额人工费	1	11791.02			
5	041109007001	已完工程及设备保护费			13521.56			
		合　计			1625225.57			

编制人（造价人员）：　　　　　　　　　　　复核人（造价工程师）：

注：1. "计算基础"中安全文明施工费可为"定额基价""定额人工费"或"定额人工费+定额机械费"，其他项目可为"定额人工费"或"定额人工费+定额机械费"。

　　2. 按施工方案计算的措施费，若无"计算基础"和"费率"的数值，也可只填"金额"数值，但应在备注栏说明施工方案出处或计算方法。

8. 其他项目清单与计价汇总表（表 14-26）

表 14-26 其他项目清单与计价汇总表

工程名称：某市道路改造工程　　　　　　标段：　　　　　　　　　第 1 页　共 1 页

序号	项目名称	金额/元	结算金额/元	备注
1	暂列金额	1500000.00		明细详见(1)
2	暂估价	200000.00		
2.1	材料暂估价	—		
2.2	专业工程暂估价	200000.00		明细详见(3)
3	计日工	62940.00		明细详见(4)
4	总承包服务费	25000.00		明细详见(5)
	合　计	1787940.00		—

注：材料（工程设备）暂估价计入清单项目综合单价，此处不汇总。

（1）暂列金额明细表（表14-27）

表 14-27 暂列金额明细表

工程名称：某市道路改造工程　　　　标段：　　　　　　第 1 页　共 1 页

序号	项目名称	计量单位	暂定金额/元	备注
1	政策性调整和材料价格波动	项	1000000.00	
2	其他	项	500000.00	
	合　计		1500000.00	—

注：此表由招标人填写，如不能详列，也可只列暂定金额总额，投标人应将上述暂列金额计入投标总价中。

（2）材料（工程设备）暂估单价及调整表（表14-28）

表 14-28 材料（工程设备）暂估单价及调整表

工程名称：某市道路改造工程　　　　标段：　　　　　　第 1 页　共 1 页

序号	材料（工程设备）名称、规格、型号	计量单位	数量		暂估/元		确认/元		差额±/元		备注
			暂估	确认	单价	合价	单价	合价	单价	合价	
1	钢筋（规格、型号综合）	t	100		4000		400000				用于现浇钢筋混凝土项目
	合　计						400000				

注：此表由招标人填写"暂估单价"，并在备注栏说明暂估价的材料、工程设备拟用在哪些清单项目上，投标人应
将上述材料、工程设备暂估单价计入工程量清单综合单价报价中。

（3）专业工程暂估价及结算价表（表 14-29）

表 14-29　专业工程暂估价及结算价表

工程名称：某市道路改造工程　　　　　　　标段：　　　　　　　　　第 1 页　共 1 页

序号	工程名称	工程内容	暂估金额/元	结算金额/元	差额±/元	备注
1	消防工程	合同图纸中标明的以及消防工程规范和技术说明中规定的各系统中的设备、管道、阀门、线缆等的供应、安装和调试工作	200000			
	合　计		200000			

注：此表"暂估金额"由招标人填写，投标人应将"暂估金额"计入投标总价中，结算时按合同约定结算金额填写。

（4）计日工表（表 14-30）

表 14-30　计日工表

工程名称：某市道路改造工程　　　　　　　标段：　　　　　　　　　第 1 页　共 1 页

编号	项目名称	单位	暂定数量	实际数量	综合单价/元	合价/元 暂定	合价/元 实际
一	人工						
1	技工	工日	100		50.00	5000.00	
2	壮工	工日	80		43.00	3440.00	
	人工小计					8440.00	
二	材料						
1	水泥 42.5	t	30.00		300.00	9000.00	
2	钢筋	t	10.00		3500.00	35000.00	
	材料小计					44000.00	
三	施工机械						
1	履带式推土机 105kW	台班	3		1000.00	3000.00	
2	汽车起重机 25t	台班	3		2500.00	7500.00	
	施工机械小计					10500.00	
四、企业管理费和利润　　按人工费 20%计							
	总　计					62940.00	

注：此表项目名称、暂定数量由招标人填写，编制招标控制价时，单价由招标人按有关计价规定确定；投标时，单价由投标人自主报价，按暂定数量计算合价计入投标总价中。结算时，按发承包双方确认的实际数量计算合价。

（5）总承包服务费计价表（表14-31）

表14-31　总承包服务费计价表

工程名称：某市道路改造工程　　　　标段：　　　　　　　　第1页　共1页

序号	项目名称	项目价值/元	服务内容	计算基础	费率（%）	金额/元
1	发包人发包专业工程	500000	1. 按专业工程承包人的要求提供施工工作面并对施工现场进行统一整理汇总 2. 为专业工程承包人提供垂直运输机械和焊接电源接入点，并承担垂直运输费和电费	项目价值	5	25000
	合　计	—	—	—	—	25000

注：此表项目名称、服务内容由招标人填写，编制招标控制价时，费率及金额由招标人按有关计价规定确定；投标时，费率及金额由投标人自主报价，计入投标总价中。

9. 规费、税金项目计价表（表14-32）

表14-32　规费、税金项目计价表

工程名称：某市道路改造工程　　　　标段：　　　　　　　　第1页　共1页

序号	项目名称	计算基础	计算基数	计算费率（%）	金额/元
1	规费	定额人工费			2161838.59
1.1	社会保险费	定额人工费	(1)+…+(5)		1586626.55
(1)	养老保险费	定额人工费		4	766949.39
(2)	失业保险费	定额人工费		2	191737.35
(3)	医疗保险费	定额人工费		3	575212.04
(4)	工伤保险费	定额人工费		0.1	19173.73
(5)	生育保险费	定额人工费		0.25	33554.04
1.2	住房公积金	定额人工费		3	575212.04
1.3	工程排污费	按工程所在地环境保护部门收取标准,按实计入			—
2	税金	分部分项工程费+措施项目费+其他项目费+规费-按规定不计税的工程设备金额		3.413	1825610.00
	合　计				3987448.59

编制人（造价人员）：　　　　　　　　复核人（造价工程师）：

10. 主要材料、工程设备一览表（表 14-33）

表 14-33 承包人提供主要材料和工程设备一览表

（适用于造价信息差额调整法）

工程名称：某市道路改造工程　　　　　标段：　　　　　　　　　第 1 页　共 1 页

序号	名称、规格、型号	单位	数量	风险系数(%)	基准单价/元	投标单价/元	发承包人确认单价/元	备注
1	预拌混凝土 C20	m³	25	≤5	310			
2	预拌混凝土 C25	m³	560	≤5	323			
3	预拌混凝土 C30	m³	3120	≤5	340			

注：1. 此表由招标人填写除"投标单价"栏的内容，投标人在投标时自主确定投标单价。

2. 投标人应优先采用工程造价管理机构发布的单价作为基准单价，未发布的，通过市场调查确定其基准单价。

14.3　市政工程投标报价编制实例

现以某市主干道路改造工程为例介绍投标报价编制（由委托工程造价咨询人编制）。

1. 封面（图 14-7）

　　__某市道路改造__　工程

投　标　总　价

投　标　人：_____××建筑公司_____

（单位盖章）

××年×月×日

图 14-7　投标总价封面

2. 扉页（图 14-8）

投 标 总 价

招标人：<u>　　某市委办公室　　</u>

工程名称：<u>　　某市道路改造工程　　</u>

投标总价(小写)：<u>　　54265793.41 元　　</u>

(大写)：<u>伍仟肆佰贰拾陆万伍仟柒佰玖拾叁元肆角壹分</u>

投标人：<u>　　××建筑公司　　</u>

（单位盖章）

法定代表人

或其授权人：<u>　　×××　　</u>

（签字或盖章）

编制人：<u>　　×××　　</u>

（造价人员签字盖专用章）

编制时间：××年×月×日

图 14-8　投标总价扉页

3. 总说明 （图 14-9）

工程名称：某市道路改造工程   第 1 页 共 1 页

1. 工程概况：某市道路全长 6km，路宽 70m。8 车道，其中有大桥上部结构为预应力混凝土 T 形梁，梁高为 1.2m，跨境为 1×22m+6×20m，桥梁全长 164m。下部结构，中墩为桩接柱，柱顶盖梁；边墩为重力桥台。墩柱直径为 1.2m，转孔桩直径为 1.3m。招标工期为 1 年，投标工期为 280d。

2. 投标范围：道路工程、桥梁工程和排水工程。

3. 投标依据：

（1）招标文件及其提供的工程量清单和有关报价要求，招标文件的补充通知和答疑纪要。

（2）依据××单位设计的施工设计图、施工组织设计。

（3）有关的技术标准、规定和安全管理规定。

（4）省建设主管部门颁发的计价定额和计价管理办法及相关计价文件。

（5）材料价格根据本公司掌握的价格情况并参照工程所在地的工程造价管理机构××年××月工程造价信息发布的价格。

其他略。

图 14-9 投标总价总说明

4. 投标控制价汇总表 （表 14-34~表 14-36）

表 14-34 建设项目投标报价汇总表

工程名称：某市道路改造工程   第 1 页 共 1 页

序号	单项工程名称	金额/元	其中：/元		
			暂估价	安全文明施工费	规费
1	某市道路改造工程	54265793.41	6000000.00	1587692.21	2115774.62
	合 计	54265793.41	6000000.00	1587692.21	2115774.62

注：本工程为单项工程，故单项工程即为建设项目。

表 14-35 单项工程投标报价汇总表

工程名称：某市道路改造工程　　　　　　　　　　　　　　　　第 1 页　共 1 页

序号	单位工程名称	金额/元	其中:/元		
			暂估价	安全文明施工费	规费
1	某市道路改造工程	54176364.54	6000000.00	1587692.21	2115774.62
	合　　　计	54176364.54	6000000.00	1587692.21	2115774.62

注：暂估价包括分部分项工程中的暂估价和专业工程暂估价。

表 14-36 单位工程投标报价汇总表

工程名称：某市道路改造工程　　　　　　　　　　　　　　　　第 1 页　共 1 页

序号	汇总内容	金额/元	其中:暂估价/元
1	分部分项工程	46896862.32	6000000.00
0401	土石方工程	2246212.27	
0402	道路工程	24942271.99	
0403	桥涵护岸工程	11227288.04	
0405	市政管网工程	1322520.84	
0409	钢筋工程	7158569.18	6000000.00
2	措施项目	1674169.61	—
0411	其中:安全文明施工费	1587692.21	—
3	其他项目	1788021.00	—
3.1	其中:暂列金额	1500000.00	—
3.2	其中:专业工程暂估价	200000.00	—
3.3	其中:计日工	63021.00	—
3.4	其中:总承包服务费	25000.00	—
4	规费	2115774.62	
5	税金	1790965.86	
	投标报价合计 = 1+2+3+4+5	54265793.41	6000000.00

5. 分部分项工程和单价措施项目清单与计价表（表 14-37～表 14-41）

表 14-37　分部分项工程和单价措施项目清单与计价表（一）

工程名称：某市道路改造工程　　　　　标段：　　　　　　　第 1 页　共 5 页

序号	项目编码	项目名称	项目特征描述	计量单位	工程量	金额/元		其中
						综合单价	合价	暂估价
			0401 土石方工程					
1	040101001001	挖一般土方	1. 土壤类别：一、二类土 2. 挖土深度：4m 以内	m³	142100.00	10.20	1449420.00	
2	040101002001	挖沟槽土方	1. 土壤类别：三、四类土 2. 挖土深度：4m 以内	m³	2493.00	11.60	28918.80	
3	040101002002	挖沟槽土方	1. 土壤类别：三、四类土 2. 挖土深度：3m 以内	m³	837.00	155.71	130329.27	
4	040101002003	挖沟槽土方	1. 土壤类别：三、四类土 2. 挖土深度：6m 以内	m³	2837.00	16.88	47888.56	
5	040103001001	回填方	密实度：90% 以上	m³	8500.00	8.10	68850.00	
6	040103001002	回填方	1. 密实度：90% 以上 2. 填方材料品种：二灰土 12：35：53	m³	7700.00	6.95	53515.00	
7	040103001003	回填方	填方材料品种：砂砾石	m³	208.00	61.25	12740.00	
8	040103001004	回填方	1. 密实度：≥96% 2. 填方粒径：粒径 5～80cm 3. 填方材料品种：砂砾石	m³	3631.00	28.24	102539.44	
9	040103002001	余方弃置	1. 废弃料品种：松土 2. 运距：100mm	m³	46000.00	7.34	337640.00	
10	040103002002	余方弃置	运距：10km	m³	1497.00	9.60	14371.20	
			分部小计				2246212.27	
			0402 道路工程					
11	040201004001	掺石灰	含灰量：10%	m³	1800.00	56.42	101556.00	
12	040202002001	石灰稳定土	1. 含灰量：10% 2. 厚度：15cm	m²	84060.00	15.98	1343278.80	
13	040202002002	石灰稳定土	1. 含灰量：11% 2. 厚度：30cm	m²	57320.00	15.64	896484.80	
14	040202006001	石灰、粉煤灰、碎（砾）石	1. 配合比：10：20：70 2. 二灰碎石厚度：12cm	m²	84060.00	30.55	2568033.00	
15	040202006002	石灰、粉煤灰、碎（砾）石	1. 配合比：10：20：71 2. 二灰碎石厚度：20cm	m²	57320.00	24.56	1407779.20	
16	040204002001	人行道块料铺设	1. 材料品种：普通人行道板 2. 块料规格：25×2cm	m²	5850.00	0.61	3568.50	
			分部小计				6320700.30	
			本页小计				8566912.57	
			合计				8566912.57	

表 14-38 分部分项工程和单价措施项目清单与计价表（二）

工程名称：某市道路改造工程　　　　标段：　　　　　　　　第2页 共5页

序号	项目编码	项目名称	项目特征描述	计量单位	工程量	金额/元		
						综合单价	合价	其中 暂估价
			0402 道路工程					
17	040204002002	人行道块料铺设	1. 材料品种：异型彩色花砖，D 型砖 2. 垫层材料：1：3 石灰砂浆	m²	20590.00	13.01	267875.90	
18	040205005001	人（手）孔井	1. 材料品种：接线井 2. 规格尺寸：100cm×100cm×100cm	座	5	706.43	3532.15	
19	040205005002	人（手）孔井	1. 材料品种：接线井 2. 规格尺寸：50cm×50cm×100cm	座	55	492.10	27065.50	
20	040205012001	隔离护栏	材料品种：钢制人行道护栏	m	1440.00	14.24	20505.60	
21	040205012002	隔离护栏	材料品种：钢制机非分隔栏	m	200.00	15.06	3012.00	
22	040203005001	黑色碎石	1. 材料品种：石油沥青 2. 厚度：6cm	m²	91360.00	48.44	4425478.40	
23	040203006001	沥青混凝土	厚度：5cm	m²	3383.00	113.24	383090.92	
24	040203006002	沥青混凝土	厚度：4cm	m²	91360.00	103.67	9471291.20	
25	040203006003	沥青混凝土	厚度：3cm	m²	125190.00	30.45	3812035.50	
26	040202015001	水泥稳定碎（砾）石	1. 石料规格：d7，≥2.0MPa 2. 厚度：18cm	m²	793.00	21.30	16890.90	
27	040202015002	水泥稳定碎（砾）石	1. 石料规格：d7，≥3.0MPa 2. 厚度：17cm	m²	793.00	20.21	16026.53	
28	040202015003	水泥稳定碎（砾）石	1. 石料规格：d7，≥3.0MP 2. 厚度：18cm	m²	793.00	20.11	15947.23	
29	040202015004	水泥稳定碎（砾）石	1. 石料规格：d7，≥2.0MPa 2. 厚度：21cm	m²	728.00	16.24	11822.72	
30	040202015005	水泥稳定碎（砾）石	1. 石料规格：d7，≥2.0MPa 2. 厚度：22cm	m²	364.00	16.20	5896.80	
31	040204004001	安砌侧（平、缘）石	1. 材料品种：花岗岩剁斧平石 2. 材料规格：12cm×25cm×49.5cm	m²	673.00	52.23	35150.79	
32	040204004002	安砌侧（平、缘）石	1. 材料品种：甲 B 型机切花岗岩路缘石 2. 材料规格：15cm×32cm×99.5cm	m²	1015.00	83.21	84458.15	
33	040204004003	安砌侧（平、缘）石	1. 材料品种：甲 B 型机切花岗岩路缘石 2. 材料规格：15cm×25cm×74.5cm	m²	340.00	63.21	21491.40	
		分部小计					24942271.99	
		本页小计					18621571.69	
		合计					27188484.26	

表 14-39　分部分项工程和单价措施项目清单与计价表（三）

工程名称：某市道路改造工程　　　　标段：　　　　　　　　第 3 页　共 5 页

序号	项目编码	项目名称	项目特征描述	计量单位	工程量	金额/元		其中
						综合单价	合价	暂估价
			0403 桥涵护岸工程					
34	040301006001	干作业成孔灌注桩	1. 桩径：直径 1.3cm 2. 混凝土强度等级：C25	m	1036.00	1251.03	1296067.08	
35	040301006002	干作业成孔灌注桩	1. 桩径：直径 1cm 2. 混凝土强度等级：C25	m	1680.00	1593.21	2676592.80	
36	040303003001	混凝土承台	混凝土强度等级：C10	m³	1015.00	288.36	292685.40	
37	040303005001	混凝土墩（台）身	1. 部位：墩柱 2. 混凝土强度等级：C35	m³	384.00	435.21	167120.64	
38	040303005002	混凝土墩（台）身	1. 部位：墩柱 2. 混凝土强度等级：C30	m³	1210.00	308.25	372982.50	
39	040303006001	混凝土支撑梁及横梁	1. 部位：简支梁湿接头 2. 混凝土强度等级：C30	m³	937.00	385.21	360941.77	
40	040303007001	混凝土墩（台）盖梁	混凝土强度等级：C35	m³	748.00	346.25	258995.00	
41	040303019001	桥面铺装	1. 沥青品种：改性沥青、玛琋脂、玄武石、碎石混合料 2. 厚度：4cm	m²	7550.00	35.21	265835.50	
42	040303019002	桥面铺装	1. 沥青品种：改性沥青、玛琋脂、玄武石、碎石混合料 2. 厚度：5cm	m²	7560.00	42.22	319183.20	
43	040303019003	桥面铺装	混凝土强度等级：C30	m²	281.00	621.20	174557.20	
44	040304001001	预制混凝土梁	1. 部位：墩柱连系梁 2. 混凝土强度等级：C30	m²	205.00	225.12	46149.60	
45	040304001002	预制混凝土梁	1. 部位：预应力混凝土简支梁 2. 混凝土强度等级：C30	m²	781.00	1244.23	971743.63	
46	040304001003	预制混凝土梁	1. 部位：预应力混凝土简支梁 2. 混凝土强度等级：C45	m²	2472.00	1244.23	3075736.56	
47	040305003001	浆砌块料	1. 部位：河道浸水挡墙、墙身 2. 材料品种：M10 浆砌片石 3. 泄水孔品种、规格：塑料管，φ100	m³	593.00	158.32	93883.76	
48	040303002001	混凝土基础	1. 部位：河道浸水挡墙基础 2. 混凝土强度等级：C25	m³	1027.00	81.22	83412.94	
49	040303016001	混凝土挡墙压顶	混凝土强度等级：C25	m³	32.00	171.23	5479.36	
			分部小计				10461366.94	
			本页小计				10461366.94	
			合计				37649851.20	

表 14-40　分部分项工程和单价措施项目清单与计价表（四）

工程名称：某市道路改造工程　　　　　　　标段：　　　　　　　　第 4 页　共 5 页

序号	项目编码	项目名称	项目特征描述	计量单位	工程量	金额/元		
						综合单价	合价	其中 暂估价
			0403 桥涵护岸工程					
50	040309004001	橡胶支座	规格：20cm×35cm×4.9cm	m³	32.00	172.13	5508.16	
51	040309008001	桥梁伸缩装置	材料品种：毛勒伸缩缝	m	180.00	2066.22	371919.60	
52	040309010001	防水层	材料品种：APP 防水层	m²	10194.00	38.11	388493.34	
			分部小计				11227288.04	
			0405 市政管网工程					
53	040504001001	砌筑井	1. 规格：1.4×1.0 2. 埋深：3m	座	32	1758.21	56262.72	
54	040504001002	砌筑井	1. 规格：1.2×1.0 2. 埋深：2m	座	82	1653.58	135593.56	
55	040504001003	砌筑井	1. 规格：φ900 2. 埋深：1.5m	座	42	1048.23	44025.66	
56	040504001004	砌筑井	1. 规格：0.6×0.6 2. 埋深：1.5m	座	52	688.12	35782.24	
57	040504001005	砌筑井	1. 规格：0.48×0.48 2. 埋深：1.5m	座	104	672.56	69946.24	
58	040504009001	雨水口	1. 类型：单平箅 2. 埋深：3m	座	11	456.90	5025.90	
59	040504009002	雨水口	1. 类型：双平箅 2. 埋深：2m	座	300	772.33	231699.00	
60	040501001001	混凝土管	1. 规格：DN1650 2. 埋深：3.5m	m	456.00	384.25	175218.00	
61	040501001002	混凝土管	1. 规格：DN1000 2. 埋深：3.5m	m	430.00	124.02	53328.60	
62	040501001003	混凝土管	1. 规格：DN1000 2. 埋深：2.5m	m	1746.00	84.32	147222.72	
63	040501001004	混凝土管	1. 规格：DN1000 2. 埋深：2m	m	1196.00	84.32	100846.72	
64	040501001005	混凝土管	1. 规格：DN800 2. 埋深：1.5m	m	766.00	36.20	27729.20	
65	040501001006	混凝土管	1. 规格：DN600 2. 埋深：1.5m	m	2904.00	26.22	76142.88	
66	040501001007	混凝土管	1. 规格：DN600 2. 埋深：3.5m	m	457.00	358.20	163697.40	
			分部小计				1322520.84	
			本页小计				2088441.94	
			合计				39738293.14	

表 14-41 分部分项工程和单价措施项目清单与计价表（五）

工程名称：某市道路改造工程　　　　　标段：　　　　　　　　第 5 页 共 5 页

序号	项目编码	项目名称	项目特征描述	计量单位	工程量	金额/元		
						综合单价	合价	其中暂估价
			0409 钢筋工程					
30	040901001001	现浇混凝土钢筋	钢筋规格：φ10 以上	t	283.00	3476.00	983708.00	700000
31	040901001002	现浇混凝土钢筋	钢筋规格：φ11 以内	t	1195.00	3799.02	4539828.90	4300000
32	040901006001	后张法预应力钢筋	1. 钢筋种类：钢绞线（高强低松弛）R＝1860MPa 2. 锚具种类：预应力锚具 3. 压浆管材质、规格：金属波纹管内径 6.2cm，长 17108m 4. 砂浆强度等级：C40	t	138.00	11848.06	1635032.28	1000000
			分部小计				7158569.18	6000000
			本页小计				7158569.18	6000000
			合计				46896862.32	6000000

6. 综合单价分析表（表 14-42）

以某市道路改造工程石灰、粉煤灰、碎（砾）石，人行道块料铺设工程量综合单价分析表介绍投标报价中综合单价分析表的编制。

表 14-42 综合单价分析表（一）

工程名称：某市道路改造工程　　　　　标段：　　　　　　　　第 1 页 共 2 页

项目编码	040202006001	项目名称	石灰、粉煤灰、碎（砾）石	计量单位	m²	工程量	84060.00

清单综合单价组成明细

定额编号	定额项目名称	定额单位	数量	单价				合价			
				人工费	材料费	机械费	管理费和利润	人工费	材料费	机械费	管理费和利润
2-62	石灰：粉煤灰：碎石＝10：20：70	100m²	0.01	315	2086.42	86.58	566.50	3.15	20.86	0.87	5.67
人工单价			小计					3.15	20.86	0.87	5.67
22.47 元/工日			未计价材料费					—			
清单项目综合单价								30.55			

	主要材料名称、规格、型号	单位	数量	单价/元	合价/元	暂估单价/元	暂估合价/元
材料费明细	生石灰	t	0.0396	120.00	4.75		
	粉煤灰	m³	0.1056	80.00	8.45		
	碎石 25~40mm	m³	0.1891	40.36	7.63		
	水	m³	0.063	0.45	0.03		
	其他材料费			—		—	
	材料费小计			—	20.86	—	

表 14-43 综合单价分析表（二）

工程名称：某市道路改造工程　　　　标段：　　　　　　　第 2 页 共 2 页

| 项目编码 | 040204002002 | 项目名称 | 人行道块料铺设 | 计量单位 | m² | 工程量 | 20590.00 |

清单综合单价组成明细

定额编号	定额项目名称	定额单位	数量	单价				合价			
				人工费	材料费	机械费	管理费和利润	人工费	材料费	机械费	管理费和利润
2-322	D 型砖	10m²	0.1	62.15	48.32	—	19.63	6.22	4.83	—	1.96

人工单价	小计		6.22	4.83		1.96
22.47 元/工日	未计价材料费					

| 清单项目综合单价 | | | | | | 13.01 |

材料费明细	主要材料名称、规格、型号	单位	数量	单价/元	合价/元	暂估单价/元	暂估合价/元
	生石灰	t	0.006	120.00	0.72		
	粗砂	m³	0.024	45.22	1.09		
	水	m³	0.111	0.45	0.05		
	D 型砖	m³	29.70	0.10	2.97		
	其他材料费			—		—	
	材料费小计			—	4.83	—	

7. 总价措施项目清单与计价表（表 14-44）

表 14-44 总价措施项目清单与计价表

工程名称：某市道路改造工程　　　　标段：　　　　　　　第 1 页 共 1 页

序号	项目编码	项目名称	计算基础	费率（%）	金额/元	调整费率（%）	调整后金额/元	备注
1	011707001001	安全文明施工费	定额人工费	38	1587692.21			
2	011707001002	夜间施工增加费	定额人工费	1.5	52898.56			
3	011707001004	二次搬运费	定额人工费	1	10287.98			
4	011707001005	冬雨期施工增加费	定额人工费	0.6	10287.98			
5	011707001007	已完工程及设备保护费			13002.88			
		合　计			1674169.61			

编制人（造价人员）：　　　　　　　复核人（造价工程师）：

注：1. "计算基础"中安全文明施工费可为"定额基价""定额人工费"或"定额人工费+定额机械费"，其他项目可为"定额人工费"或"定额人工费+定额机械费"。

2. 按施工方案计算的措施费，若无"计算基础"和"费率"的数值，也可只填"金额"数值，但应在备注栏说明施工方案出处或计算方法。

8. 其他项目清单与计价汇总表（表 14-45）

表 14-45　其他项目清单与计价汇总表

工程名称：某市道路改造工程　　　　　　标段：　　　　　　　　　　第 1 页　共 1 页

序号	项目名称	金额/元	结算金额/元	备注
1	暂列金额	1500000.00		明细详见（1）
2	暂估价	200000.00		
2.1	材料暂估价	—		明细详见（2）
2.2	专业工程暂估价	200000.00		明细详见（3）
3	计日工	63021.00		明细详见（4）
4	总承包服务费	25000.00		明细详见（5）
5				
	合　　计	1788021.00		—

注：材料（工程设备）暂估价计入清单项目综合单价，此处不汇总。

（1）暂列金额及拟用项目（表 14-46）

表 14-46　暂列金额明细表

工程名称：某市道路改造工程　　　　　　标段：　　　　　　　　　　第 1 页　共 1 页

序号	项目名称	计量单位	暂定金额/元	备注
1	政策性调整和材料价格波动	项	1000000.00	
2	其他	项	500000.00	
	合　　计		1500000	—

注：此表由招标人填写，如不能详列，也可只列暂定金额总额，投标人应将上述暂列金额计入投标总价中。

（2）材料（工程设备）暂估单价及调整表（表 14-47）

表 14-47　材料（工程设备）暂估单价及调整表

工程名称：某市道路改造工程　　　　　　标段：　　　　　　　　　　第 1 页　共 1 页

序号	材料（工程设备）名称、规格、型号	计量单位	数量		暂估/元		确认/元		差额±/元		备注
			暂估	确认	单价	合价	单价	合价	单价	合价	
1	钢筋（规格、型号综合）	t	100		4000		400000				用于现浇钢筋混凝土项目
	合　计						400000				

注：此表由招标人填写"暂估单价"，并在备注栏说明暂估价的材料、工程设备拟用在哪些清单项目上，投标人应
　　将上述材料、工程设备暂估单价计入工程量清单综合单价报价中。

（3）专业工程暂估价及结算价表（表 14-48）

表 14-48　专业工程暂估价及结算价表

工程名称：某市道路改造工程　　　　　　标段：　　　　　　　　　　第 1 页　共 1 页

序号	工程名称	工程内容	暂估金额/元	结算金额/元	差额±/元	备注
1	消防工程	合同图纸中标明的以及消防工程规范和技术说明中规定的各系统中的设备、管道、阀门、线缆等的供应、安装和调试工作	200000			
	合　计		200000			

注：此表"暂估金额"由招标人填写，投标人应将"暂估金额"计入投标总价中，结算时按合同约定结算金额
　　填写。

（4）计日工表（表 14-49）

表 14-49 计日工表

工程名称：某市道路改造工程   标段：   第 1 页 共 1 页

编号	项目名称	单位	暂定数量	实际数量	综合单价/元	合价/元 暂定	合价/元 实际
一	人工						
1	技工	工日	100	93	49.00	4557.00	
2	壮工	工日	80	88	41.00	3608.00	
	人工小计					8165.00	
二	材料						
1	水泥 42.5	t	30.00	32.00	298.00	9536.00	
2	钢筋	t	10.00	10.00	3500.00	35000.00	
	材料小计					44536.00	
三	施工机械						
1	履带式推土机 105kW	台班	3	3	990.00	2970.00	
2	汽车起重机 25t	台班	3	3	2450.00	7350.00	
	施工机械小计					10320.00	
四、企业管理费和利润	按人工费 20%计						
	总 计					63021.00	

注：此表项目名称、暂定数量由招标人填写。投标时，单价由投标人自主报价，按暂定数量计算合价计入投标总价中。

（5）总承包服务费计价表（表 14-50）

表 14-50 总承包服务费计价表

工程名称：某市道路改造工程   标段：   第 1 页 共 1 页

序号	项目名称	项目价值/元	服务内容	计算基础	费率(%)	金额/元
1	发包人发包专业工程	500000	1. 按专业工程承包人的要求提供施工工作面并对施工现场进行统一整理汇总 2. 为专业工程承包人提供垂直运输机械和焊接电源接入点，并承担垂直运输费和电费	项目价值	5	25000
	合 计	—	—	—	—	25000

注：此表项目名称、服务内容由招标人填写，编制招标控制价时，费率及金额由招标人按有关计价规定确定；投标时，费率及金额由投标人自主报价，计入投标总价中。

9. 规费、税金项目计价表

表 14-51 规费、税金项目计价表

工程名称：某市道路改造工程　　　　　标段：　　　　　　　　　　第 1 页　共 1 页

序号	项目名称	计算基础	计算基数	计算费率(%)	金额/元
1	规费	定额人工费			2115774.62
1.1	社会保险费	定额人工费	(1)+…+(5)		1552819.07
(1)	养老保险费	定额人工费		4	750607.41
(2)	失业保险费	定额人工费		2	187651.85
(3)	医疗保险费	定额人工费		3	562955.55
(4)	工伤保险费	定额人工费		0.1	18765.19
(5)	生育保险费	定额人工费		0.25	32839.07
1.2	住房公积金	定额人工费		3	562955.55
1.3	工程排污费	按工程所在地环境保护部门收取标准,按实计入			—
2	税金	分部分项工程费+措施项目费+其他项目费+规费−按规定不计税的工程设备金额		3.413	1790965.86
	合　计				3906740.48

编制人（造价人员）：　　　　　　　　　　复核人（造价工程师）：

10. 总价项目进度款支付分解表（表 14-52）

表 14-52 总价项目进度款支付分解表

工程名称：某市道路改造工程　　　　　标段：　　　　　　　　　　第 1 页　共 1 页

序号	项目名称	总价金额	首次支付	二次支付	三次支付	四次支付	五次支付	
1	安全文明施工费	1587692.21	476307.66	476307.66	317538.44	317538.45		
2	夜间施工增加费	52898.56	10579.71	10579.71	10579.71	10579.71	10579.72	
3	二次搬运费	10287.98	2057.59	2057.59	2057.59	2057.59	2057.62	
	略							
	社会保险费	1552819.07	310563.81	310563.81	310563.81	310563.81	310563.83	
	住房公积金	562955.55	112591.11	112591.11	112591.11	112591.11	112591.11	
	合　计							

编制人（造价人员）：　　　　　　　　　　复核人（造价工程师）：

注：1. 本表应由承包人在投标报价时根据发包人在招标文件明确的进度款支付周期与报价填写，签订合同时，发承
　　　包双方可就支付分解协商调整后作为合同附件。

　　2. 单价合同使用本表，"支付"栏时间应与单价项目进度款支付周期相同。

　　3. 总价合同使用本表，"支付"栏时间应与约定的工程计量周期相同。

11. 主要材料、工程设备一览表（表 14-53）

表 14-53　承包人提供主要材料和工程设备一览表

（适用于造价信息差额调整法）

工程名称：某市道路改造工程　　　　　标段：　　　　　　　　　　第 1 页　共 1 页

序号	名称、规格、型号	单位	数量	风险系数（％）	基准单价/元	投标单价/元	发承包人确认单价/元	备注
1	预拌混凝土 C20	m³	25	≤5	310	308		
2	预拌混凝土 C25	m³	560	≤5	323	325		
3	预拌混凝土 C30	m³	3120	≤5	340	340		

注：1. 此表由招标人填写除"投标单价"栏的内容，投标人在投标时自主确定投标单价。

2. 投标人应优先采用工程造价管理机构发布的单价作为基准单价，未发布的，通过市场调查确定其基准单价。

参 考 文 献

［1］　中华人民共和国住房和城乡建设部，国家质量监督检验检疫总局. 建设工程工程量清单计价规范：GB 50500—2013
　　　［S］. 北京：中国计划出版社，2013.

［2］　规范编制组. 建设工程计价计量规范辅导［M］. 北京：中国计划出版社，2013.

［3］　中华人民共和国住房和城乡建设部. 市政工程工程量计算规范：GB 50857—2013［S］. 北京：中国计划出版
　　　社，2013.

［4］　住房和城乡建设部标准定额研究所. 市政工程消耗量：ZYA 1—31—2021［S］. 北京：中国计划出版社，2022.

［5］　王云江. 市政工程预算快速入门与技巧［M］. 北京：中国建筑工业出版社，2014.

［6］　杨伟. 新版市政工程工程量清单计价及实例［M］. 北京：化学工业出版社，2013.

［7］　刘利丹. 看例题学市政工程工程量清单计价［M］. 北京：化学工业出版社，2013.

［8］　彭以舟、刘云娇. 市政工程计价［M］. 北京：北京大学出版社，2013.

［9］　闫晨. 市政工程［M］. 北京：中国铁道出版社，2012.

［10］　高宗峰. 市政工程工程量清单计价细节解析与实例详解［M］. 武汉：华中科技大学出版社，2014.

［11］　曾昭宏. 市政工程识图与工程量清单计价［M］. 哈尔滨：哈尔滨工业大学出版社，2012.